1+X 证书制度试点培训用书

Web 前端开发
实训案例教程（高级）

北京新奥时代科技有限责任公司　组编

電子工業出版社
Publishing House of Electronics Industry
北京 • BEIJING

内 容 简 介

本书是按照《Web 前端开发职业技能等级标准 2.0 版》（高级）编写的配套实践教程，书中涉及的项目代码使用国产的 HBuilder X 开发工具编译，并且均可在主流浏览器中运行。

本书将中、高职业院校和应用型本科院校的计算机应用、软件技术等相关专业开设的 Web 前端开发方向的课程体系，与企业 Web 前端开发岗位能力模型相结合，依据《Web 前端开发职业技能等级标准 2.0 版》（高级）技能要求，形成三位一体的 Web 前端开发技术知识地图。案例编排以实践能力为导向，以开发企业真实应用为目标，遵循企业软件工程标准和技术开发要求，采用任务驱动的方式，将网页图形绘制、CSS 预处理语言、ES9 编程、Vue.js、Node.js、网站架构设计、网站性能优化等重要知识单元，充分融入实际案例和应用环境中。本书对《Web 前端开发职业技能等级标准 2.0 版》（高级）要求的重要知识单元都进行了详细的描述，通过案例教学，使读者能够很好地掌握 Web 前端开发的相关技术。

本书针对不同知识单元设计了多个技术专题，使学员通过重点训练，掌握每个知识单元的核心内容。

本书适合作为高级 Web 前端开发职业技能等级证书考核实践教学的参考用书，也可以作为 Web 前端开发工作者的学习指导用书。

图书在版编目（CIP）数据

Web 前端开发实训案例教程：高级 / 北京新奥时代科技有限责任公司组编. —北京：电子工业出版社，2023.7

ISBN 978-7-121-45918-4

Ⅰ. ①W… Ⅱ. ①北… Ⅲ. ①网页制作工具－教材 Ⅳ. ①TP393.092.2

中国国家版本馆 CIP 数据核字（2023）第 124353 号

责任编辑：胡辛征
印　　刷：三河市双峰印刷装订有限公司
装　　订：三河市双峰印刷装订有限公司
出版发行：电子工业出版社
　　　　　北京市海淀区万寿路 173 信箱　　　　邮编：100036
开　　本：787×1092　1/16　印张：20.5　字数：564 千字
版　　次：2023 年 7 月第 1 版
印　　次：2024 年 3 月第 2 次印刷
定　　价：59.80 元

凡所购买电子工业出版社图书有缺损问题，请向购买书店调换。若书店售缺，请与本社发行部联系，联系及邮购电话：（010）88254888，88258888。

质量投诉请发邮件至 zlts@phei.com.cn，盗版侵权举报请发邮件至 dbqq@phei.com.cn。

本书咨询联系方式：（010）88254361，hxz@phei.com.cn。

前 言

在职业院校、应用型本科院校中启动“学历证书+若干职业技能等级证书”（1+X）制度是贯彻落实《国家职业教育改革实施方案》（国发〔2019〕4 号）的重要内容。工业和信息化部教育与考试中心作为首批 1+X 证书制度试点工作的培训评价组织，组织技术、院校专家，基于从业人员的工作范围、工作任务、实践能力和应具备的知识与技能，制定了《Web 前端开发职业技能等级标准》。该标准反映了行业、企业对当前 Web 前端开发人才的质量要求。自 2019 年 Web 前端开发职业技能等级证书培训评价实施以来，已经有近 1500 所中、高职业院校参与书证融通试点工作，通过师资培训、证书标准融入学历教育教学和考核认证等，Web 前端开发职业技能等级证书培训评价对改革专业教学、提高人才培养质量、促进就业起到了积极的作用。

依据 2021 年试点工作安排，工业和信息化部教育与考试中心对《Web 前端开发职业技能等级标准》进行了更新与完善，并在 X 证书信息管理服务平台中发布了《Web 前端开发职业技能等级标准 2.0 版》。为了帮助读者学习和掌握《Web 前端开发职业技能等级标准 2.0 版》（高级）涵盖的实践技能，工业和信息化部教育与考试中心联合北京新奥时代科技有限责任公司，组织相关企业的技术工程师和院校专家编写了本书。本书按照《Web 前端开发职业技能等级标准 2.0 版》（高级）的职业技能要求，以及企业软件项目的开发思路与开发过程，精心设计了技术专题，这些技术专题均来自企业的真实案例。

本书共有 28 章，包括 27 个技术专题，本书的相关思政内容符合中、高职业院校和应用型本科院校课程思政的建设要求。每个技术专题都设定了实验目标，以任务驱动为导向，采用迭代思路进行开发，书中涉及的代码均可在国产的 HBuilder X 环境中进行编程。

第 1 章是实践概述，主要描述本书的实践目标、实践知识地图和实施安排。

第 2 章至第 28 章是技术专题部分，针对 HBuilder X 开发工具、网页图形绘制、CSS 预处理语言、ES9 编程、Vue.js、Node.js、网站架构设计、网站性能优化等核心知识单元设计技术专题，每一个技术专题设计一个实验项目，包括实验目标、实验任务、设计思路和实验实施（跟我做），最大限度地覆盖 Web 前端开发高级实践内容。

参与本书编写工作的有谭志彬、龚玉涵、马庆槐、王博宜、侯仕平、吴晴月、张晋华、彭俊鹏、杨耿冰、吴鹏、郭钊、刘新红、薛玉花、伍虹菲等。

由于编者水平有限，书中难免存在不足之处，敬请广大读者批评指正。

编者

目 录

第 1 章 实践概述......1

1.1 实践目标......1
1.2 实践知识地图......1
1.3 实施安排......7

第 2 章 开发环境：HBuilder X 开发工具......9

2.1 实验目标......9
2.2 实验任务......9
2.3 设计思路......9
2.4 实验实施（跟我做）......10
2.4.1 步骤一：下载并安装 HBuilder X......10
2.4.2 步骤二：HBuilder X 主界面......11
2.4.3 步骤三：创建项目......12
2.4.4 步骤四：编辑 HTML 文件......12
2.4.5 步骤五：运行......13

第 3 章 网页图形绘制：图片水印......15

3.1 实验目标......15
3.2 实验任务......15
3.3 设计思路......16
3.4 实验实施（跟我做）......17
3.4.1 步骤 ：创建项目和文件......17
3.4.2 步骤二：准备 Canvas 环境......17
3.4.3 步骤三：取/存图片......17
3.4.4 步骤四：绘制水印......18

第 4 章 网页图形绘制：贪吃蛇......19

4.1 实验目标......19
4.2 实验任务......19
4.3 设计思路......20
4.4 实验实施（跟我做）......20
4.4.1 步骤一：创建项目和文件......20
4.4.2 步骤二：制作页面......21
4.4.3 步骤三：初始化数据......21
4.4.4 步骤四：创建“蛇”对象......22
4.4.5 步骤五：生成食物方块......25
4.4.6 步骤六：绘制蛇......25
4.4.7 步骤七：游戏开始和键盘事件......25

第 5 章 网页图形绘制：登录页面......27

5.1 实验目标......27
5.2 实验任务......27
5.3 设计思路......28
5.4 实验实施（跟我做）......28
5.4.1 步骤一：通过 JS 生成图片验证码......28
5.4.2 步骤二：在登录页面中应用图片验证码......31
5.4.3 步骤三：测试图片验证码......32

第 6 章 网页图形绘制：Logo 绘制......34

6.1 实验目标......34
6.2 实验任务......35
6.3 设计思路......35
6.4 实验实施（跟我做）......37
6.4.1 步骤一：创建项目和文件......37
6.4.2 步骤二：SVG 文件的结构......37
6.4.3 步骤三：创建 Logo 图形......37
6.4.4 步骤四：在 HTML 页面引入 SVG 文件......38

第 7 章　CSS 预处理语言：页面导航栏......39

7.1　实验目标......39

7.2　实验任务......39

7.3　设计思路......40

7.4　实验实施（跟我做）......41

7.4.1　步骤一：创建项目和文件......41

7.4.2　步骤二：引入 Less 文件......41

7.4.3　步骤三：搭建导航结构......42

7.4.4　步骤四：设置公共变量......43

7.4.5　步骤五：使用嵌套规则设置导航样式......44

第 8 章　ES9 编程：图形计算器......47

8.1　实验目标......47

8.2　实验任务......48

8.3　设计思路......50

8.4　实验实施（跟我做）......51

8.4.1　步骤一：创建项目和文件......51

8.4.2　步骤二：制作 HTML 页面......51

8.4.3　步骤三：制作 CSS 样式......52

8.4.4　步骤四：定义图形数据......53

8.4.5　步骤五：选择计算图形......54

8.4.6　步骤六：显示图形界面......54

8.4.7　步骤七：计算结果......55

第 9 章　ES9 编程：抽奖......61

9.1　实验目标......61

9.2　实验任务......61

9.3　设计思路......62

9.4　实验实施（跟我做）......62

9.4.1　步骤一：创建项目和文件......62

9.4.2　步骤二：制作 HTML 页面......63

9.4.3　步骤三：编写 CSS 样式......63

9.4.4　步骤四：页面 JS 交互逻辑......64

第 10 章　Vue.js：学习日历......66

10.1　实验目标......66

10.2　实验任务......67

10.3　设计思路......68

10.4　实验实施（跟我做）......70

10.4.1　步骤一：创建项目和文件......70

10.4.2　步骤二：创建 Vue 实例......71

10.4.3　步骤三：渲染学习日历页面......73

10.4.4　步骤四：创建对话框组件 dialogContent......75

10.4.5　步骤五：编辑课程表（父子组件通信）......77

第 11 章　Vue.js：记事本......81

11.1　实验目标......81

11.2　实验任务......82

11.3　设计思路......83

11.4　实验实施（跟我做）......85

11.4.1　步骤一：创建项目和文件......85

11.4.2　步骤二：配置 Vue 路由规则......85

11.4.3　步骤三：编辑登录页组件......86

11.4.4　步骤四：编辑记事本列表页组件......87

11.4.5　步骤五：创建新增记事本信息组件......93

第 12 章　Vue.js：贴吧......97

12.1　实验目标......97

12.2　实验任务......98

12.3　设计思路......99

12.4　实验实施（跟我做）......100

12.4.1　步骤一：创建项目和文件......100

12.4.2　步骤二：安装和配置路由规则......102

12.4.3　步骤三：安装和配置 Element UI......103

12.4.4　步骤四：创建贴吧首页......104

12.4.5　步骤五：创建帖子列表页面......108

12.4.6　步骤六：创建帖子详情页面......111

第 13 章　Vue.js：社区团购网......117

13.1　实验目标......117

13.2　实验任务......118

13.3　设计思路......119

13.4　实验实施（跟我做）......121

13.4.1　步骤一：创建项目和文件......121

13.4.2　步骤二：安装和配置路由规则......123

13.4.3 步骤三：安装 Vuex 并配置 Store 124
13.4.4 步骤四：创建页头组件 125
13.4.5 步骤五：引入页头组件 127
13.4.6 步骤六：准备商品数据和分类数据 127
13.4.7 步骤七：创建社区团购网首页 128
13.4.8 步骤八：创建购物车页面 133

第 14 章 Vue.js：购物车 140
14.1 实验目标 140
14.2 实验任务 140
14.3 设计思路 142
14.4 实验实施（跟我做） 143
14.4.1 步骤一：实现页面布局与基础样式 143
14.4.2 步骤二：使用 CSS 美化页面样式 144
14.4.3 步骤三：绑定数据并设置基础逻辑 145
14.4.4 步骤四：实现商品选择与全选功能的 146
14.4.5 步骤五："删除"按钮 147

第 15 章 Vue.js：备忘录 148
15.1 实验目标 148
15.2 实验任务 149
15.3 设计思路 151
15.4 实验实施（跟我做） 151
15.4.1 步骤一：实现页面布局与样式 151
15.4.2 步骤二：绑定数据与渲染 152
15.4.3 步骤三：切换备忘录的内容 153
15.4.4 步骤四：修改与删除备忘项目的状态 154
15.4.5 步骤五：修改备忘项目的内容 156

第 16 章 Vue.js：点餐系统 159
16.1 实验目标 159
16.2 实验任务 160
16.3 设计思路 160
16.4 实验实施（跟我做） 161
16.4.1 步骤一：创建项目和文件 161
16.4.2 步骤二：配置路由规则 162
16.4.3 步骤三：配置 Store 162
16.4.4 步骤四：创建公共页头组件 163
16.4.5 步骤五：创建点餐数据列表组件 164
16.4.6 步骤六：创建首页组件 167
16.4.7 步骤七：创建订单组件 168

第 17 章 Node.js：拍卖网 171
17.1 实验目标 171
17.2 实验任务 172
17.3 设计思路 172
17.4 实验实施（跟我做） 173
17.4.1 步骤一：创建项目和文件 173
17.4.2 步骤二：完成页面显示 173
17.4.3 步骤三：实现请求处理 176
17.4.4 步骤四：准备数据 177
17.4.5 步骤五：完成前后端交互 178
17.4.6 步骤六：运行效果 179

第 18 章 Node.js：在线选课 180
18.1 实验目标 180
18.2 实验任务 180
18.3 设计思路 181
18.4 实验实施（跟我做） 182
18.4.1 步骤一：创建项目和文件 182
18.4.2 步骤二：准备数据 182
18.4.3 步骤三：完成静态页面 183
18.4.4 步骤四：仿数据库处理数据 185
18.4.5 步骤五：实现请求处理 186
18.4.6 步骤六：实现静态资源访问 188
18.4.7 步骤七：实现前后端交互 189
18.4.8 步骤八：运行效果 191

第 19 章 Node.js：问卷调查网 192
19.1 实验目标 192
19.2 实验任务 192
19.3 设计思路 193
19.4 实验实施（跟我做） 194
19.4.1 步骤一：创建项目和文件 194

19.4.2 步骤二：完成静态页面 194
19.4.3 步骤三：仿数据库处理数据 198
19.4.4 步骤四：创建服务器 199
19.4.5 步骤五：实现前台路由 199
19.4.6 步骤六：实现后台路由 200
19.4.7 步骤七：运行效果 201

第 20 章 Node.js：用户注册/登录 203

20.1 实验目标 203
20.2 实验任务 203
20.3 设计思路 204
20.4 实验实施（跟我做） 205
20.4.1 步骤一：下载与安装 Node.js 205
20.4.2 步骤二：创建项目和文件 206
20.4.3 步骤三：实现“用户注册”和“用户登录”页面 207
20.4.4 步骤四：添加“用户注册”和“用户登录”页面的 CSS 样式 208
20.4.5 步骤五：创建服务器 209
20.4.6 步骤六：发送 AJAX 请求到服务器 211

第 21 章 Node.js：用户信息管理 214

21.1 实验目标 214
21.2 实验任务 215
21.3 设计思路 216
21.4 实验实施（跟我做） 218
21.4.1 步骤一：使用 Express 应用生成器创建项目 218
21.4.2 步骤二：使用 Express 连接 MySQL 数据库 219
21.4.3 步骤三：解决跨域问题 219
21.4.4 步骤四：设计路由接口 220

第 22 章 Node.js：图片验证码 224

22.1 实验目标 224
22.2 实验任务 225
22.3 设计思路 225
22.4 实验实施（跟我做） 226
22.4.1 步骤一：使用 Express 应用生成器创建项目 226
22.4.2 步骤二：实现验证码页面 227
22.4.3 步骤三：添加验证码页面的 CSS 样式 227
22.4.4 步骤四：解决跨域问题 229
22.4.5 步骤五：实现路由功能 229
22.4.6 步骤六：发送 AJAX 请求到服务器 230

第 23 章 Node.js：电商首页 232

23.1 实验目标 232
23.2 实验任务 233
23.3 设计思路 234
23.4 实验实施（跟我做） 235
23.4.1 步骤一：创建项目和文件 235
23.4.2 步骤二：安装和引入第三方模块 236
23.4.3 步骤三：请求首页数据 236
23.4.4 步骤四：编写分类导航组件、轮播图组件、分类专区组件 238
23.4.5 步骤五：Node.js 接口 241

第 24 章 网站架构设计：智能公交 243

24.1 实验目标 243
24.2 实验任务 243
24.3 设计思路 244
24.4 实验实施（跟我做） 245
24.4.1 步骤一：创建项目和文件 245
24.4.2 步骤二：设计并完成前端页面 245
24.4.3 步骤三：创建服务器 246
24.4.4 步骤四：实现前端功能 253
24.4.5 步骤五：运行效果 254

第 25 章 网站架构设计：职位发布系统 256

25.1 实验目标 256
25.2 实验任务 256
25.3 设计思路 260
25.4 实验实施（跟我做） 261
25.4.1 步骤一：创建项目和文件 261
25.4.2 步骤二：配置路由规则 263
25.4.3 步骤三：安装和引入 Axios 264
25.4.4 步骤四：安装 Element UI 264
25.4.5 步骤五：编写职位发布系统首页组件 265

25.4.6 步骤六：编写职位列表组件....266
25.4.7 步骤七：编写职位发布组件....270
25.4.8 步骤八：创建服务器................273
25.4.9 步骤九：实现数据库操作........274
25.4.10 步骤十：实现后台路由..........276
25.4.11 步骤十一：请求后台接口......277

第 26 章 网站性能优化：游戏网站 282

26.1 实验目标......................................282
26.2 实验任务......................................283
26.3 设计思路......................................284
26.4 实验实施（跟我做）..................285
26.4.1 步骤一：创建项目和文件........285
26.4.2 步骤二：构建页面主体............285
26.4.3 步骤三：创建页面头部导航....287
26.4.4 步骤四：创建页面主体部分....289
26.4.5 步骤五：创建页面底部版权部分..297
26.4.6 步骤六：使用 webpack 打包静态资源..298

第 27 章 网站性能优化：教学平台 302

27.1 实验目标......................................302
27.2 实验任务......................................303
27.3 设计思路......................................304
27.4 实验实施（跟我做）..................305
27.4.1 步骤一：创建项目和文件........305
27.4.2 步骤二：编辑 app.js 文件，搭建 Web 服务器................................306
27.4.3 步骤三：构建前端页面............307
27.4.4 步骤四：前端发送获取图片请求..310
27.4.5 步骤五：后台处理请求，返回响应信息..311
27.4.6 步骤六：运行效果....................312

第 28 章 网站性能优化：图片懒加载..........314

28.1 实验目标......................................314
28.2 实验任务......................................314
28.3 设计思路......................................315
28.4 实验实施（跟我做）..................316
28.4.1 步骤一：创建项目和文件..........316
28.4.2 步骤二：搭建页面结构..............316
28.4.3 步骤三：编写 CSS 样式文件.....317
28.4.4 步骤四：编写 JS 代码................317

第 1 章 实践概述

1.1 实践目标

本书围绕工业和信息化部教育与考试中心发布的《Web 前端开发职业技能等级标准 2.0 版》（高级）设计内容，通过不同的技术专题来综合训练读者的 Web 前端开发技能。通过学习和实践本书提供的技术专题，读者可以达到以下实践目标。

（1）能使用 HBuilder X 工具进行网站制作。

（2）能使用 Canvas 的图片引用、文字、变形、阴影、颜色等绘制图表、动画。

（3）能使用 SVG 的图形标签、标签属性、文字、颜色等创建二维矢量图形。

（4）能使用 Less 的变量、混合、嵌套、函数、运算等编写网页样式。

（5）能使用 ES9 的 let 和 const 关键字，以及解构赋值、函数扩展、数组扩展、对象扩展、模块等构建前端程序。

（6）能使用 Vue 基础语法、组件、路由等构建用户界面；能使用常用 UI 库美化网页；能使用 Vuex 管理用户状态；能使用 Axios 与服务器端通信；能使用 Vue CLI 构建前端页面。

（7）能安装和配置 Node.js 运行环境；能使用 npm 管理包和模块；能使用 Node.js 的 HTTP 模块、异步编程、异步 I/O、事件循环等构建高性能服务器；能使用 Node.js 进行 MySQL 数据库编程。

（8）能根据网站项目特点选择 MVC、MVVM 等前端开发模型；能使用 RESTful API 设计数据接口；能进行网站接口开发。

（9）能使用静态网页优化、前端资源优化等进行网站性能优化。

（10）遵循企业 Web 标准设计和开发过程，综合应用上述 Web 前端开发技术，设计网站架构，管理和实施网站建设开发方案，达到高级 Web 前端开发工程师水平。

1.2 实践知识地图

本书根据工业和信息化部教育与考试中心发布的《Web 前端开发职业技能等级标准 2.0 版》（高级）中的要求，设计网页图形绘制、CSS 预处理语言、ES9 编程、Vue.js、Node.js、网站架构设计、网站性能优化等重要知识单元，并绘制知识地图。

1．网页图形绘制

（1）Canvas 的主要内容包括<canvas>标签、Canvas 绘图、绘制方法。

（2）SVG 的主要内容包括 SVG 文件、文档结构、图形标签、标签属性。

知识地图如图 1-1 所示。

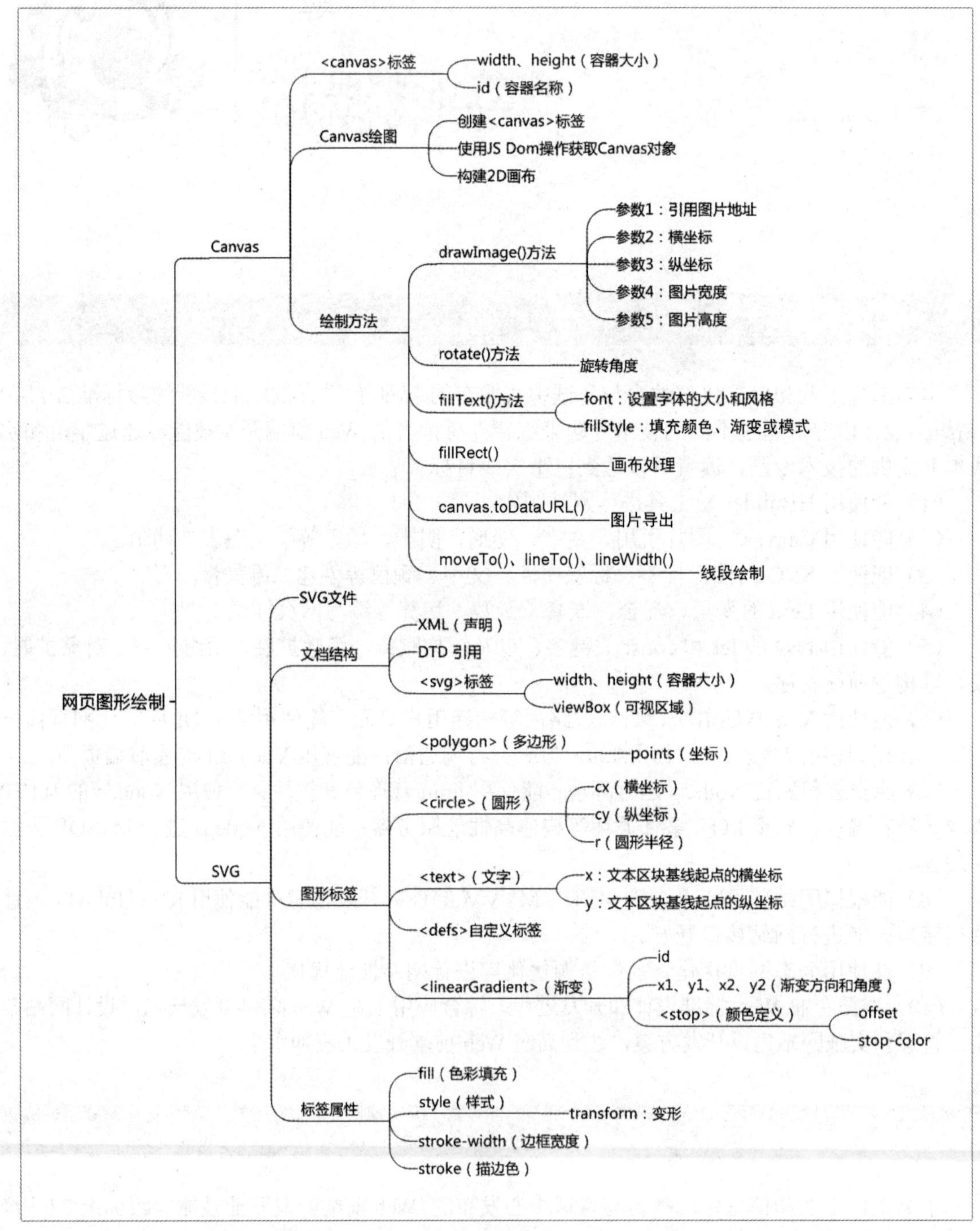

图 1-1

2．CSS 预处理语言

CSS 预处理语言（Less）的主要内容包括 Less 引入和 Less 语法，知识地图如图 1-2 所示。

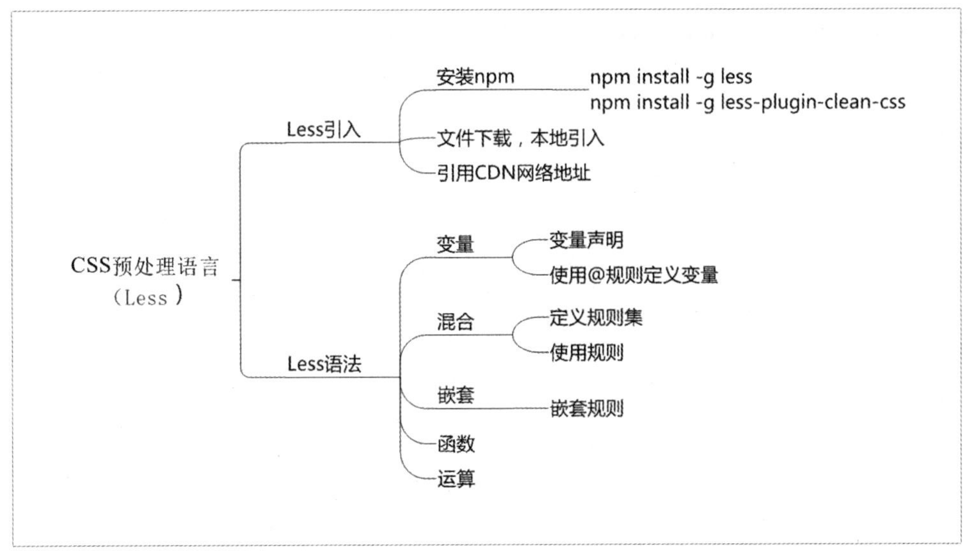

图 1-2

3．ES9 编程

ES9 编程的主要内容包括变量的使用、字符串的扩展、数值的扩展、数组的扩展、函数的扩展、类，知识地图如图 1-3 所示。

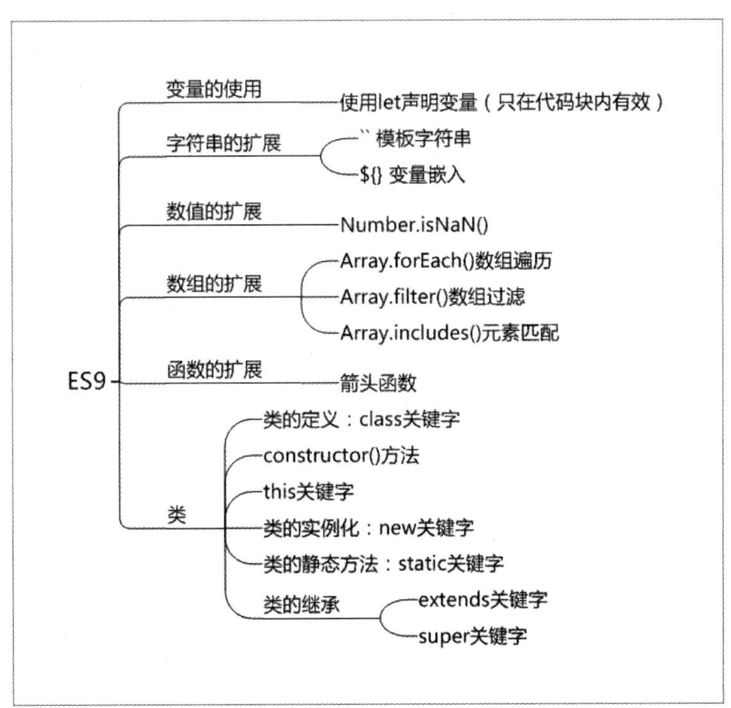

图 1-3

4．Vue.js

Vue.js 的主要内容包括 Vue 框架引入、Vue 实例、常用指令、Vue 组件、Vue CLI、Vue 路由、Element UI、Axios，知识地图如图 1-4 所示。

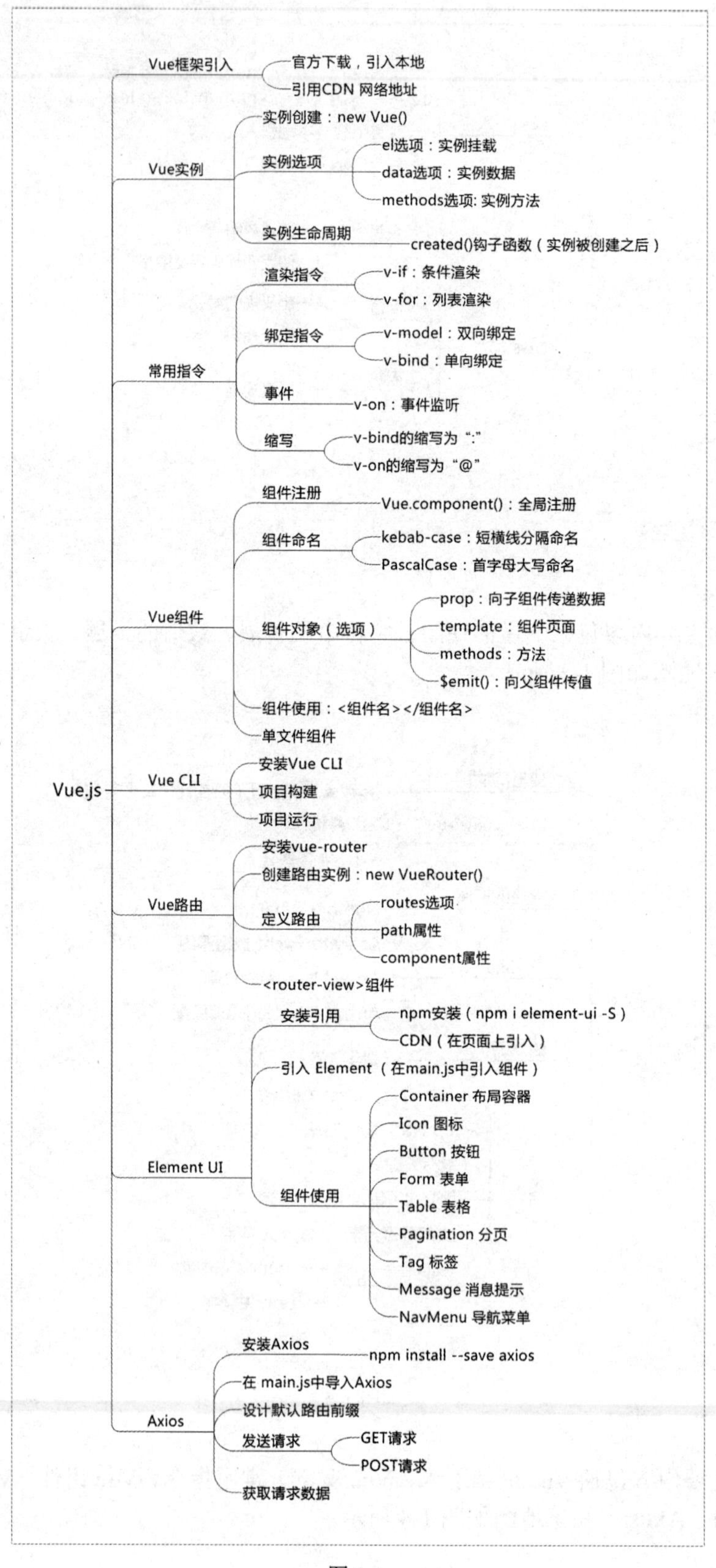
Vue.js
Vue框架引入
官方下载，引入本地
引用CDN 网络地址
Vue实例
实例创建：new Vue()
实例选项
el选项：实例挂载
data选项：实例数据
methods选项: 实例方法
实例生命周期
created()钩子函数（实例被创建之后）
常用指令
渲染指令
v-if：条件渲染
v-for：列表渲染
绑定指令
v-model：双向绑定
v-bind：单向绑定
事件
v-on：事件监听
缩写
v-bind的缩写为“:”
v-on的缩写为“@”
Vue组件
组件注册
Vue.component()：全局注册
组件命名
kebab-case：短横线分隔命名
PascalCase：首字母大写命名
组件对象（选项）
prop：向子组件传递数据
template：组件页面
methods：方法
$emit()：向父组件传值
组件使用：<组件名></组件名>
单文件组件
Vue CLI
安装Vue CLI
项目构建
项目运行
Vue路由
安装vue-router
创建路由实例：new VueRouter()
定义路由
routes选项
path属性
component属性
<router-view>组件
Element UI
安装引用
npm安装（npm i element-ui -S）
CDN（在页面上引入）
引入 Element （在main.js中引入组件）
组件使用
Container 布局容器
Icon 图标
Button 按钮
Form 表单
Table 表格
Pagination 分页
Tag 标签
Message 消息提示
NavMenu 导航菜单
Axios
安装Axios
npm install --save axios
在 main.js中导入Axios
设计默认路由前缀
发送请求
GET请求
POST请求
获取请求数据

图 1-4

5. Node.js

Node.js 的主要内容包括 CommonJS 规范、Node.js 模块机制和异步 I/O、Node.js Web 模块、Node.js fs 模块、Node.js path 模块、包和 npm 定义、第三方模块、Express，知识地图如图 1-5 所示。

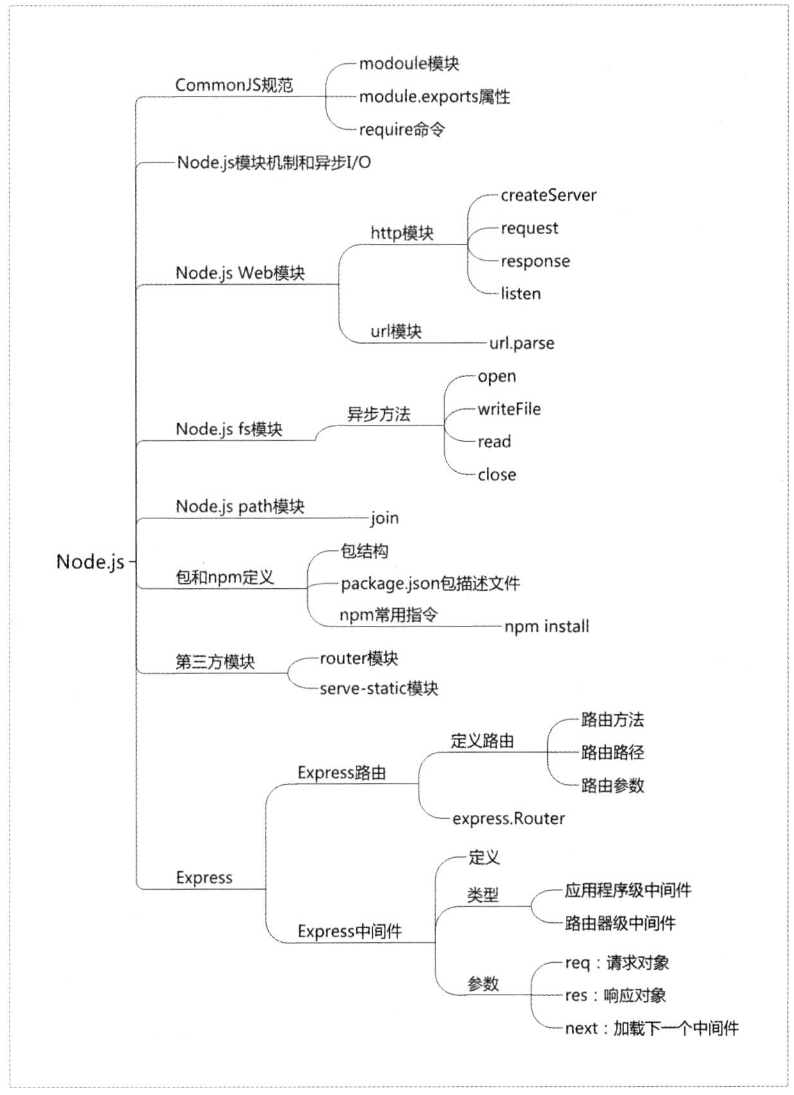

图 1-5

6. 网站架构设计

（1）RESTful API 的主要内容包括 URL 设计规范、HTTP 动词、服务器响应格式、JS AJAX、Node.js 定义接口。

（2）前后端分离的主要内容包括 Vue.js（前端）和 Express（后端）等。

知识地图如图 1-6 所示。

7. 网站性能优化

（1）代码结构优化的主要内容包括 HTML 优化和 CSS 优化。

（2）webpack 打包的主要内容包括 webpack 环境、打包依赖插件、webpack 配置。

（3）前端资源加载优化的主要内容包括 Node.js、Express 框架应用、代码资源优化。

知识地图如图 1-7 所示。

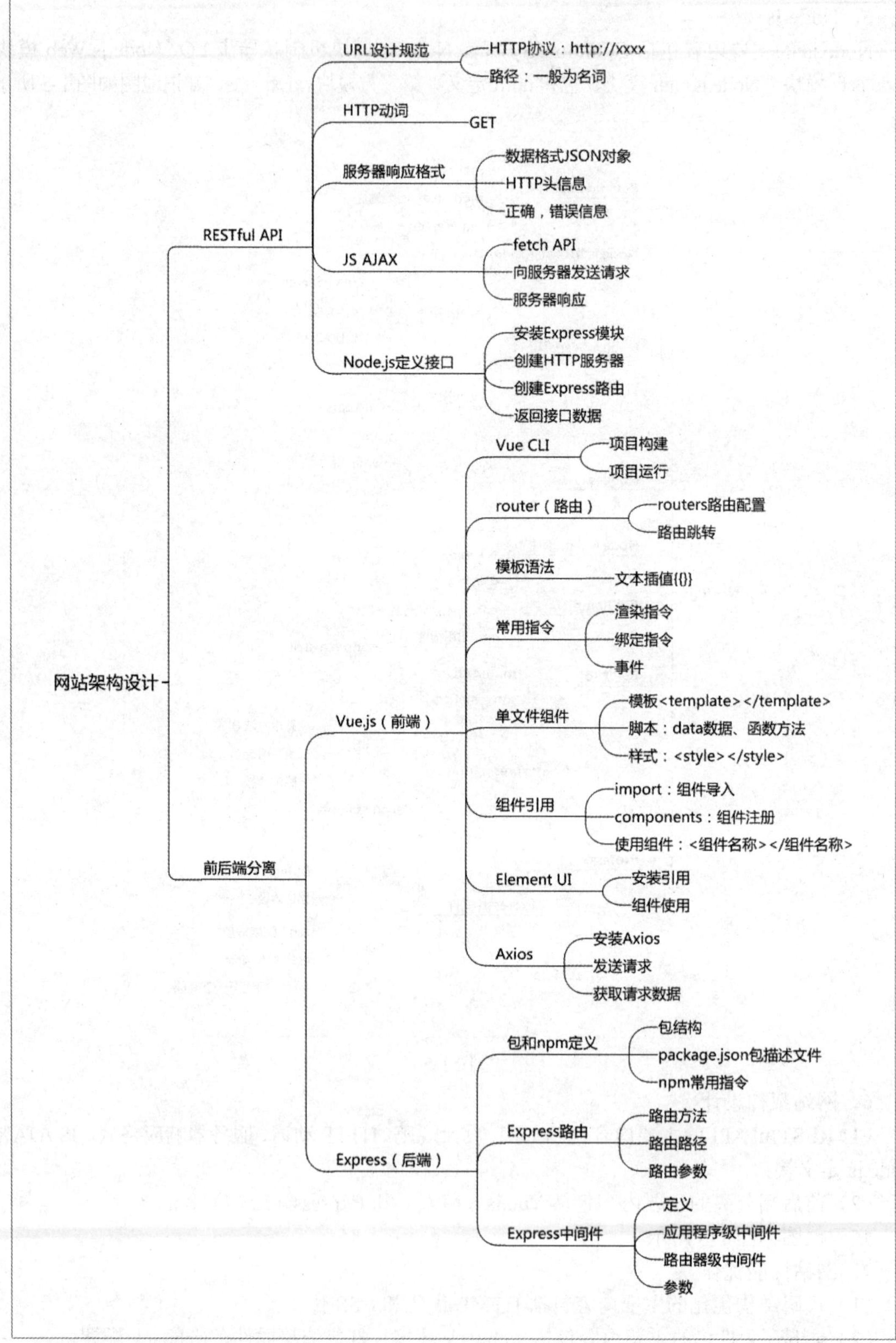
网站架构设计
RESTful API
URL设计规范
HTTP协议：http://xxxx
路径：一般为名词
HTTP动词
GET
服务器响应格式
数据格式JSON对象
HTTP头信息
正确，错误信息
JS AJAX
fetch API
向服务器发送请求
服务器响应
Node.js定义接口
安装Express模块
创建HTTP服务器
创建Express路由
返回接口数据
前后端分离
Vue.js（前端）
Vue CLI
项目构建
项目运行
router（路由）
routers路由配置
路由跳转
模板语法
文本插值{{}}
常用指令
渲染指令
绑定指令
事件
单文件组件
模板<template></template>
脚本：data数据、函数方法
样式：<style></style>
组件引用
import：组件导入
components：组件注册
使用组件：<组件名称></组件名称>
Element UI
安装引用
组件使用
Axios
安装Axios
发送请求
获取请求数据
Express（后端）
包和npm定义
包结构
package.json包描述文件
npm常用指令
Express路由
路由方法
路由路径
路由参数
Express中间件
定义
应用程序级中间件
路由器级中间件
参数

图 1-6

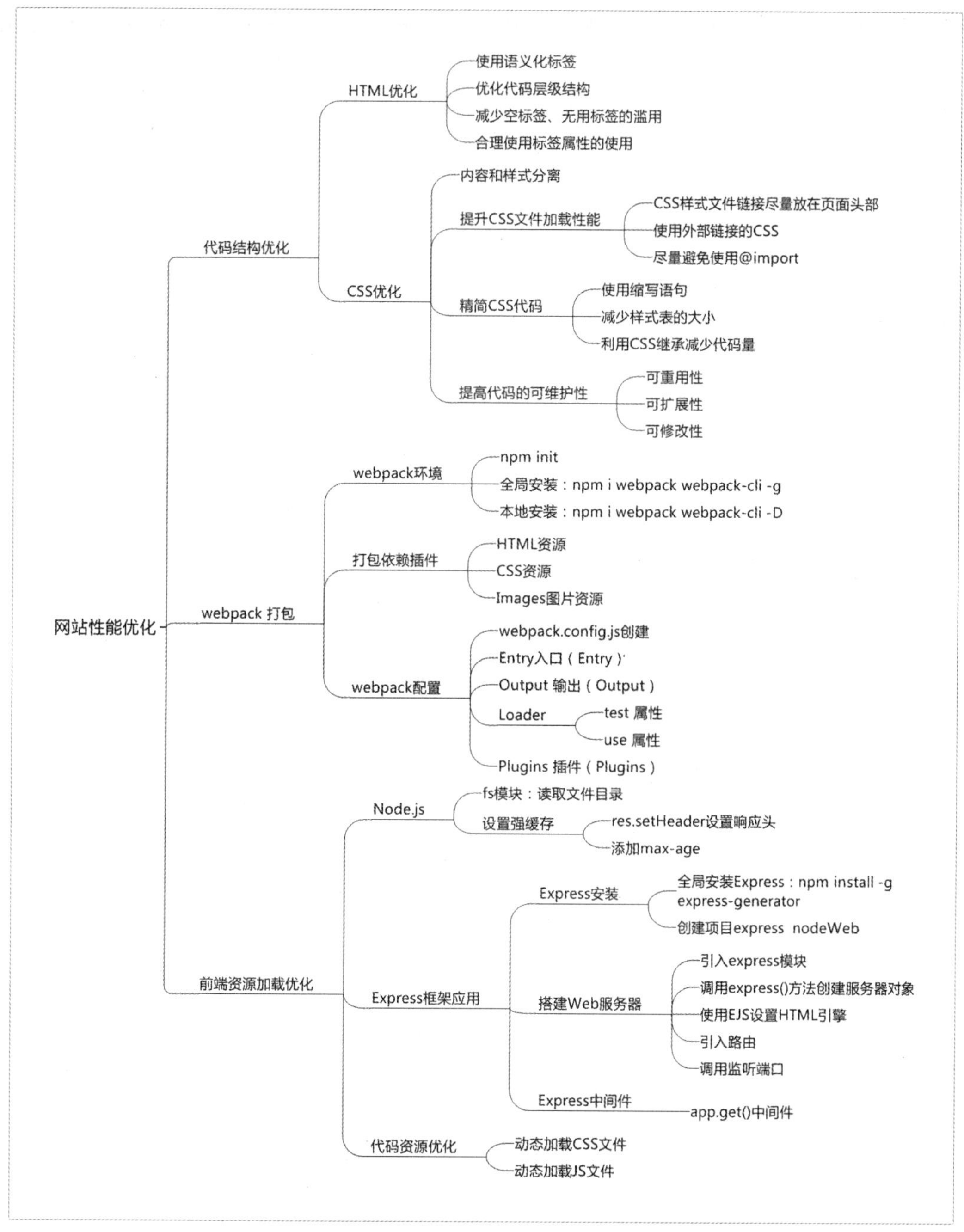

图 1-7

1.3 实施安排

本书围绕《Web 前端开发职业技能等级标准 2.0 版》（高级），结合 Vue.js 和 Node.js 等相关课程教学内容，设计技术专题，通过技术专题训练读者的 Web 前端开发技能。

本书参照《Web 前端开发职业技能等级标准 2.0 版》（高级）的职业技能要求，结合企业实际岗位的情况，选取 HBuilder X 工具、网页图形绘制、CSS 预处理语言、ES9 编程、Vue.js、

Node.js、网站架构设计、网站性能优化等内容，针对《Web 前端开发职业技能等级标准 2.0 版》（高级）中的工作任务，安排 27 个技术专题，如表 1-1 所示。每个技术专题就是 1 个小型项目，围绕职业技能要求设计，以任务驱动，迭代开发，确保每一步均可验证和实现，每个技术专题包括实验目标、实验任务、设计思路和实验实施（跟我做）4 部分。

表 1-1

知 识 单 元	技 术 专 题
开发环境	HBuilder X 开发工具
网页图形绘制	图片水印
	贪吃蛇
	登录页面
	Logo 绘制
CSS 预处理语言	页面导航栏
ES9 编程	图形计算器
	抽奖
Vue.js	学习日历
	记事本
	贴吧
	社区团购网
	购物车
	备忘录
	点餐系统
Node.js	拍卖网
	在线选课
	问卷调查网
	用户注册/登录
	用户信息管理
	图片验证码
	电商首页
网站架构设计	智能公交
	职位发布系统
网站性能优化	游戏网站
	教学平台
	图片懒加载

第 2 章 开发环境：HBuilder X 开发工具

2.1 实验目标

（1）了解国内外常用 Web 前端开发工具，熟悉国产 Web 前端开发工具。

（2）掌握 HBuilder X 的下载、安装和基本操作。

（3）掌握 HBuilder X 中 npm 的相关操作方法。

（4）掌握使用 HBuilder X 创建项目的方法。

2.2 实验任务

（1）下载并安装 HBuilder X 开发工具。

（2）使用 HBuilder X 工具创建一个基础 HTML 项目。

（3）在服务器上运行项目。

（4）使用 Chrome 浏览器访问项目。

2.3 设计思路

（1）HBuilder 适合 PHP 编程，HBuilder X 提供了对 npm 的支持，适合 Node.js 和 Vue.js 编程。

（2）创建项目 web，目录如表 2-1 所示。

表 2-1

类　型	文　件	说　明
HTML 文件	index.html	主页面文件
文件夹	css	存放样式文件
	img	存放图片资源
	js	存放 JS 文件

（3）在 index.html 中使用<p>标签编写 HelloWorld 程序代码。

（4）运行项目：使用 HBuilder X 内置 Web 服务器运行项目。

（5）访问项目：使用浏览器访问项目，访问路径为 http://127.0.0.1:8848/web/index.html。

2.4 实验实施（跟我做）

2.4.1 步骤一：下载并安装 HBuilder X

1．下载 HBuilder X

（1）进入 HBuilder X 官方网站首页，单击“DOWNLOAD”按钮下载 HBuilder X。如图 2-1 所示。

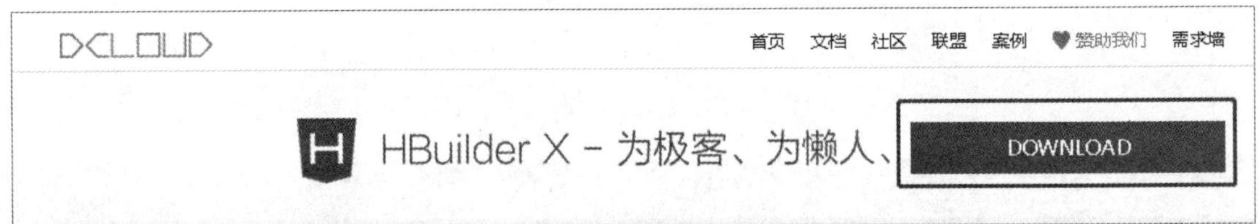

图 2-1

下载页面如图 2-2 所示。

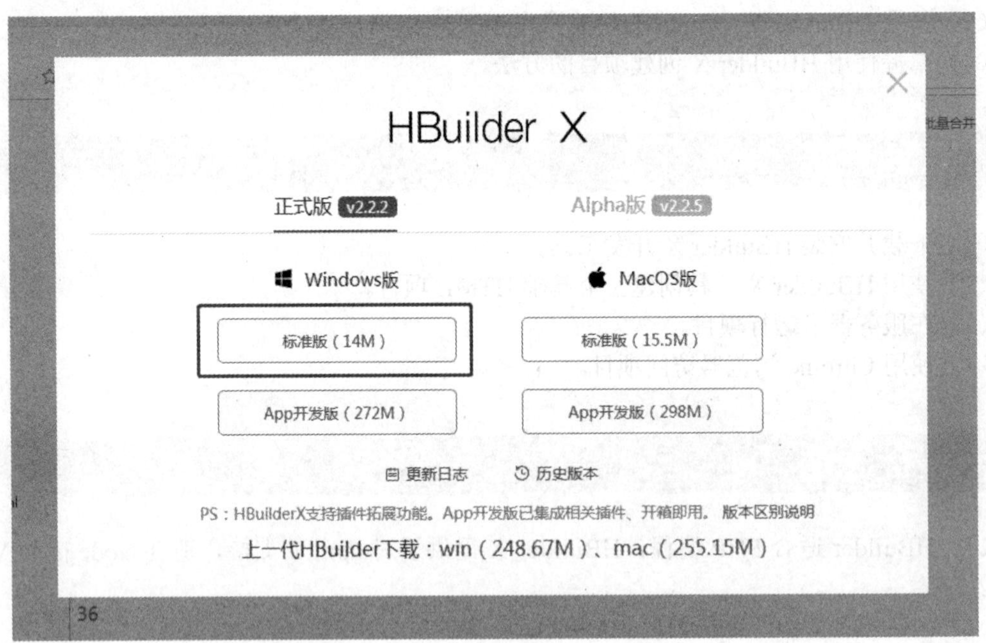

图 2-2

（2）下载所需版本，得到压缩文件（如 HBuilderX.1.9.9.20190522.zip）。

2．安装

解压缩 HBuilderX.1.9.9.20190522.zip 文件到一个目录下，例如解压缩到 E 盘根目录下，在解压缩后生成 E:\HBuilderX，即 HBuilder X 的文件夹，文件夹的内容如图 2-3 所示。

名称	修改日期	类型	大小
bin	2019/9/25 11:03	文件夹	
iconengines	2019/9/25 11:03	文件夹	
imageformats	2019/9/25 11:03	文件夹	
platforms	2019/9/25 11:03	文件夹	
plugins	2019/9/25 11:03	文件夹	
readme	2019/9/25 11:03	文件夹	
HBuilderX.dll	2019/5/22 20:43	应用程序扩展	7,168 KB
HBuilderX.exe	2019/5/22 20:43	应用程序	2,812 KB
libeay32.dll	2019/5/22 20:43	应用程序扩展	1,236 KB
LICENSE.MD	2019/5/22 20:43	MD 文件	4 KB
qt.conf	2019/5/22 20:43	CONF 文件	1 KB
Qt5Core.dll	2019/5/22 20:43	应用程序扩展	4,533 KB
Qt5Gui.dll	2019/5/22 20:43	应用程序扩展	4,899 KB
Qt5Network.dll	2019/5/22 20:43	应用程序扩展	832 KB
Qt5Svg.dll	2019/5/22 20:43	应用程序扩展	250 KB
Qt5WebSockets.dll	2019/5/22 20:43	应用程序扩展	108 KB
Qt5Widgets.dll	2019/5/22 20:43	应用程序扩展	4,330 KB
Qt5WinExtras.dll	2019/5/22 20:43	应用程序扩展	231 KB
Qt5Xml.dll	2019/5/22 20:43	应用程序扩展	149 KB
QuaZIP.dll	2019/5/22 20:43	应用程序扩展	259 KB
ReleaseNote.md	2019/5/22 20:43	MD 文件	138 KB
reset.bat	2019/5/22 20:43	Windows 批处理...	3 KB
ssleay32.dll	2019/5/22 20:43	应用程序扩展	268 KB
uac.exe	2019/5/22 20:43	应用程序	28 KB
Updater.exe	2019/5/22 20:43	应用程序	77 KB
常见启动问题指南.txt	2019/5/22 20:43	文本文档	1 KB

图 2-3

2.4.2　步骤二：HBuilder X 主界面

在步骤一解压缩得到的文件夹中，运行 HBuilderX.exe 程序即可启动 HBuilder X，其主界面如图 2-4 所示。

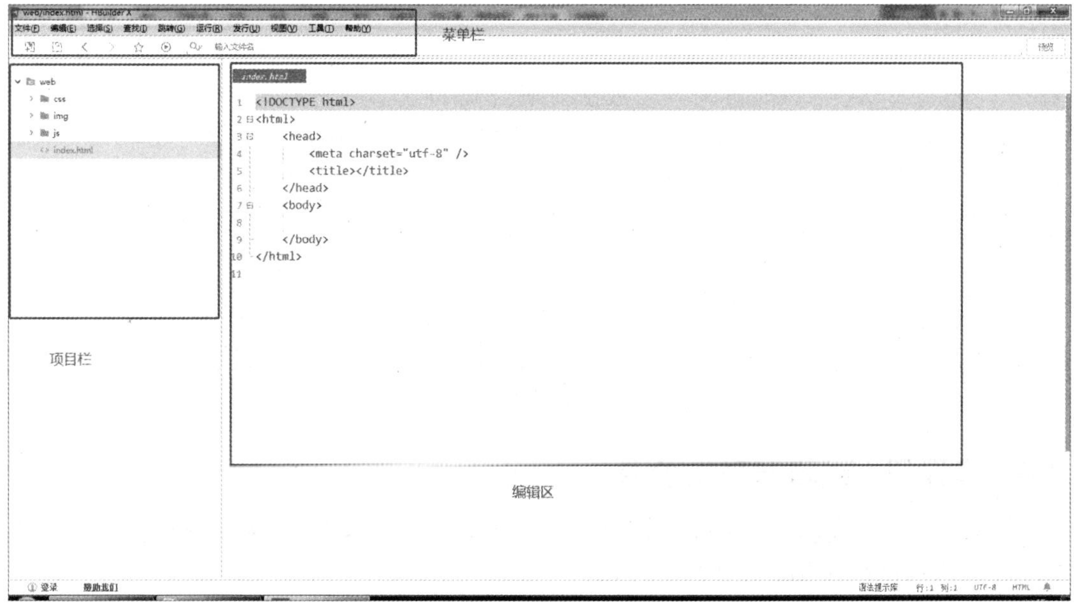

图 2-4

2.4.3　步骤三：创建项目

（1）在菜单栏中选择“文件”→“新建”→“1.项目”命令，如图 2-5 所示。

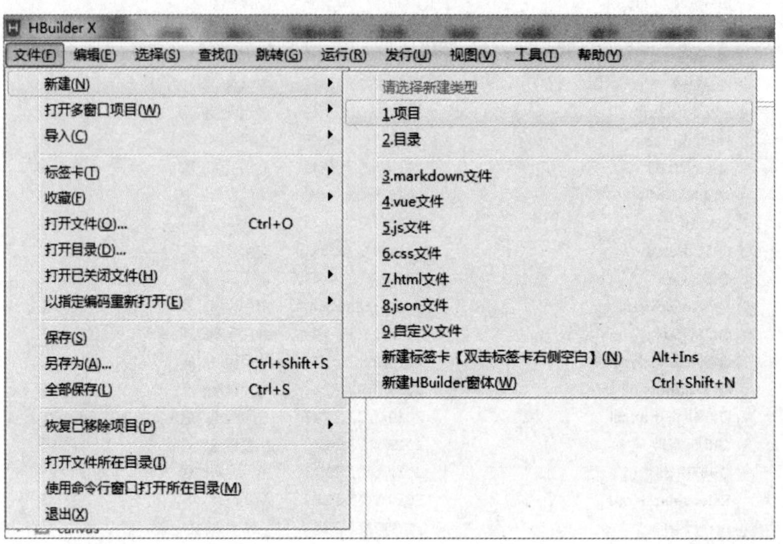

图 2-5

（2）在弹出的“新建项目”对话框中，填写项目的名称，选择使用的模板，如图 2-6 所示。

图 2-6

2.4.4　步骤四：编辑 HTML 文件

在项目中选中 index.html 页面文件，编辑区中会显示该文件中的代码，此时，用户可以在编辑区中对代码进行编辑，如图 2-7 所示。

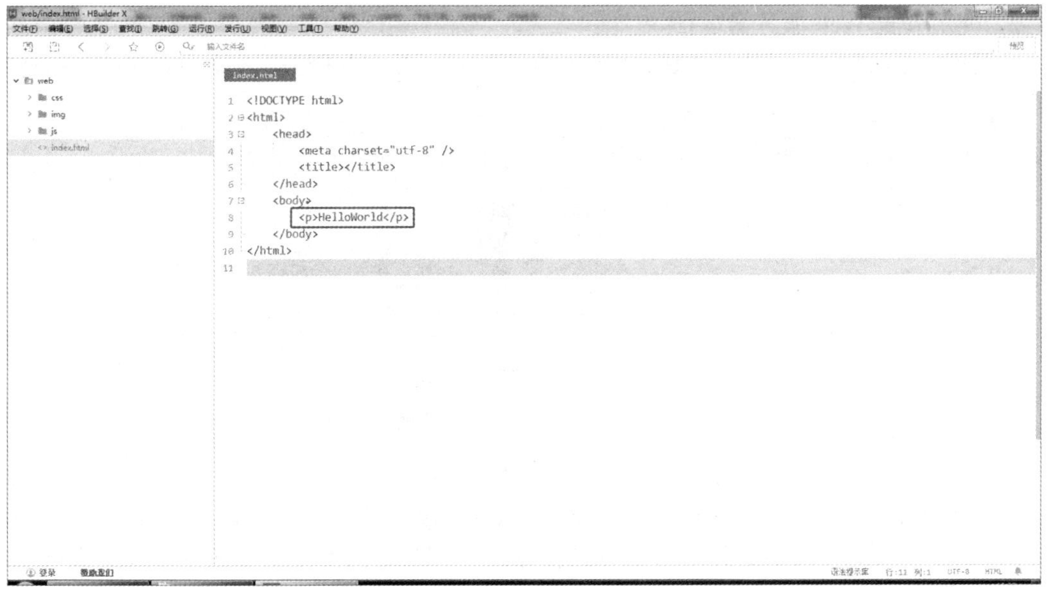

图 2-7

2.4.5　步骤五：运行

1．使用内置 Web 服务器运行

在菜单栏中选择“运行”→“运行到浏览器”→“Chrome”命令，如果计算机中安装了 Chrome 浏览器，则无须设置路径即可启动 Web 服务并运行项目，如图 2-8 所示。

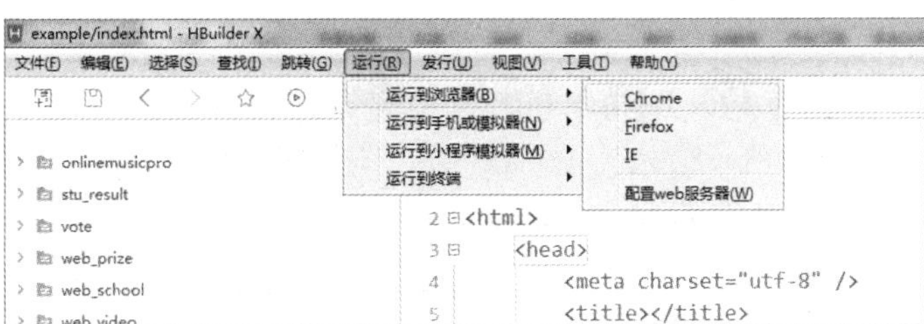

图 2-8

可以看到，HBuilder X 内置的 Web 服务器已启动，端口号默认为 8848，如图 2-9 所示。

图 2-9

启动成功后，浏览器会自动打开当前页面，如图 2-10 所示。

图 2-10

2．使用外置 Web 服务器运行

在菜单栏中选择“运行”→“运行到浏览器”→“配置 web 服务器”命令，如图 2-11 所示。

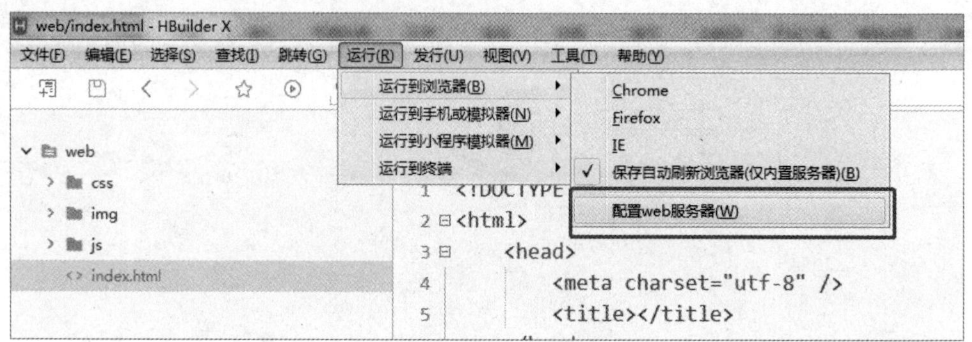

图 2-11

打开 Settings.json 文件，该文件是 HBuilder X 的配置文件，在该文件中填写“外部 web 服务器调用 url”，那么通过 HBuilder X 运行到浏览器时，URL 就不再是内置 Web 服务器的地址，而是配置的“外部 web 服务器调用 url”，如图 2-12 所示。

图 2-12

第 3 章 网页图形绘制：图片水印

3.1 实验目标

（1）掌握 Canvas 的基本用法。
（2）掌握 Canvas 图片引用的方法。
（3）掌握使用 Canvas 绘制文本的方法。
（4）掌握 Canvas 图形变形的方法。
（5）综合应用 Canvas 绘图技术，开发图片水印。
知识地图如图 3-1 所示。

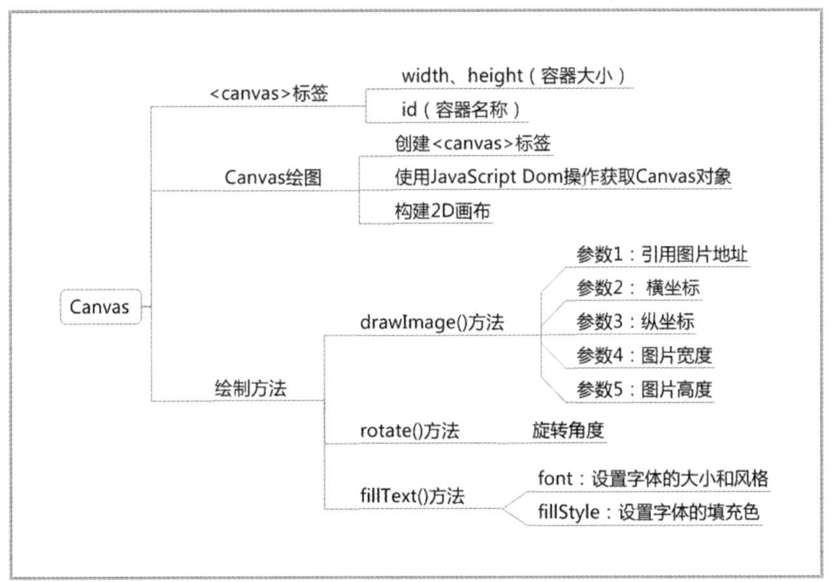

图 3-1

3.2 实验任务

使用<canvas>标签结合 JS 制作带水印的图片，页面最终效果如图 3-2 所示。

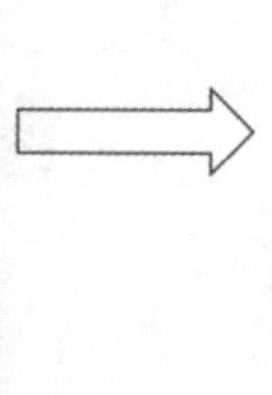

图 3-2

3.3 设计思路

Canvas 其实就是一块画布，能够很方便地绘制一些文字、线条、图形等，也能够将一个<img>标签中渲染的图片绘制在画布上。

在将文件上传到后端时，使用<input>标签读取用户本地文件后获得的实际上是一个 Blob 对象（更精确的说是 File 对象，一个特殊的 Blob 对象），而在页面上展现图片使用的是<img>标签，绘制功能使用 Canvas 实现。添加水印的功能需要在<img>标签、Canvas 画布、Blob 对象三者之间转换，如图 3-3 所示。

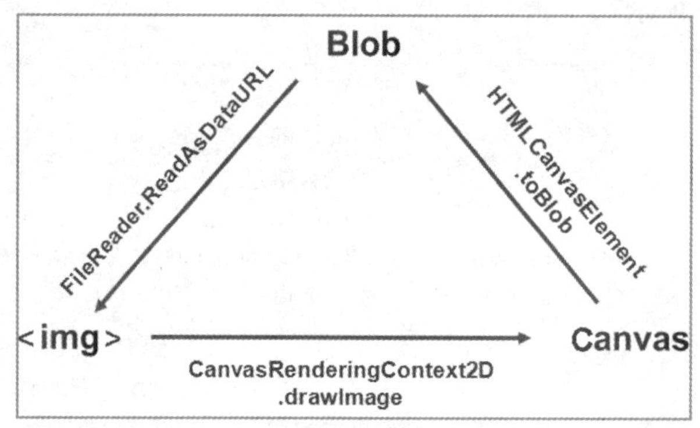

图 3-3

（1）创建项目 watermark，项目中的文件如表 3-1 所示。

表 3-1

类　型	文　件	说　明
HTML 文件	index.html	主页面文件，展示个人账单
文件夹	img	存放图片资源

（2）准备 Canvas 环境，设置水印区域的大小和容器 ID。

（3）将<img>标签中的内容绘制到 Canvas 上。

①调用 Canvas 上下文对象的 drawImage()方法，即可将<img>标签中的内容绘制到 Canvas 上。

②drawImage()方法可以传入多个参数，以定义绘制的图像的范围，传入（0, 0）表示从图像的左上角开始绘制，后面可以继续传入两个参数来定义图像的绘制终点，不过这里整个图片都要绘制到 Canvas 上，所以使用默认值即可。

（4）将水印绘制到 Canvas 上。

①使用 fillText()方法添加文本。

②使用 font 属性设置水印文字的大小和字体。

③使用 fillStyle 属性设置水印文字的颜色和透明度。

④设置水印文字出现的次数。

⑤设置水印文字的偏移角度。

3.4　实验实施（跟我做）

3.4.1　步骤一：创建项目和文件

创建项目 watermark，并在项目中创建 index.html 页面文件，目录结构如图 3-4 所示。

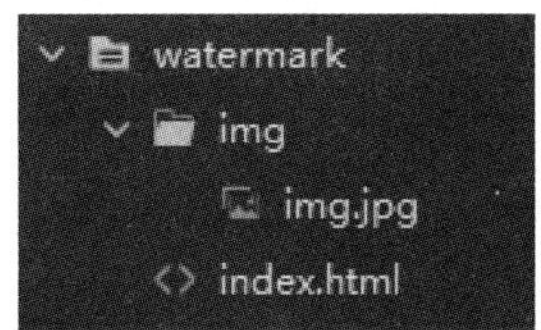

图 3-4

3.4.2　步骤二：准备 Canvas 环境

在 index.html 页面文件的<body>标签中添加<canvas>标签，定义容器大小（宽度、高度），定义容器 ID 为“myCanvas”。代码如下：

```
<!--HTML 文档的文档声明-->
<!DOCTYPE HTML PUBLIC "-//W3C//DTD HTML 4.01 Transitional//EN">
<html>
    <head>
        <meta charset="utf-8">
        <title>canvas 照片水印</title>
    </head>
    <body>
        <canvas height="400" width="400" id="myCanvas">
    </body>
</html>
```

3.4.3　步骤三：取/存图片

使用 JS 代码将图片绘制在 Canvas 的图层上。在 index.html 页面文件中添加<script>标签，引入 JS 代码，定义变量 img，以设置图片路径。在图片加载完成后，调用 Canvas 的 drawImage()方法，将图片绘制在 Canvas 的图层上。代码如下：

```
<body>
    <canvas height="400" id="myCanvas" width="400">
    <script>
    //代码块
    var img = new Image();
    //设置图片路径
    img.src ='./img/img.jpg';
```

```
        //这里获取的是一张本地图片，也可以从服务器获取图片，或者访问一张远程地址上的图片
        img.onload = () => {
            // 准备 Canvas 环境
            var canvas = document.getElementById("myCanvas");
            var ctx = canvas.getContext("2d");
            // 将图片绘制到 Canvas 上
            ctx.drawImage(img, 0, 0, 400, 400);
            // 将水印绘制到 Canvas 上
            ......
        }
        </script>
    </body>
```

3.4.4 步骤四：绘制水印

在 Canvas 上绘制好图片之后，回到 onload()函数中，利用在上一步中获取的 ctx 对象，继续绘制水印。

① font 属性可以自定义水印文字的大小及字体。

② fillStyle 属性可以自定义水印文字的颜色及透明度。

③ fillText()方法完成最后的填充及水印文字的定位。

④ 设置水印文字重复出现的次数（20 次）。

⑤ 设置水印文字的初始偏转角度。

代码如下：

```
    // 将水印绘制到 Canvas 上
    for(let i = 0; i < 20; i++) {
        ctx.rotate((-75 * Math.PI) / 180); // 水印文字初始的偏转角度
        ctx.font = "30px microsoft yahei";
        ctx.fillStyle = "rgba(0,0,0,0.5)";
        ctx.fillText("https://www.ruanko.com",-250,i * 20);
        ctx.rotate((75 * Math.PI) / 180); // 将水印文字的偏转角度调整为初始值，否则水印会一
直转
    }
```

第 4 章 网页图形绘制：贪吃蛇

4.1 实验目标

（1）掌握 Canvas 的基本用法。

（2）掌握使用 Canvas 绘制路径的方法。

（3）掌握使用 Canvas 添加颜色的方法。

（4）掌握使用 Canvas 绘制文本的方法。

（5）综合应用 Canvas 绘图技术，开发 HTML5 游戏“贪吃蛇”。

知识地图如图 4-1 所示。

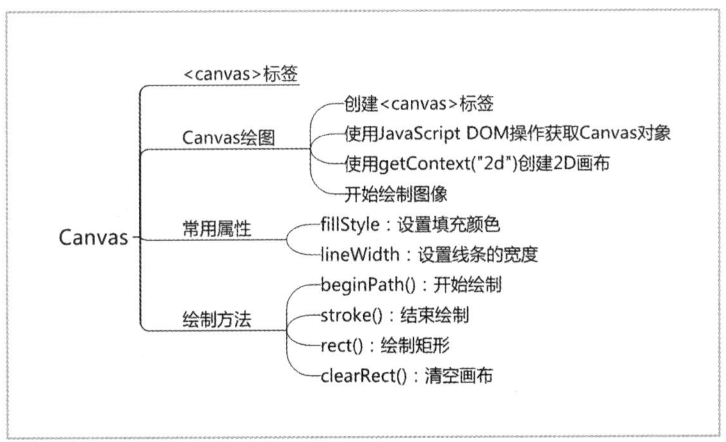

图 4-1

4.2 实验任务

使用 HTML5 新增<canvas>标签，结合 JS 面向对象完成游戏“贪吃蛇”，并实现对应的功能。

（1）使用 Canvas 绘制地图和蛇身及食物方块。

（2）使用 W、A、D、S 键实现对蛇的移动方向的控制。

（3）得分统计和游戏结束判断。

页面效果如图 4-2 所示。

图 4-2

4.3 设计思路

（1）创建项目 GreedyGame，在项目中创建 index.html 页面文件。

（2）在 index.html 页面文件中构建 Canvas 画布，并且将页面布局设置为居中，将画布的 width 和 height 属性分别设置为 500px 和 400px。

（3）在 JS 中将 Canvas 画布设置为 2D 视图，创建“蛇”对象 snake，并填写对应的数据。

（4）计算 Canvas 画布区域范围内的格子数量，以便判断游戏是否结束。

（5）在 index.html 页面文件中编写以下方法。

①getPoint()方法：通过设置随机数生成画布中的点。

②setPoint()方法：通过画布的 rect()方法画点。

③setSnake()方法：绘制蛇的方法。循环遍历“蛇”对象的 snakeBodyArr 数组对象。

④startGame()方法：当单击页面的“游戏开始”按钮后，先终止游戏循环，然后初始化“蛇”对象的 snakeBodyArr 数组对象，通过 Canvas 对应的方法绘制蛇和对应的点，并检测蛇在移动的过程中是否“撞墙”。

⑤键盘监听：通过操作 W、A、D、S 键控制蛇的移动方向。

⑥clear()方法：当游戏结束时，清空画布内容。

4.4 实验实施（跟我做）

4.4.1 步骤一：创建项目和文件

创建项目 GreedyGame，并在项目中创建 index.html 页面文件，目录结构如图 4-3 所示。

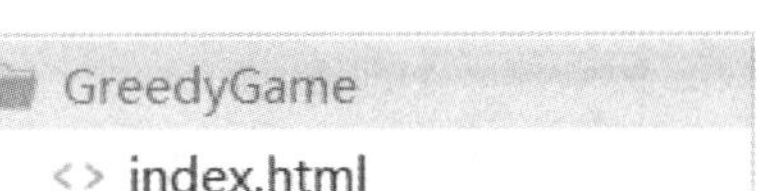

图 4-3

4.4.2　步骤二：制作页面

在 index.html 页面文件中创建<h1>标签，用来存放页面标题，<div>标签包括操作提示文本和成绩，其中，成绩使用<span>标签并设置其 id 属性为 score，方便 JS 获取。在<button>标签中提前设置单击事件并绑定函数。在<body>标签下编写<canvas>标签的内容，并设置 width 和 height 等属性。代码如下：

```
<!DOCTYPE html>
<html>
    <head>
        <meta charset="utf-8">
        <title>H5 游戏贪吃蛇</title>
        <style>
             body{
                 background:#eeeeee;
                 text-align: center;
             }
             canvas{
           margin-top: 20px;
           background:#ffffff;
             }
        </style>
    </head>
    <body>
        <!-- 游戏名称 -->
        <h1>HTML5 小游戏-贪吃蛇</h1>
        <!-- 游戏提示信息和操作按钮 -->
        <div>
            <!-- 游戏操作提示 -->
            <span>操作方法: W A D S</span>
            <!-- 显示分数的 span #score -->
            <p>
                <span>你的成绩 : </span>
                <span id="score">0</span>
            </p>
            <!-- 游戏开始的按钮，单击调用 startGame()函数，该函数后面完善 -->
            <button onclick="startGame();">游戏开始</button>
        </div>
        <!-- 我们要操作的 canvas -->
        <canvas id="gbcanvas" width="500" height="400"></canvas>
    </body>
</html>
```

4.4.3　步骤三：初始化数据

获取页面元素并初始化 Canvas 画布，计算初始化数据，通过 Canvas 获取处理 API 的上下文 context 的方法，获取分数元素，设置画布的宽度和高度，设置每个格子的边长并计算横向和纵向的格子数量，定义分数的初始值。代码如下：

```
var canvas = document.getElementById('gbcanvas');  //获取 Canvas 对象
var c = canvas.getContext('2d'); //通过 Canvas 获取处理 API 的上下文 context 的方法
var s = document.getElementById('score');           //显示游戏分数
var sWidth = 500;        //当前可视区域的宽度，即 Canvas 的宽度
var sHeight = 400;       //当前可视区域的高度，即 Canvas 的高度
var unit = 5;                                        //设定每个格子的边长
var mwid = sWidth / unit;                            //计算当前横向格子的数量
var mhei = sHeight / unit;                           //计算当前纵向格子的数量
var point = point = {x : 0 , y : 0};                 //初始化记录食物坐标的变量
var score = 0;                                       //初始化记录成绩的变量
```

4.4.4 步骤四：创建“蛇”对象

创建“蛇”对象 snake，按照思路，“蛇”对象应该有以下方法和属性。

（1）advOri：蛇当前移动的方向，如 right。

（2）ori：蛇的方向组，左右为一组，上下为一组，因为蛇的移动方向不能直接改变为同方向组的方向。

（3）oriArr：所有允许的方向数组，值为 left、down、right、up。

（4）snakeBodyArr：蛇的身体数组，记录蛇身体每个点的坐标。

（5）addBody()：吃一个食物后在身体最后追加一节。

（6）move[ori]：向某个方向移动一格，例如 moveup、moveleft。

（7）move()：由 move[ori]调用，move[ori]让头向某个方向移动一格，然后调用此方法，让后面所有的身体跟着移动。

（8）changeOri()：改变蛇当前移动的方向，即 advOri 的值，通过 ori 和 oriArr 判断合法性。

（9）judgeChangeOri()：判断改变方向的合法性。由 changeOri()方法调用。

（10）isHitYourBody()：判断头是否撞到身体。

（11）isHitWall()：判断是否撞墙。

（12）toEatAdd()：判断当前头是否吃到食物，如果吃到，则调用 addBody()方法。

代码如下：

```
//“蛇”对象
var snake = {
     startX: 3, //开始时头的 x 坐标
     startY: 0, //开始时头的 y 坐标
     advOri: 'right', //初始化方向
     ori: [['left' , 'right'] , ['up' , 'down']], //方向组
     oriArr: ['left' , 'right' , 'up' , 'down'], //所有允许的方向，用来判断方向的
合法性
          snakeBodyArr: [{x : 3 , y : 0} , {x : 2 , y : 0} , {x : 1 , y :
0}],//初始化蛇的身体坐标，初始长度为 3
     //坐标为格子坐标，而非像素坐标
     //添加一个身体的方法
     addBody: function(){
       //判断当前尾部方向
       var last = this.snakeBodyArr[this.snakeBodyArr.length - 1]; //获取最后
一个身体
```

```
        var plast = this.snakeBodyArr[this.snakeBodyArr.length - 2]; //获取倒数第二个身体
        var px = last.x - plast.x;
        var py = last.y - plast.y; //根据两个身体坐标的差值，计算应在哪个方向添加身体
        //计算新元素的位置
        var newEle = {x : last.x + px , y : last.y + py};   //创建一个新身体
        this.snakeBodyArr.push(newEle);      //将新身体加入身体数组
    },
    //移动方向方法，下面几个方法类似，只是方向不同
    moveup: function(){
        var pre = this.snakeBodyArr[0];  //记录第一个身体，即头部的坐标
        this.snakeBodyArr[0] = {x : pre.x , y : pre.y - 1}; //让头部的坐标向上移动一格
        this.move(pre);                  //调用移动身体的方法
    },
    movedown: function(){
        var pre = this.snakeBodyArr[0];
        this.snakeBodyArr[0] = {x : pre.x , y : pre.y + 1};
        this.move(pre);
    },
    moveleft: function(){
        var pre = this.snakeBodyArr[0];
        this.snakeBodyArr[0] = {x : pre.x - 1 , y : pre.y};
        this.move(pre);
    },
    moveright: function(){
        var pre = this.snakeBodyArr[0];
        this.snakeBodyArr[0] = {x : pre.x + 1 , y : pre.y};
        this.move(pre);
    },
    //移动身体
    move: function(pre){//参数为第一个身体，即头部的坐标
        var tmp;
        for(var i = 1 ; i < this.snakeBodyArr.length ; i++){ //遍历每一个身体节点
            tmp = this.snakeBodyArr[i];
            this.snakeBodyArr[i] = pre;
            pre = tmp;
        } //把每个节点的坐标变为前一个节点的坐标，达到依次向前的目的
    },
    //改变方向
    changeOri: function(ori){
        if(this.oriArr.indexOf(ori) == -1){ //判断方向是否在允许方向内
            return;
        }
        if(!this.judgeChangeOri(ori)){      //判断改变的方向是否合法
            return;
        }
        this.advOri  = ori;                 //如果上面两个都通过，则改变方向
    },
    //判断改变的方向是否合法
    judgeChangeOri: function(ori){          //参数为方向字符串，如 left
```

```
            if(ori == this.advOri ){       //判断方向是否为当前方向，如果是，则无须操作
               return false;
            }
            var oris = null;
            for(var i in this.ori){       //判断改变的方向是否为当前方向的逆方向
               if(this.ori[i].indexOf(this.advOri ) != -1){
                  oris = this.ori[i];
                  break;
               }
            }
            if(oris.indexOf(ori) != -1){
                return false;
            }
            return true;
        },
        //判断是否撞到了自己
        isHitYourBody: function(){
            var head = this.snakeBodyArr[0];     //获取头节点
            for(var i = 1 ; i < this.snakeBodyArr.length ; i++){ //遍历身体节点
               if(this.snakeBodyArr[i].x == head.x && this.snakeBodyArr[i].y
== head.y){
               //判断头节点是否撞到了身体
                  return true;
               }
            }
            return false;
         },
         //判断是否撞墙
         isHitWall: function(width , height){    //参数为横向、纵向的格子数量
             var head = this.snakeBodyArr[0];    //获取头节点
             if(head.x < 0 || head.y < 0){       //判断是否撞到了左上墙
                return true;
             }
             if(head.x > (width - 1) || head.y > (height - 1)){ //判断是否撞到
了右下墙
                return true;
             }
             return false;
         },
         //吃食物
         toEatAdd: function(){
            var head = this.snakeBodyArr[0];      //获取头节点
            if(head.x == point.x && head.y == point.y){ //判断头节点是否碰撞食物
节点，食物在外定义
                 this.addBody();                    //添加身体
                 getPoint();                        //生成一个节点
                 setPoint();                        //画一个节点
                 score++;                           //加分
                 s.innerHTML = score;               //显示分数
              }
          }
     }
```

4.4.5　步骤五：生成食物方块

定义 getPoint()方法，随机生成食物方块。定义 setPoint()方法，绘制对应的食物方块。使用 rect()方法绘制矩形。代码如下：

```
//生成食物方块
function getPoint(){
    point.x = Math.floor(Math.random(0 , mwid)*60);
    point.y = Math.floor(Math.random(0 , mhei)*60);
}
//绘制食物方块
function setPoint(){
    c.rect(point.x * unit , point.y * unit , unit , unit);
}
```

4.4.6　步骤六：绘制蛇

在<script>标签中定义 setSnake()方法来绘制蛇，循环遍历蛇的身体数组。将蛇的填充颜色设置为白色，边框设置为黑色。代码如下：

```
//画蛇
function setSnake() {
    for (var i = 0; i < snake.snakeBodyArr.length; i++) {
        c.fullStyle = '#ffffff';
        c.lineStyle = '#000000';
        c.rect(snake.snakeBodyArr[i].x*unit,snake.snakeBodyArr[i].
y *unit, unit, unit);
    }
    c.stroke();
}
//清屏
function clear() {
    c.clearRect(0, 0, sWidth, sHeight);
}
```

4.4.7　步骤七：游戏开始和键盘事件

定义游戏开始方法 startGame()，监听键盘事件，在方法中终止游戏的主循环，初始化组成蛇的初始数组。游戏开始后，将蛇的移动方向设置为向右，开始绘制，调用生成食物方块和绘制食物方块的方法，让界面上出现随机的食物方块。调用绘制蛇的方法，让蛇在画布上显示，进入游戏的主循环，通过调用方向控制方法，控制蛇的移动。处理蛇遇到食物方块的方法，判断蛇在移动的过程中是否撞墙，如果撞墙，则游戏结束，弹出最终的得分。设置键盘监听事件，获取 W、A、D、S 键的键码，控制蛇的移动方向。代码如下：

```
function startGame() {
    clearInterval(window.looper);   //终止游戏主循环
    //初始化状态
    snake.snakeBodyArr = [{
        x: 3,
        y: 0
    }, {
        x: 2,
        y: 0
    }, {
```

```
            x: 1,
            y: 0
        }];
        snake.advOri = 'right';
        c.beginPath();                         //开始绘制
        getPoint();                                              //生成食物方块
        setPoint();
        setSnake();                                              //绘制蛇
        //绘制
        c.stroke();
        //游戏主循环
        window.looper = setInterval(function() {
            var method = 'move' + snake.advOri + '()'; //调用方向控制的方法
            eval('snake.' + method);                             //执行方向控制的方法
            clear();                                             //清理屏幕
            c.beginPath();                                       //开始绘制
            snake.toEatAdd();                                    //处理蛇遇到食物方块的方法
            setPoint(point);                                     //绘制食物方块
            setSnake();                                          //绘制蛇
            if (snake.isHitWall(mwid, mhei)) { //判断蛇是否撞墙，未使用判断蛇头是否撞
到身体的 snake.isHitYourBody()方法
                clearInterval(window.looper);
                console.log('you die');
                alert('游戏结束 , 最终得分: ' + score);
            }
        }, 100);
    }
    //键盘监听
    window.onkeyup = function(key) {
        var ori = '';
        switch (key.keyCode) {
            case 65://A 键
                ori = 'left';
                break;
            case 68://D 键
                ori = 'right';
                break;
            case 87://W 键
                ori = 'up';
                break;
            case 83://S 键
                ori = 'down';
                break;
        }
        if (ori == '') {
            return;
        }
        //改变蛇的移动方向
        snake.changeOri(ori);
    }
```

运行 index.html 页面文件查看对应的效果。

第 5 章 网页图形绘制：登录页面

在一些网站进行注册操作时经常需要填写图片中显示的验证码。这种图片验证码根据一定的随机数生成算法来产生一串随机数字或字符，并加入一些干扰元素，最终生成用于验证的图片。图片验证码是大多数需要登录的网站需要实现的一个功能，其基本流程是：用户在输入用户名和密码等信息之后，输入图片上的字符或问题的答案并提交，系统会取出刚刚随机生成的验证码，与用户输入的验证码进行比较，如果两者相同，则可以登录，否则阻止登录。本章将通过 JS 实现图片验证码功能。

5.1 实验目标

（1）掌握 Canvas 的基本用法。

（2）掌握使用 Canvas 绘制文本的方法。

（3）掌握使用 Canvas 绘制线段的方法。

（4）掌握使用 Canvas 导出图片的方法。

（5）掌握 JS 的基本语法和程序结构。

（6）掌握 JS 函数的定义和应用。

（7）掌握 JS 数组的定义和应用。

（8）掌握 JS 面向对象编程方法。

（9）掌握 JS DOM 操作。

（10）综合应用 JS 编程技术和 Canvas 绘图，实现图片验证码功能。

知识地图如图 5-1 所示。

5.2 实验任务

（1）通过 JS 生成图片验证码。

（2）使用 HTML5 编写登录页面并应用图片验证码。

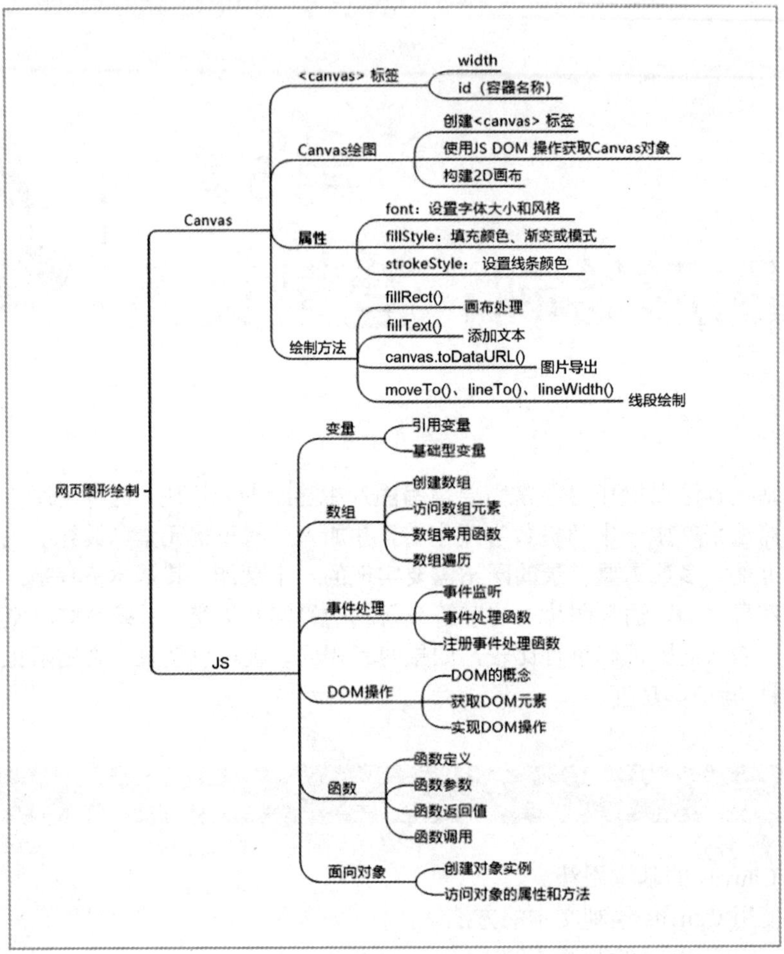

图 5-1

5.3 设计思路

图片验证码是利用 HTML5 提供的 Canvas 元素来实现的，在其生成过程中需要通过 JS 脚本来绘制随机文本、随机直线（干扰线）和随机点（干扰点），而随机生成功能可以通过调用 Math.random()函数来实现。

5.4 实验实施（跟我做）

下面首先介绍如何使用 JS 实现图片验证码功能，然后讨论如何将图片验证码应用于网站登录页面。

5.4.1 步骤一：通过 JS 生成图片验证码

创建一个 JS 脚本文件，将其命名为 verificationCode.js。代码如下：

```
var nums = ["1", "2", "3", "4", "5", "6", "7", "8", "9", "0",
```

```
    'A', 'B', 'C', 'D', 'E', 'F', 'G', 'H', 'I', 'J', 'K', 'L', 'M', 'N', 'O',
'P', 'Q', 'R', 'S', 'T', 'U', 'V', 'W', 'X', 'Y', 'Z',
    'a', 'b', 'c', 'd', 'e', 'f', 'g', 'h', 'i', 'j', 'k', 'l', 'm', 'n', 'o',
'p', 'q', 'r', 's', 't', 'u', 'v', 'w', 'x', 'y', 'z'
  ];
  colors = ['red', 'orange', 'yellow', 'green', 'cyan', 'blue', 'purple'];
  var str = '';
  // 调用 drawCode()方法获取验证码
  // 将验证码保存在全局变量 verVal 中
  var verVal = drawCode();

  // 绘制验证码函数
  function drawCode(str) {
    // 获取 HTML 网页中的画布
    var canvas = document.getElementById("verifyCanvas");
    // 获取画布 2D 上下文
    var context = canvas.getContext("2d");
    // 设置画布的填充色
    context.fillStyle = "white";
    // 清空画布
    context.fillRect(0, 0, canvas.width, canvas.height);
    // 设置字体和字号
    context.font = "18px 'Arial Black'";
    // 定义 3 个数组
    var rand = new Array(); // 用于存储数字和字母
    var x = new Array();    // 用于存储 x 坐标
    var y = new Array();  // 用于存储 y 坐标

    for (var i = 0; i < 4; i++) {
      rand.push(rand[i]);
      rand[i] = nums[Math.floor(Math.random() * nums.length)]
      x[i] = i * 20 + 10;
      y[i] = Math.random() * 20 + 10;
      // 设置字体颜色
      context.fillStyle = colors[Math.floor(Math.random() * colors.length)];
      // 在指定位置上绘制文本
      context.fillText(rand[i], x[i], y[i]);
    }
    // 将数组转换为字符串并转换为大写形式
    str = rand.join('').toUpperCase();

    // 绘制 3 条随机线
    for (var i = 0; i < 3; i++) {
      drawline(canvas, context);
    }

    // 绘制 30 个随机点
    for (var i = 0; i < 30; i++) {
      drawDot(canvas, context);
    }
    // 绘制图片
    convertCanvasToImage(canvas);
    return str;
```

```
    }

    // 绘制随机线函数
    function drawline(canvas, context) {
        // 设置路径起点
        context.moveTo(Math.floor(Math.random() * canvas.width), Math.floor
(Math.random() * canvas.height));
        // 绘制直线路径
        context.lineTo(Math.floor(Math.random() * canvas.width), Math.floor
(Math.random() * canvas.height));
        // 设置线条宽度
        context.lineWidth = 0.25;
        // 设置线条描边颜色
        context.strokeStyle = 'rgba(168,168,168,0.3)';
        // 对路径进行描边
        context.stroke();
    }

    // 绘制随机点函数
    function drawDot(canvas, context) {
        var px = Math.floor(Math.random() * canvas.width);
        var py = Math.floor(Math.random() * canvas.height);
        context.moveTo(px, py);
        context.lineTo(px + 1, py + 1);
        context.lineWidth = 0.2;
        context.stroke();
    }

    // 绘制图片函数
    function convertCanvasToImage(canvas) {
        // 隐藏画布
        document.getElementById("verifyCanvas").style.display = "none";
        var image = document.getElementById("code_img");
        // 将画布导出为图片，并设置图片的来源 URL
        image.src = canvas.toDataURL("image/png");
        return image;
    }

    // 单击图片刷新
    $('#code_img').click(function () {
        // 移除画布
        $('#verifyCanvas').remove();
        // 在 img 前面添加画布
        $('#code_img').before('<canvas width="100" height="32" id="verifyCanvas"
></canvas>')
        // 绘制验证码
        verVal = drawCode();
    })
```

运行上述 JS 脚本文件后，系统将随机生成一个图片验证码，该验证码的内容保存在全局变量 verVal 中。

5.4.2　步骤二：在登录页面中应用图片验证码

创建一个名为 login.html 的 HTML 静态网页，在该页面中创建一个登录表单，并通过<script>标签引入前面的 verificationCode.js 脚本文件，以添加图片验证码。创建 submit 事件处理程序，对输入的验证码进行检查，如果输入的验证码与图片验证码匹配，则允许登录，否则阻止登录。代码如下：

```
<!doctype html>
<html>
<head>
    <meta charset="utf-8">
    <title>图片验证码</title>
    <style>
    fieldset {
        width: 28em;
        margin: 0 auto;
    }
    fieldset ul {
        list-style: none;
    }
    fieldset ul li {
        line-height: 2;
    }
    form label {
        display: inline-block;
        width: 4em;
        text-align: right;
    }
    input[type=submit] {
        margin-left: 5em;
        width: 6em;
    }
    .verificationCode {
        width: 4rem;
        height: 100%;
        position: absolute;
        right: 0;
    }
    canvas {
        width: 100%;
        height: 100%;
    }
    #code_img {
        height: 50%;
        cursor: pointer;
        border: thin solid #ccc;
        vertical-align: middle;
    }
    </style>
</head>

<body>
<fieldset>
    <legend>网站登录</legend>
    <form id="loginForm">
        <ul>
```

```
            <li>
               <label for="username">用户名：</label>
               <input type="text" id="username" placeholder="输入用户名" required>
            </li>
            <li>
               <label for="password">密码：</label>
               <input id="password" type="password" placeholder="输入密码" required>
            </li>
            <li>
               <label for="vcode">验证码：</label>
               <input id="vcode" type="text" placeholder="输入验证码" required>
               <canvas width="100" height="32" id="verifyCanvas"></canvas>
               <img id="code_img" title="单击刷新验证码" alt="vcode"></li>
            <li>
               <input type="submit" value="登录">
            </li>
         </ul>
      </form>
   </fieldset>
   </body>
   <script src="jquery-3.6.0.js"></script>
   <script src="verificationCode.js" ></script>
   <script>
      $("#loginForm").submit(function() {
         if ($("#vcode").val().toUpperCase() != verVal) {
            alert("输入的验证码不正确！");
            $("#vcode").focus();
            return false;
         } else {
            alert("表单已提交！");
         }
      })
   </script>
   </html>
```

5.4.3 步骤三：测试图片验证码

登录页面的运行效果如图 5-2 所示。

单击图片验证码可以刷新其内容，如图 5-3 所示。

图 5-2

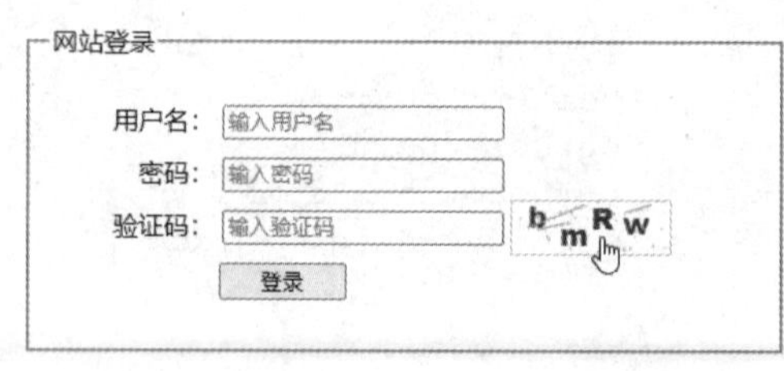

图 5-3

如果输入的验证码与图片验证码不匹配，则弹出对话框，提示“输入的验证码不正确！”，如图 5-4 所示。

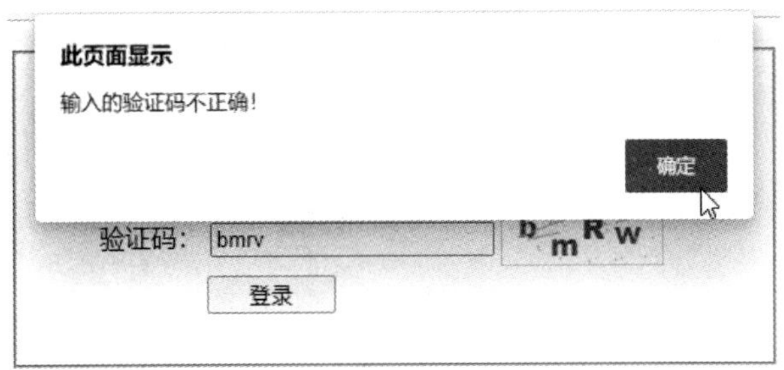

图 5-4

如果输入的验证码与图片验证码一致，则允许登录，如图 5-5 所示。

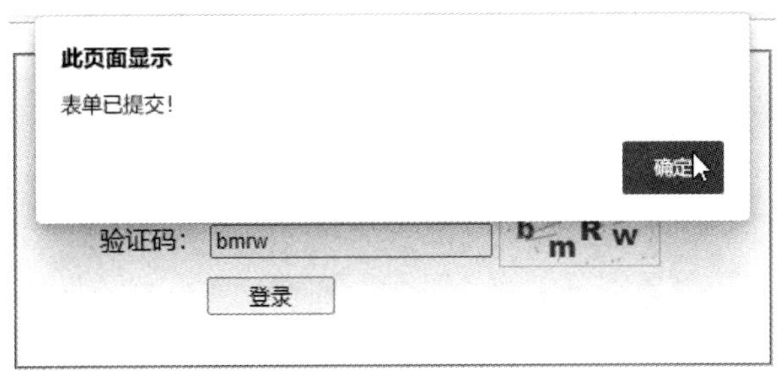

图 5-5

第 6 章

网页图形绘制：Logo 绘制

6.1 实验目标

（1）掌握 SVG 的基本用法。
（2）掌握 SVG 的文档结构和声明。
（3）掌握 SVG 的形状。
（4）掌握 SVG 形变属性 transform 中的形变方法。
（5）掌握 SVG 的文字使用。
（6）综合应用 SVG 技术，绘制 Logo。
知识地图如图 6-1 所示。

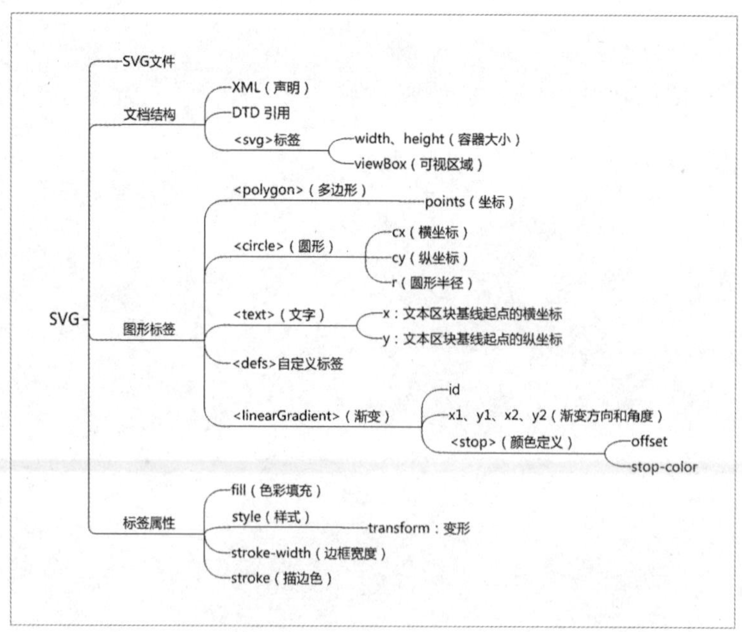

图 6-1

6.2 实验任务

使用 SVG 绘制一个企业 Logo 图片，图片效果如图 6-2 所示。

图 6-2

（1）使用 SVG 多边形和圆形创建 Logo 图形。

（2）使用 SVG 文字创建 Logo 名称。

（3）SVG 图片创建完成，导出为 SVG 格式，并在网页中运用。

6.3 设计思路

（1）创建项目 svg_Logo，在项目中创建 logo.svg 文件及 index.html 页面文件，如表 6-1 所示。

表 6-1

类　型	文　件	说　明
SVG 文件	logo.svg	SVG 图片文件
HTML 文件	index.html	页面文件

（2）在 logo.svg 文件中创建 SVG 图片的基本结构。

文件中首先是 XML 文档的声明，然后引入了 SVG 图片的声明，最后创建了<svg>标签并设置了 SVG 的版本和命名空间，SVG 图片的绘制在<svg>标签内完成。代码如下：

```
<?xml version="1.0" standalone="no"?>
<!DOCTYPE svg PUBLIC "-//W3C//DTD SVG 1.1//EN"
"http://www.w3.org/Graphics/SVG/1.1/DTD/svg11.dtd">
<svg width="100%" height="100%" version="1.1"
xmlns="http://www.w3.org/2000/svg">
</svg>
```

（3）在 logo.svg 文件的<svg>标签中设置 SVG 图片的 width 属性和 height 属性。如果不指定这两个属性，则宽度默认为 300px，高度默认为 150px。

viewBox(左上角的横坐标,左上角的纵坐标,视口的宽度,视口的高度)：决定可视区域。

（4）使用<polygon>标签绘制一个六边形图形，使用渐变和变形。

①设置 points 坐标点，坐标点设置原理如图 6-3 所示。

②将填充色设置为渐变，使用<defs>标签预设渐变色（linearGradient）。

<linearGradient>标签用来定义一个线性渐变。<linearGradient>标签必须被包含在一个<defs>标签中。<defs>标签用来包含特殊元素（如滤镜、渐变等）。

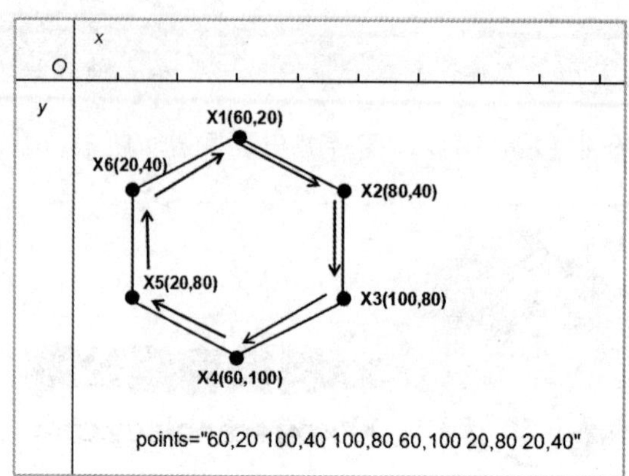

图 6-3

线性渐变可以被定义为水平、垂直或角度渐变。

当 $y1$ 和 $y2$ 相同，$x1$ 和 $x2$ 不同时，创建水平渐变。

当 $x1$ 和 $x2$ 相同，$y1$ 和 $y2$ 不同时，创建垂直渐变。

当 $y1$ 和 $y2$ 不同且 $x1$ 和 $x2$ 也不同时，创建角度渐变（Angular gradients）。

③复制一个六边形图形，使用 transform 变形，设置六边形的填充色和变形角度。

④复制一个六边形图形，修改坐标点，如图 6-4 所示。

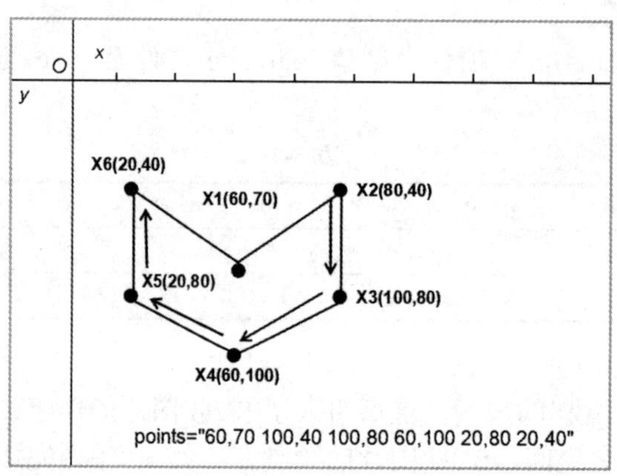

图 6-4

（5）使用<circle>标签绘制 3 个圆形，按坐标设置圆形的位置。

<circle>标签的属性如下。

cx：横坐标，单位是 px，相对于左上角的原点。

cy：纵坐标，单位是 px，相对于左上角的原点。

r：半径。

fill：填充色。

stroke：描边色。

stroke-width：边框宽度。

（6）使用<text>标签绘制文本。

x、y 属性：文本区块基线起点的横坐标和纵坐标。

文字的样式可以用 class 或 style 属性指定。

（7）在 index.html 页面中插入 SVG 图片，运行 index.html 页面文件并预览 SVG 图片。

6.4 实验实施（跟我做）

6.4.1 步骤一：创建项目和文件

创建项目 svg_Logo，目录结构如图 6-5 所示。

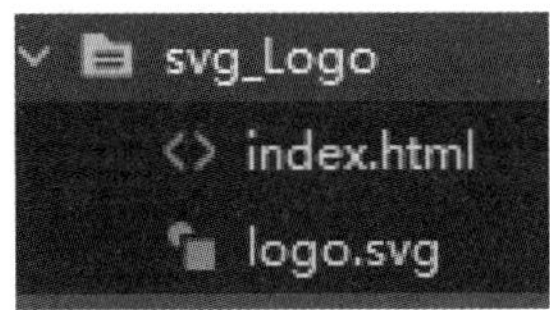

图 6-5

6.4.2 步骤二：SVG 文件的结构

SVG 文件使用 XML 来编写，在 logo.svg 文件中填入代码。首先是 XML 声明。然后引用了这个外部的 SVG DTD。最后是<svg>标签，SVG 的代码编写在标签内，width 和 height 属性可以设置此 SVG 图片的宽度和高度，version 属性可以定义使用的 SVG 版本，xmlns 属性可以定义 SVG 命名空间。代码如下：

```
<?xml version="1.0" standalone="no"?>
<!DOCTYPE svg PUBLIC "-//W3C//DTD SVG 1.1//EN"
"http://www.w3.org/Graphics/SVG/
1.1/DTD/svg11.dtd">
<svg width="300" height="300" version="1.1" xmlns="http://www.w3.org/2000/svg"
 viewBox="0 0 250 128">
</svg>
```

6.4.3 步骤三：创建 Logo 图形

（1）在<svg>标签内使用<defs>标签，自定义渐变色。

使用<defs>标签自定义形状（颜色），它内部的代码不会显示，仅供引用，类似于 template。

使用<linearGradient>标签定义渐变色，这里先预设一个绿色渐变和一个黄色渐变（颜色由浅到深，线性渐变）。代码如下：

```
<defs>
    <linearGradient id="color1" x1="0%" y1="0%" x2="100%" y2="0%">
        <stop offset="0" stop-color="#52a500"/>
        <stop offset="1" stop-color="#5cb900"/>
    </linearGradient>
</defs>
```

（2）在<defs>标签后使用<polygon>标签，绘制一个正六边形，points 表示坐标点，<polygon>标签可以创建多边形，points 可以用来调整、控制形状。使用 style 属性定义图形样式并设置图形变形和颜色填充，这里使用预设的渐变色，使用 url 属性获取自定义颜色的 ID。代码如下：

```
<polygon points="60,20 100,40 100,80 60,100 20,80 20,40"
  style="transform: rotate3d(3,3,4,356deg);fill:url(#color1)" >
</polygon>
```

（3）复制两个多边形（复制<polygon>标签中的代码，修改图形的填充色和变形角度），第二个形状根据 points 进行调整。代码如下：

```
    <polygon points="60,20 100,40 100,80 60,100 20,80 20,40" fill="#418200"
style="transform: rotate3d(0,0,10,8deg)" > </polygon>
    <polygon points="60,70 100,40 100,80 60,100 20,80 20,40" fill="#ffd93d"
style="transform: rotate3d(1,1,1,1deg);" > </polygon>
```

（4）在<polygon>标签后，添加<circle>标签，使用<circle>标签创建圆形。

使用 fill 属性设置图形的填充色，设置图形的 cx 和 cy 属性，设置圆形的半径 r。代码如下：

```
    <circle id="logo-circle" fill="#52a500" cx="10" cy="35" r="7" ></circle>
    <circle id="logo-circle" fill="#52a500" cx="25" cy="25" r="5" ></circle>
    <circle id="logo-circle" fill="#67cf00" cx="35" cy="25" r="3" ></circle>
```

（5）添加<text>标签，使用<text>标签创建 Logo 文字。

设置 x、y 属性，使用 stroke 属性设置边框色，使用 fill 属性设置填充色。代码如下：

```
    <text x="40" y="65" font-size="40" font-weight="600" font-family="微软雅黑"
fill="#ffd93d">R</text>
    <text x="110" y="75" fill="#000" stroke="black" font-size="18" font-
weight="600" font-family="微软雅黑">xx 科技有限公司</text>
    <text x="110" y="95" fill="#000" stroke="black" font-size="12" font-
weight="100" font-family="微软雅黑">XXxxxTechnology.com</text>
```

6.4.4 步骤四：在 HTML 页面引入 SVG 文件

打开 index.html 页面文件，在<body>标签中插入<img>标签，使用 src 属性引入 SVG 文件。代码如下：

```
    <!DOCTYPE html>
    <html>
        <head>
            <meta charset="utf-8">
            <title>SVG 绘制企业 logo</title>
        </head>
        <body>
          <img src="logo.svg" />
        </body>
    </html>
```

运行效果如图 6-6 所示。

图 6-6

第 7 章 CSS 预处理语言：页面导航栏

7.1 实验目标

（1）掌握 Less 的下载和引入。
（2）掌握 Less 变量的基本用法。
（3）掌握 Less 混合和嵌套的基本用法。
（4）掌握 Less 函数的基本用法。
（5）掌握 Less 运算的基本用法。
（6）综合应用 Less 技术，开发 Less 导航。

知识地图如图 7-1 所示。

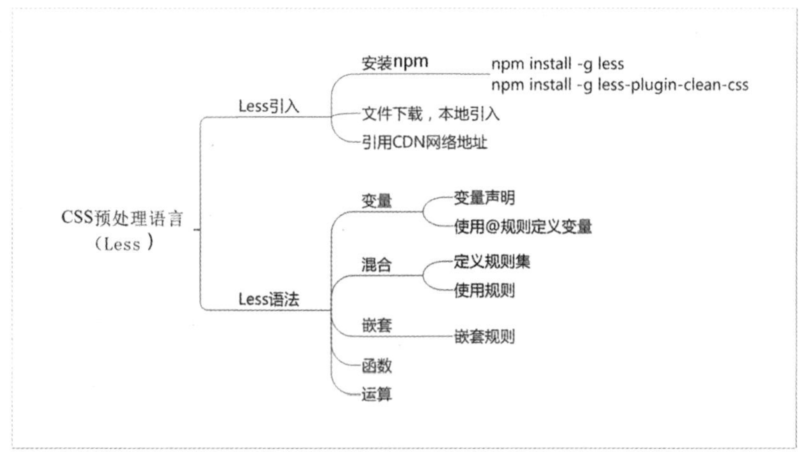

图 7-1

7.2 实验任务

使用 Less 和 CSS 制作二级导航菜单。

（1）本地引入 Less 框架。

（2）制作二级导航菜单，将鼠标指针移动到一级菜单，显示二级菜单的内容。

页面最终效果如图 7-2 所示。

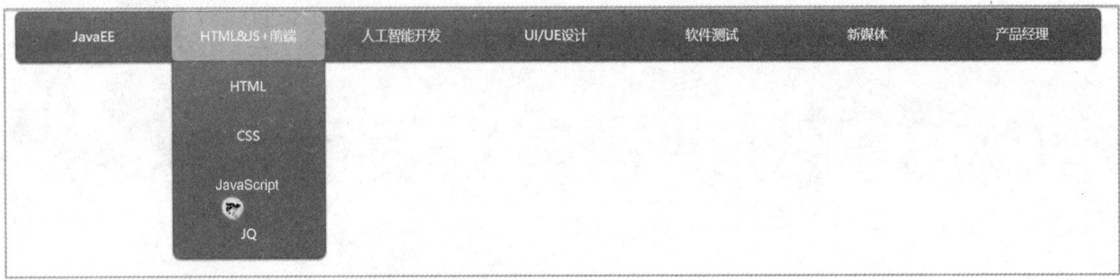

图 7-2

7.3 设计思路

（1）创建项目 less_nav，在项目中创建 index.html 页面文件、nav.less 样式文件、less.min.js 文件，如表 7-1 所示。

表 7-1

类　型	文　件	说　明
HTML 文件	index.html	导航页面文件
Less 文件	nav.less	导航 Less 样式文件
JS 文件	less.min.js	less.js 文件

（2）本地引入 Less 文件。

Less 的使用方式有两种。第一种是全局安装 Less，使用命令编译 Less。

①安装 npm：

```
npm install -g less
npm install -g less-plugin-clean-css
```

②命令行：

```
lessc styles.less styles.css                    // 编译成 CSS 文件
lessc --clean-css styles.less styles.min.css    // 编译压缩 CSS 文件
```

第二种是直接引入 less.js 文件，这里使用的是第二种方式。

①先通过 Less 开源地址下载 less.js 文件，然后引入该文件，如图 7-3 所示。

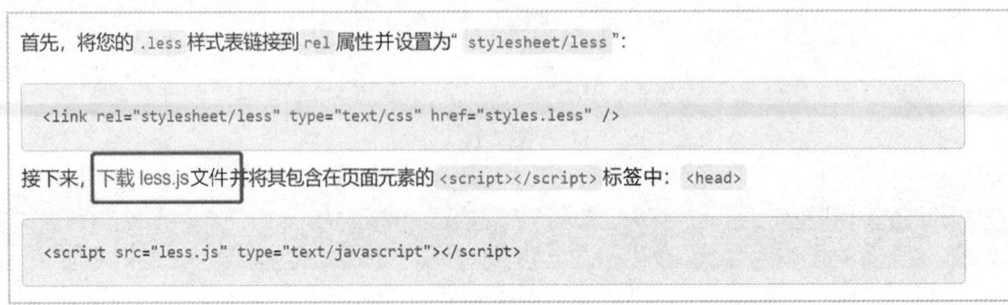

图 7-3

②直接使用 CDN 引入 less.js 文件：

```
<script src="//cdnjs.cloudflare.com/ajax/libs/less.js/2.5.3/less.min.js">
</script>
```

（3）使用<div>标签和<ul>标签，搭建导航栏结构，如图 7-4 所示。

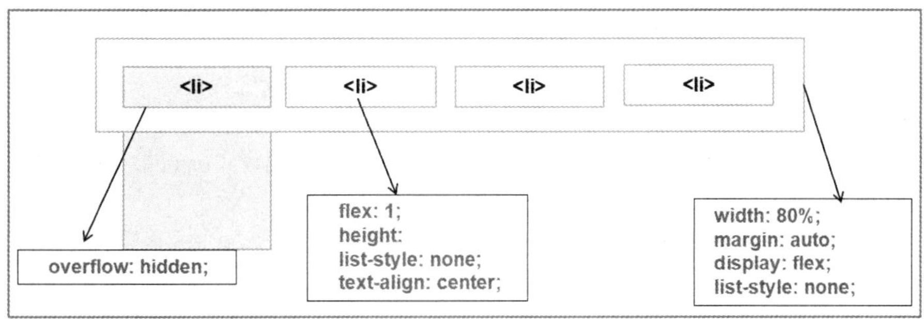

图 7-4

（4）设置公共变量。

①定义导航栏主色基调，包括字体颜色、导航背景、鼠标经过颜色等。使用公共变量，以各种可能的方式来完善色彩方案，从而使色彩组成更加一致。

②定义导航栏的高度。

③使用 Mixins 定义默认阴影样式。

④使用参数混合器定义边框样式。

⑤使用运算定义渐变分隔线。

（5）使用嵌套规则设置导航样式。

7.4　实验实施（跟我做）

7.4.1　步骤一：创建项目和文件

创建项目 less_nav，目录结构如图 7-5 所示。

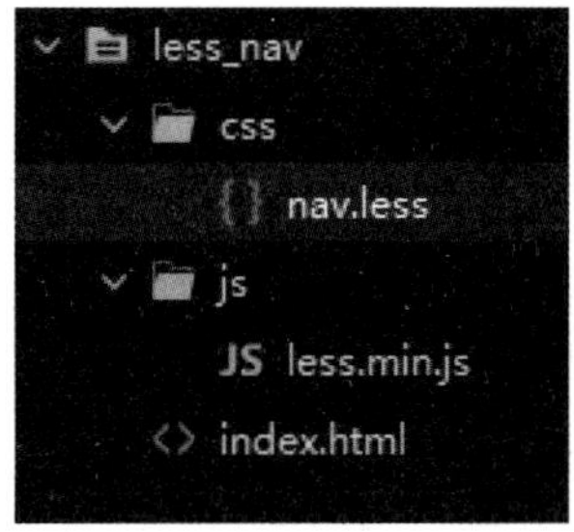

图 7-5

7.4.2　步骤二：引入 Less 文件

（1）先通过 Less 开源地址下载 less.js 文件，然后引入该文件。

（2）打开 index.html 页面文件，使用<link>标签引入 nav.less 文件。

注意：rel 属性值为 stylesheet/less。代码如下：

```
<!DOCTYPE html>
<html>
    <head>
        <meta charset="utf-8">
        <title>less 导航</title>
        <link rel="stylesheet/less" type="text/css" href="css/nav.less" />
    </head>
    <body>
    </body>
</html>
```

（3）在引用 less.js 文件之前，需要一个 Less 变量，声明编译 Less 的环境参数，所以最终所有引用文件的代码如下：

```
<title>less 导航</title>
<link rel="stylesheet/less" type="text/css" href="css/nav.less" />
<script type="text/javascript">
less = {
      env: "development",
      async: false,
      fileAsync: false,
      poll: 1000,
      functions: {},
      dumpLineNumbers: "comments",
      relativeUrls: false,
      rootpath: ":/a.com/"
};
</script>
<script src="js/less.min.js"></script>
```

7.4.3 步骤三：搭建导航结构

在 index.html 页面文件的<body>标签中，使用<div>标签和<ul>标签，搭建导航栏结构。代码如下：

```
<body>
    <nav>
        <ul class="box">
            <li>JavaEE</li>
            <li>HTML&JS+前端
                <ul>
                    <li>HTML</li>
                    <li>CSS</li>
                    <li>JavaScript</li>
                    <li>JQ</li>
                </ul>
            </li>
            <li>人工智能开发</li>
            <li>UI/UE 设计
                <ul>
                    <li>界面设计</li>
                    <li>UI 交互</li>
                </ul>
            </li>
            <li>软件测试</li>
            <li>新媒体</li>
```

```
            <li>产品经理</li>
        </ul>
    </nav>
</body>
```

7.4.4　步骤四：设置公共变量

（1）使用变量定义颜色基调和导航颜色库。Less 中的变量使用@声明。代码如下：

```
// 定义全局变量
@fontcolor:#fff;                                            //字体颜色
@bgcolor:linear-gradient(#7a7a7a 0%,#6c6c6c 50%);  //导航栏背景的颜色
@hovereffect :linear-gradient(#b9b9b 90%,#b7b7b7  50%);//鼠标指针经过时导航栏背
景的颜色
@itemheight:50px;
@theme:#555;                                                //颜色基调
```

（2）使用变量定义导航栏高度。代码如下：

```
@itemheight:50px;                                           //导航栏高度
```

（3）使用 Mixins 定义默认阴影样式。Less 的功能之一是 Mixins。它是一个编程概念，存储了几个预定义的样式，这些样式可以在样式表的类或 ID 中继承。没有包含 box-shadow 属性的前缀版本，因为无前缀库将自动处理它们。同样，阴影颜色是从主题变量颜色继承的。代码如下：

```
.shadow{
    box-shadow: 0 1px 2px 0 @theme;
}
```

（4）使用参数混合器定义边框样式。导航栏具有圆角和独特的边框颜色，我们可以使用 Parametric Mixins 编译边框样式，它实际上具有与 Mixins 相同的功能，唯一的区别是它具有可变的参数，因此值更可调。

将边框@radius 的默认值为设置为 6px，边框颜色设置为@them（主题默认色），这些值可以在以后更改。代码如下：

```
.border(@radius:6px,@color:@theme){
    border-radius:@radius;
    border:1px solid @color;
}
```

（5）定义渐变分隔线和悬停样式。运算只是一种编程语言，可以使用加、减、乘、除等数学公式来获得理想的结果。将@theme 变量减去#111，这样，左边框颜色输出将更暗。尽管右边框颜色是通过添加@theme 变量（具有十六进制颜色#333）而得出的。代码如下：

```
.divider {
    border-style: solid;
    border-width: 0 1px 0 1px;
    border-color: transparent @theme - #111 transparent @theme + #333;
}
```

（6）使用通配符选择器，清除默认公共样式。代码如下：

```
*{
    margin:0;
    padding:0;
    font-size:14px;
    list-style:none;
}
```

7.4.5 步骤五：使用嵌套规则设置导航样式

（1）在 Less 中，样式可以直接嵌套在其父项下。包含 nav 所有必要元素的<nav>标签将具有以下样式。代码如下：

```
nav>ul{
  width:80%;              //设置导航栏的宽度
  margin:auto;            //设置导航栏居中显示
  display:flex;           //设置导航栏为弹性布局
  li{                     //相当于 CSS 后代选择器中的 ul li（选择 ul 元素后代的 li 元素）
    flex:1;               //设置导航子元素等分
    text-align:center;    //设置文本居中
  }
   >li{                   // 相当于 ul>li

   >ul{
    }
  }
}
```

运行效果如图 7-6 所示。

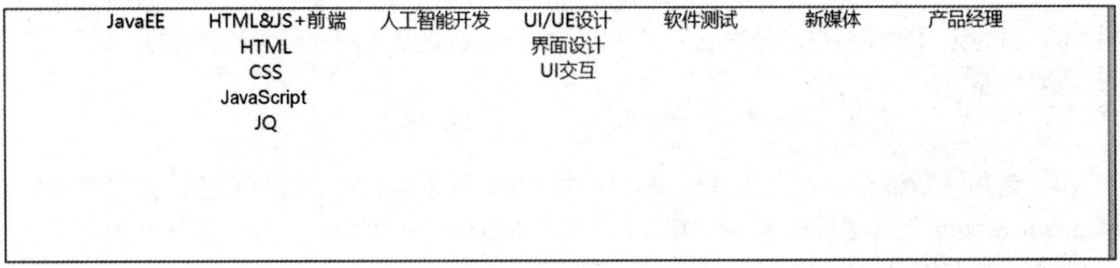

JavaEE　HTML&JS+前端　人工智能开发　UI/UE设计　软件测试　新媒体　产品经理
HTML　界面设计
CSS　UI交互
JavaScript
JQ

图 7-6

（2）引用全局变量，设置导航栏的背景颜色、字体颜色，以及导航栏的高度。代码如下：

```
nav>ul{
  ......
  background:@bgcolor;        //引用全局变量，设置导航栏的背景颜色
  li{    //相当于 CSS 后代选择器中的 ul li（选择 ul 元素后代的 li 元素）
    ......
    height:@itemheight;       //引入全局变量，设置导航栏的高度
    line-height:@itemheight;//引入全局变量，设置行高
    color:@fontcolor;         //引入全局变量，设置字体颜色
  }
  >li{                        // 相当于 ul>li
    overflow:hidden;          //设置二级内容超出高度隐藏
   >ul{
      background:@bgcolor;    //设置二级内容的背景颜色
    }
  }
}
```

运行效果如图 7-7 所示。

JavaEE　HTML&JS+前端　人工智能开发　UI/UE设计　软件测试　新媒体　产品经理

图 7-7

（3）添加.border 来提供边框样式，添加.shadow 来添加阴影，添加预定义样式.divider。在实际情况下，这些类集也可以在任何地方的元素中重用。代码如下：

```
nav>ul{
  ......
  .border;                  //添加边框
  .shadow;                  //添加投影
  li{                       //相当于 CSS 后代选择器中的 ul  li（选择 ul 元素后代的 li 元素）
   ......
   }
  >li{                      // 相当于 ul>li
    .divider;               //添加预定义样式
  >ul{
      ......
.border(0 0 8px 8px);       //圆角边框
     .shadow;
 }
  }
  >li:first-child{          //清除第一个元素左边框
              border-left:none;
           }
  >li:last-child{           //清除最后一个元素左边框
              border-right:none;
           }
}
```

（4）将伪选择器（Pseudo-Selectors）与 Mixins 一同使用，&表示当前选择器的父级。代码如下：

```
nav>ul{
  ......
  li{                       //相当于 CSS 后代选择器中的 ul  li（选择 ul 元素后代的 li 元素）
   ......
    &:hover{                //相当于 ulli:hover
       background:@hovereffect;
      .border(6px,@hovereffect);
    }
  }
  >li{                      // 相当于 ul>li
     &:hover{               // 相当于 ul>li:hover
     overflow:visible;
     cursor:pointer;
    }
    >ul{
      ......
    }
  }
......
}
```

运行效果如图 7-8 所示。

图 7-8

完成后，nav.less 文件自动编译成 CSS 文件，如图 7-9 所示。

```
<html>
▼<head>
    <meta charset="utf-8">
    <title>less导航</title>
    <link rel="stylesheet/less" type="text/css" href="css/nav.less">
  ▼<style type="text/css" id="less:less_nav-css-nav"> == $0
      /* line 13, http://127.0.0.1:8848/less_nav/css/nav.less */
      .shadow {
        box-shadow: 0 1px 2px 0 #555;
      }
      /* line 16, http://127.0.0.1:8848/less_nav/css/nav.less */
      .divider {
        border-style: solid;
        border-width: 0 1px 0 1px;
        border-color: transparent #444444 transparent #888888;
      }
      /* line 21, http://127.0.0.1:8848/less_nav/css/nav.less */
      * {
        margin: 0;
        padding: 0;
        font-size: 14px;
        list-style: none;
      }
      /* line 27, http://127.0.0.1:8848/less_nav/css/nav.less */
      nav > ul {
        width: 80%;
        margin: auto;
        display: flex;
        background: linear-gradient(#7a7a7a 0%, #6c6c6c 50%);
```

图 7-9

第 8 章 ES9 编程：图形计算器

8.1 实验目标

（1）掌握 ES9 变量、常量、模板字符串的用法。
（2）掌握 ES9 类的定义、声明、继承等基本方法。
（3）掌握 ES9 数组的基本用法。
（4）掌握 ES9 箭头函数的基本用法。
（5）掌握 ES9 数值的基本用法。
（6）综合应用 ES9 新规范，开发图形计算器。

知识地图如图 8-1 所示。

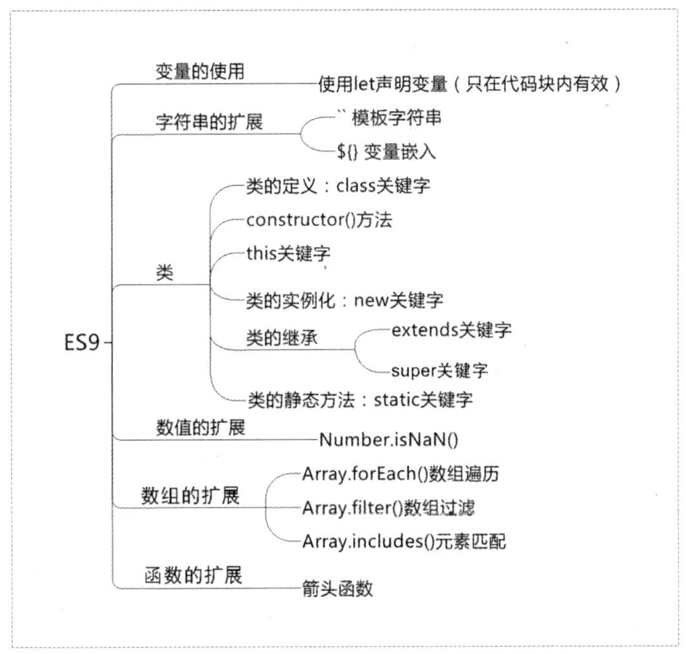

图 8-1

8.2 实验任务

通过构建图形计算器页面来实现简单的图形计算器，运算逻辑使用 ES9 语法实现。

（1）制作图形计算器页面，如图 8-2 所示。

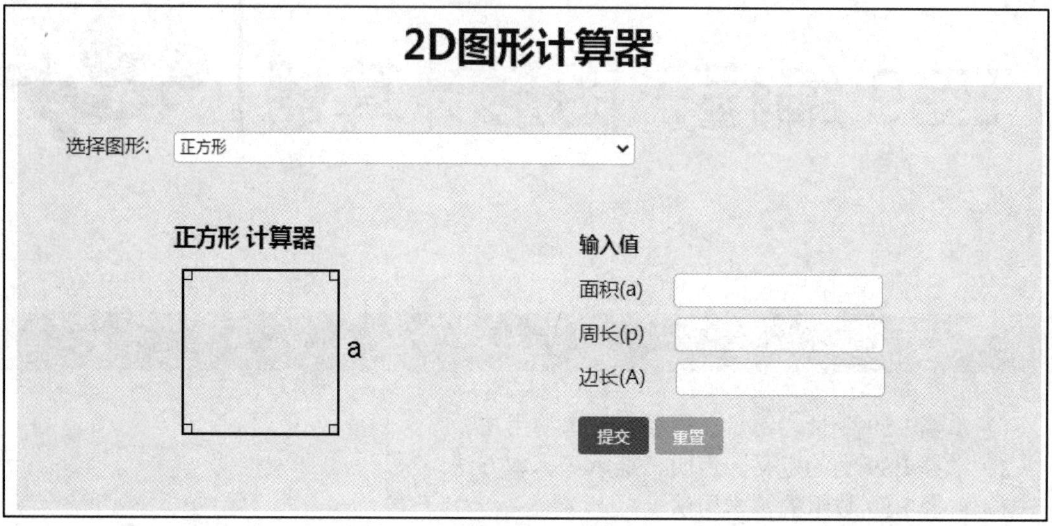

图 8-2

（2）选择图形，显示对应的输入值，如图 8-3 所示。

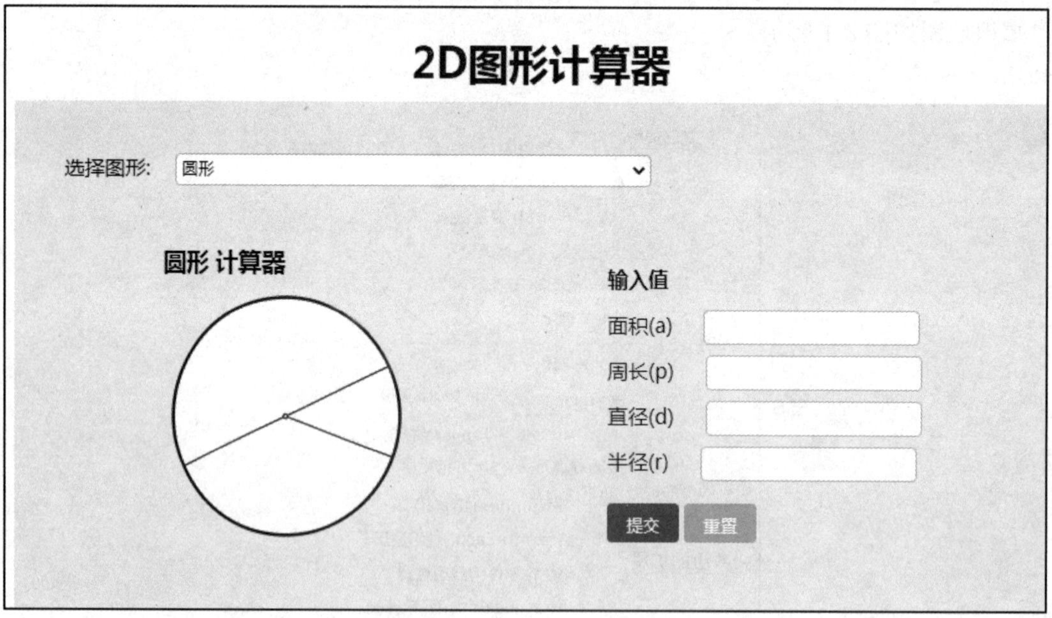

图 8-3

（3）输入：在输入框中输入值；校验规则：只需输入一个值即可。

输入后，对输入的值进行校验和存储，允许输入字段显示为绿色，不允许输入字段显示为红色，如图 8-4 所示。

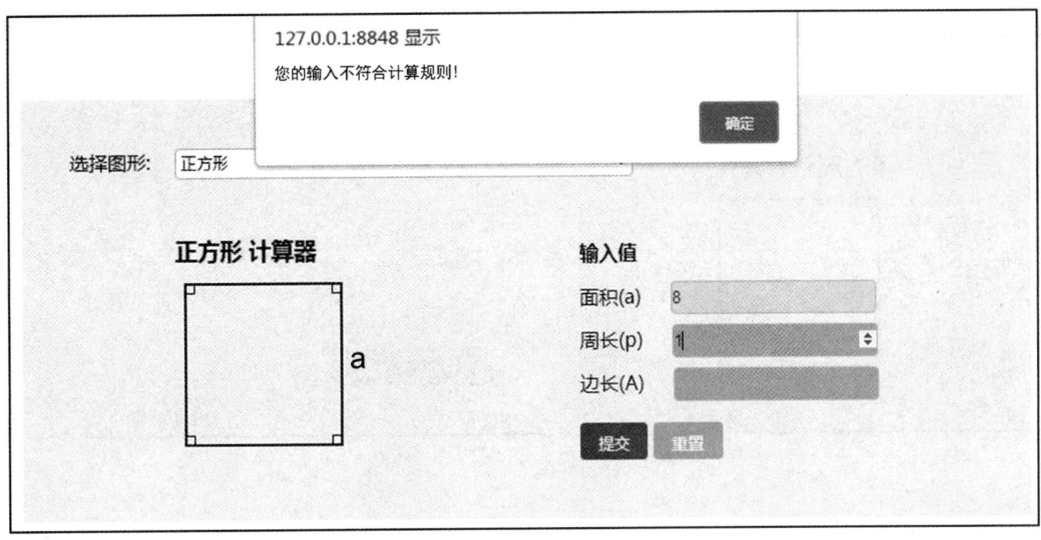

图 8-4

（4）提交：单击“提交”按钮，显示计算公式和计算结果，如图 8-5 所示。

计算规则：输入任意一个值，计算其他值，例如，输入正方形的面积，计算正方形的周长和边长。

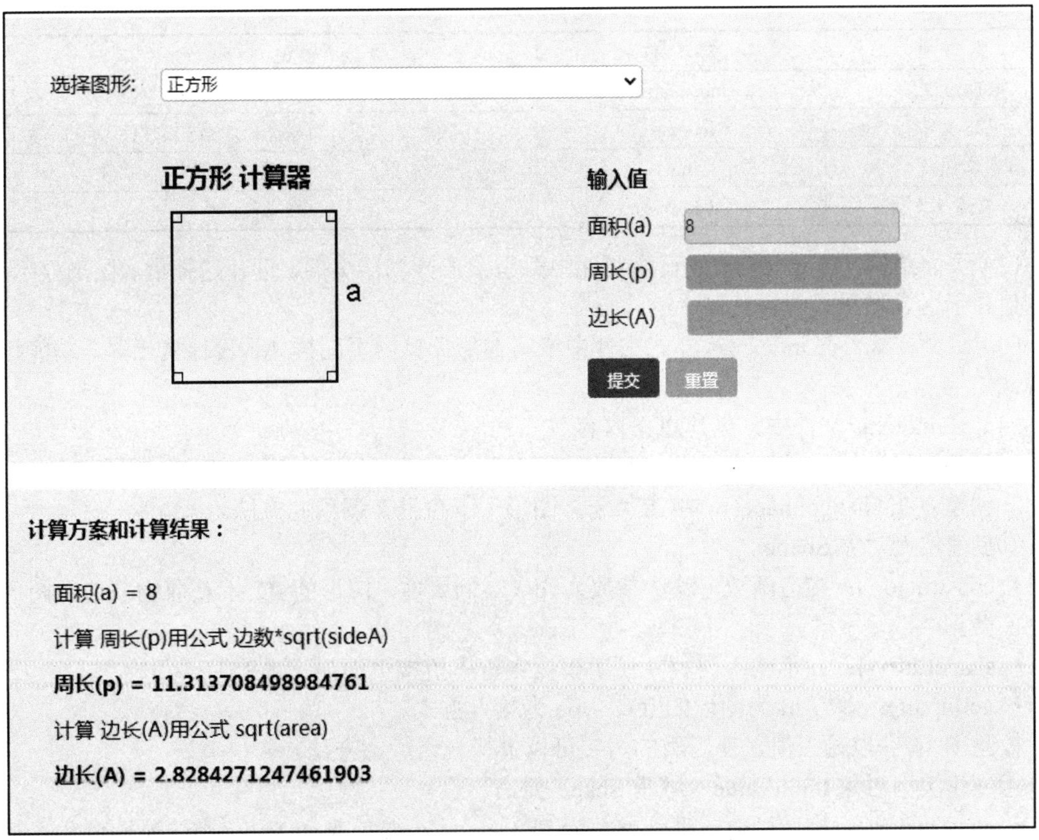

图 8-5

（5）清空：单击“重置”按钮，清空输入框中的值，如图 8-6 所示。

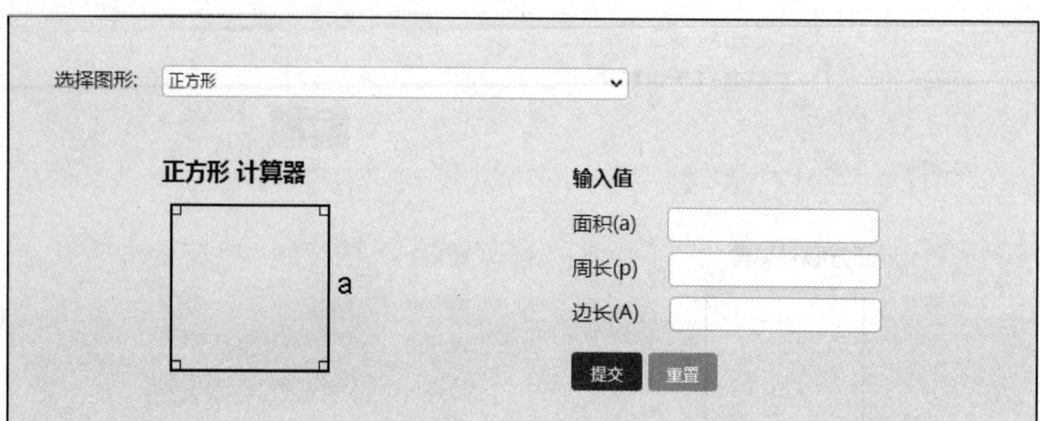

图 8-6

8.3 设计思路

（1）创建项目 graphic_calculation，在项目中创建 index.html 页面文件、index.css 样式文件和 index.js 文件，如表 8-1 所示。

表 8-1

类　型	文　件	说　明
HTML 文件	index.html	主页面文件，展示图形计算器
JS 文件	index.js	网页计算器类和功能逻辑文件
文件夹	img	存放图片资源
CSS 文件	index.css	样式表文件

（2）页面结构：在 index.html 页面文件中编写图形计算器页面，创建选择框、图形显示区、输入值显示区、结果显示区。

（3）页面样式：在 index.css 样式文件中编写图形计算器页面样式，设计显示区、功能按钮等样式。

（4）在 index.js 文件中，创建以下内容。

①创建图形数据数组 ShapeList（显示图形名称、图片、图形输入）和 objs 对象。

②创建方法 changeShape()，单击“选择图形”下拉框，调用此方法。

③创建实例对象 Shape。

- constructor()：构造函数，默认参数为 id（实例属性，图形的 ID），获取当前选中图形的数据。
- shapeEntry()：显示输入内容（使用模板字符串拼接页面显示内容）。
- getInput()：参数 id 为图形的 ID，type 为输入方式。

校验/计算/获取输入值，使用类的名字可以直接调用静态方法。

④创建实例对象 InputValue，继承 Shape 类。

- constructor()：构造函数，默认参数为 id，super(id)继承 InputValue 类的属性值和方法。
- valueList：实例属性，存储获取的输入值。
- checkList：实例属性，存储获取的值和属性。
- inputList：实例属性，存储当前显示表单的值和属性。

- getInputValue()：获取输入框中的值（输入时，调用该方法，存储输入的值）。
- delInputValue()：清空输入的值。
- checkInputValue()：校验输入的值。
- compute()：显示计算结果。根据获取的输入的字段，得到边长、周长、面积或图形形状，求对应的值。
- areaResult()：计算面积，参数 item 为当前输入属性，value 为当前输入值。

正多边形公式：pow(边长,2)。

圆形公式：π*pow(半径, 2)。

- perimeterResult()：计算周长，参数 item 为当前输入属性，value 为当前输入值。

正多边形公式：边数*边长。

圆形公式：π*直径。

- sideResult()：计算边长，参数 item 为当前输入属性，input 为当前所求值，value 为当前输入值。

正多边形求边长：sqrt(area)。

圆形求半径/直径：sqrt(area/π)。

8.4 实验实施（跟我做）

8.4.1 步骤一：创建项目和文件

创建项目 graphic_calculation，目录结构如图 8-7 所示。

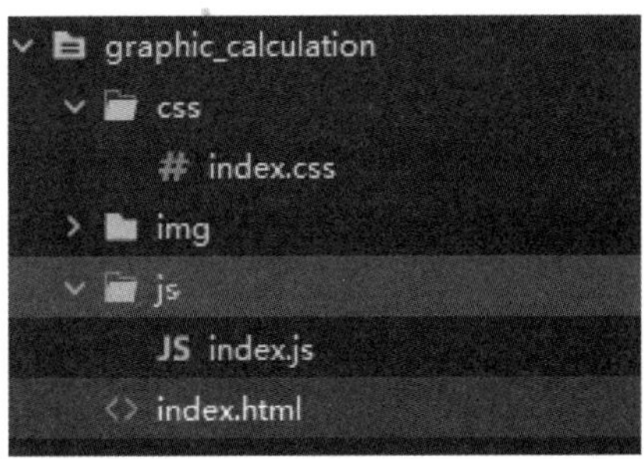

图 8-7

8.4.2 步骤二：制作 HTML 页面

引入 index.css 样式文件和 index.js 文件，在 index.html 页面文件的<body>标签中编写代码，制作 HTML 页面的代码如下：

```
<!DOCTYPE html>
<html>
    <head>
        <meta charset="utf-8">
        <title>图形计算器</title>
        <link rel="stylesheet" href="css/index.css" />
    </head>
    <body>
        <div class="content">
```

```
            <h1>2D 图形计算器</h1>
            <article>
                <section>
                    <label>选择图形:</label>
                    <select id="selectshape" onchange="changeShape()">
                        <option value="0">正方形</option>
                        <option value="1">圆形</option>
                    </select>
                </section>
                <section id="entry" >
                </section>
            </article>
            <article >
                <h4>计算方案和计算结果: </h4>
                <div id="result">
                </div>
            </article>
        </div>
    </body>
    <script src="js/index.js"></script>
</html>
```

8.4.3 步骤三：制作 CSS 样式

在 index.css 样式文件中编写页面样式，制作 CSS 样式的代码如下：

```
* {
    padding: 0;
    margin: 0;
}
.content {
    width: 80%;
    margin: auto;
    padding: 20px;
    display: flex;
    flex-direction: column;
    justify-content: center;
    align-items: center;
}
article {
    padding: 20px;
    background: #ededed;
    width: 800px;
    margin: 10px;
}
article>section {
    padding: 20px;
    display: flex;
}
article>section label {
    padding-right: 20px;
}
article>section select {
    line-height: 25px;
    width: 50%;
}
```

```
select,input {
    border: 1px solid #b6b5b5;
    border-radius: 4px;
    height: 25px;
    outline: none;
}
#entry {
    display: flex;
    justify-content: space-around;
    line-height: 35px;
    align-items: center;
}
#entry img {
    width: 100%;
}
#result {
    padding: 20px;
    line-height: 35px;
}
input[type="button"],input[type="reset"] {
    border: none;
    padding: 15px;
    line-height: 5px;
    margin-top: 15px;
    color: #fff;
}
input[type="button"] {
    background-color: #1e49e6;
}
input[type="reset"] {
    background-color: #ff9800;
}
```

8.4.4　步骤四：定义图形数据

（1）编辑 index.js 文件，定义图形数据数组 ShapeList，包括图形名称、图形图片、边数、输入条件。代码如下：

```
let ShapeList = [{
        id: 0,
        name: "正方形",//名称
        type: "multilateral",//类型
        img: "./img/square_preview.png",//图片
        rowCount:4,//边数
        inputInfo:"area|perimeter|SideA",//输入条件
    },
    {
        id: 1,
        name: "圆形",
        type: "circular",
        img: "./img/circle_preview.png",
        inputInfo:"area|perimeter|diameter|radius",
    },
];
```

（2）定义一个对象 objs，存储输入的值。代码如下：

```
let objs = {
    perimeter: "周长(p)",
    area: "面积(a)",
    SideA: "边长(A)",
    SideB: "边长(B)",
    diameter: "直径(d)",
    radius: "半径(r)",
}
```

8.4.5 步骤五：选择计算图形

（1）编辑 index.js 文件，定义 changeShape()方法，在选择图形时调用。获取当前选项的 ID。代码如下：

```
function changeShape() {
    let getEntry = document.getElementById("entry");
    //获取当前选项的 ID
    let garde = parseInt(document.getElementById("selectshape").value);
}
```

（2）页面加载完成后，调用 changeShape()方法。代码如下：

```
window.onload = () => {
    changeShape()
}
```

8.4.6 步骤六：显示图形界面

（1）编辑 index.js 文件，创建 Shape 类对象。

设置 info 属性，使用 ID 作为索引获取 ShapeList 数组中的数据。

设置 entryInfo 属性，作为图形输入条件（使用 split 方法分割 inputInfo 属性值）。

创建 shapeEntry()方法，显示图形界面内容（模板字符串拼接图像和表单输入内容）。

代码如下：

```
//创建一个类,显示图形界面
class Shape {
    constructor(id) {
            this.info = ShapeList[id];
        this.entryInfo = this.info.inputInfo.split("|");//显示计算所需值
    }
    shapeEntry() { //显示输入内容
        let str = `<div> <h3>${this.info.name} 计算器</h3>
                  <img  src=${this.info.img}  /></div><div  ><h4>输入值</h4>
<form>`;
        //遍历计算输入对象,生成表单
        let that =this;
        this.entryInfo.forEach(item => {
        str +=`<label> ${objs[item]}</label> <input  type="number" name=${item}
        onkeyup="Shape.getInput(${this.info.id},'check')"> <br/>`;
        })
        str += `<input type="button" value="提交"
onclick="Shape.getInput(${this.info.id},'Submit')">
```

```
        <input type="reset"onclick="Shape.getInput(${this.info.id},'reset')">
    </form></div>`;
            return str;
        }}
```

（2）在 changeShape()方法中初始化 Shape 实例对象，将获取的 garde 值作为参数，调用 Shape 对象中的 shapeEntry()方法，显示当前选中内容。代码如下：

```
function changeShape() {
    let getEntry = document.getElementById("entry");
    let garde = parseInt(document.getElementById("selectshape").value);
    let showShape = new Shape(garde);
    getEntry.innerHTML = showShape.shapeEntry();
}
```

运行结果如图 8-8、图 8-9 所示。

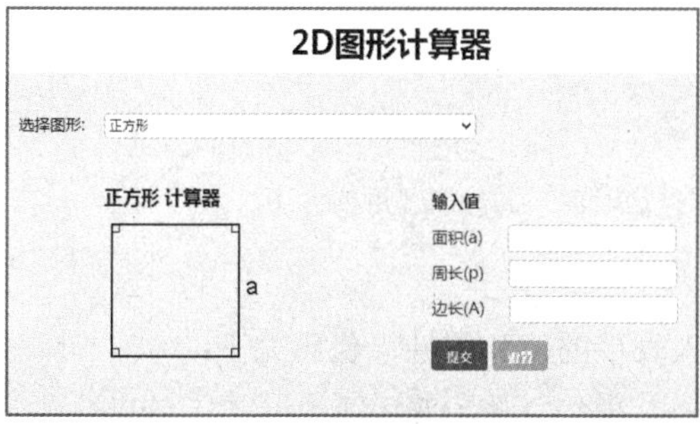

图 8-8

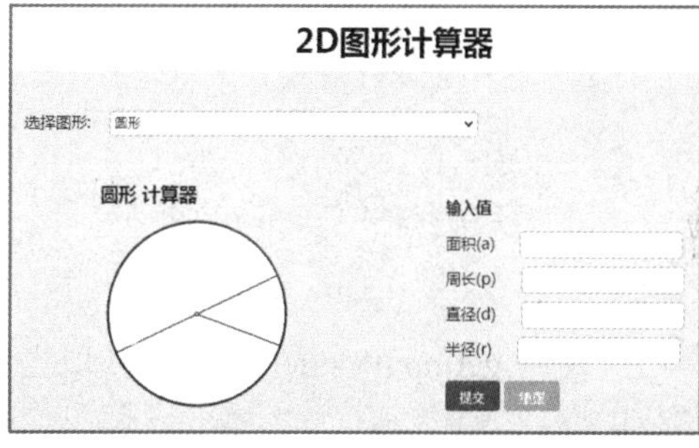

图 8-9

（3）使用 static 关键字创建静态方法 getInput()，将参数设置为当前选中图形的 ID 和 Type 输入获取类型，校验输入的值。释放键盘按钮时（onkeyup 事件）执行 getInput()方法。

（4）如果 type 为 check，则校验输入字段；如果 type 为 Submit，则提交计算结果；如果 type 为 reset，则重置表单内容。

说明：类相当于实例的原型，所有在类中定义的方法都会被实例继承。如果在一个方法前加上 static 关键字，就表示该方法不会被实例继承，而是直接通过类来调用，这样的方法称为静态方法。

代码如下：

```
//使用类的名字可以直接调用静态方法
static getInput(id,type) {
    let getInfo = new InputValue(id);   //初始化实例对象
    if(type=='check'){                  //校验
        getInfo.checkInputValue();
    }else if(type=='Submit'){           //提交
        let resultDom = document.getElementById("result");
        resultDom.innerHTML = "";
        resultDom.innerHTML = getInfo.compute();
    }else{                              //重置
        getInfo.delInputValue();
    }
}
```

8.4.7　步骤七：计算结果

（1）编辑 index.js 文件，创建 InputValue 类，InputValue 类继承了 Shape 类中的属性。

constructor()：以当前图形的 ID 为参数。设置 entryInfo 属性，作为图形输入条件（使用 split

方法分割 inputInfo 属性值）。

Super()：获取父类 this 对象的内容。

valueList：存储获取的输入值。

checkList：存储获取的值和属性。

inputList：存储当前显示表单的值和属性。

ES5 的继承是先创建子类的 this 对象，然后将父类的方法添加到子类的 this 对象上。ES9 的继承是先创建父类的 this 对象，然后为 this 对象添加方法或属性，super()方法就是用来创建父类 this 对象的。

代码如下：

```
//创建一个类，用来存储图形计算方式
class InputValue extends Shape {    //extends 关键字：继承父类
    constructor(id) {
        super(id);
        this.valueList = []; //
        this.checkList = [];
        this.inputList = [];
        this.getInputValue();        //初始示例对象时即调用该方法
    }
}
```

（2）使用 getInputValue()方法，获取当前输入表单的值和属性。代码如下：

```
//获取输入框的值
getInputValue() {
    this.entryInfo.forEach(item => {
        let obj = {}
        obj.name = item;
        obj.value = parseInt(document.getElementsByName(item)[0].value);
        if (!Number.isNaN(obj.value)) {
            this.valueList.push(obj);
            this.checkList.push(item);
        }
        this.inputList.push(obj);
    })
}
```

（3）使用 delInputValue()方法，清空当前输入表单的值和属性。代码如下：

```
//清空输入框的值
delInputValue() {
    this.entryInfo.forEach(item => {
        document.getElementsByName(item)[0].value = "";
        document.getElementsByName(item)[0].style.background = "";
        document.getElementById("result").innerHTML = "";
    })
}
```

（4）使用 checkInputValue()方法，校验当前输入的值是否符合输入规范。

输入规则：只允许输入一个值，如果输入多个值，则提示“您的输入不符合计算规则！”。

代码如下：

```
//校验输入框的值
checkInputValue() {
    let checkRule = this.entryInfo;
    let checkInputValue = this.checkList.join("|");
```

```
        //过滤 checkRule 数组中包含的输入内容，得到允许输入的条件
       let allowData = checkRule.filter(item => item.includes(checkInputValue));
        if (allowData.length > 0) {
            allowData.forEach(obj => {
                let allowList = obj.split("|");
                //console.log(allowList);
                for (let item of this.entryInfo) {
                    let ele = document.getElementsByName(item)[0];
                    //遍历当前所有输入框，将允许输入的输入框的背景颜色修改为绿色
                    if (allowList.includes(item)) {
                        ele.style.background = "#bbff6c"
                    } else {
                        //将不允许输入的输入框的背景颜色修改为红色
                        ele.style.background = "#fb837d"
                    }
                }
            })
        } else {
            alert("您的输入不符合计算规则!");
            this.delInputValue();
        }
    }
```

运行结果如图 8-10 所示。

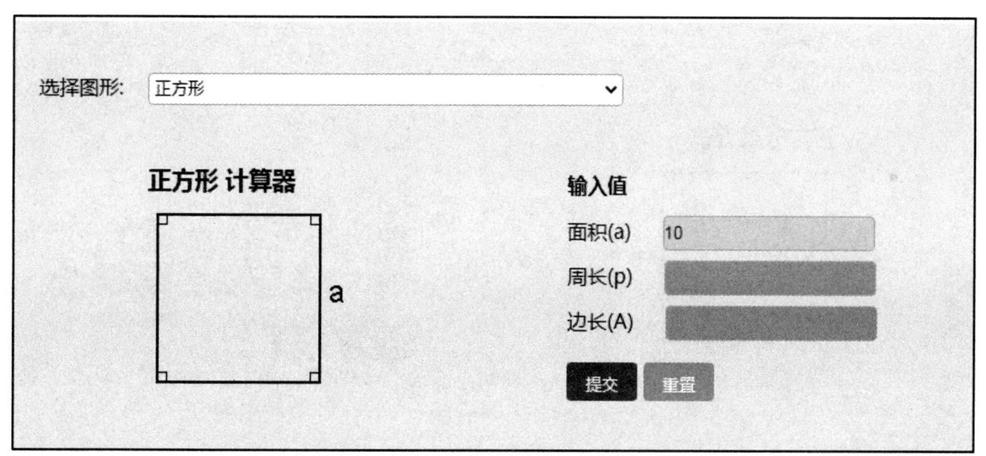

图 8-10

（5）使用 compute()方法，显示计算结果。代码如下：

```
    //计算输入结果
    compute() {
        if (this.valueList.length > 0) {
            let str = "";
            this.valueList.forEach(item => {
                str += `<p> ${objs[item.name]} = ${item.value}</p>`;
            })
            // 根据输入内容过滤计算需求
            let countList = this.entryInfo.filter(item => !this.checkList.
includes(item))
            countList.forEach(list => { //显示计算结果
                let output = ""
                for (let key in this.inputList) {
```

```
                    let value = parseFloat(this.inputList[key].value);
                    if (value && list == 'area') {                  //求面积
                       output = this.areaResult(this.inputList[key].name, value)
                    } else if (value && list == 'perimeter') {      //求周长
                        output = this.perimeterResult(this.inputList[key].name, value)
                    } else if (!Number.isNaN(value)) { //求边长或半径和直径
                        output = this.sideResult(this.inputList[key].name, list, value)
                    }
                }
                str += `<p> 计算 ${objs[list]}用公式 ${output.formula} </p>  <p> <b>${objs[list]} = ${output.result}</b></p> `
            })
            return str;
        } else {
            alert("当前输入值为空！");
            return
        }
    }
```

运行结果如图 8-11 所示。

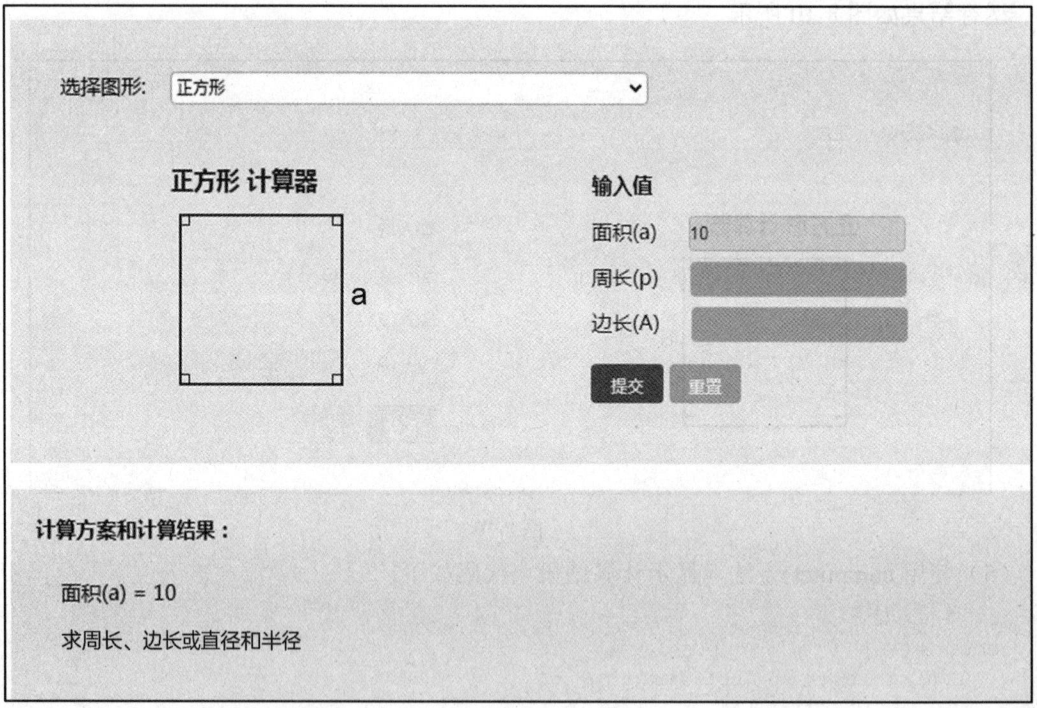

图 8-11

（6）使用 areaResult()方法，求图形的面积，参数为 item（当前键入字段）、value（当前键入字段值）。代码如下：

```
//计算输入结果
areaResult(item, value) { //求面积
    let obj = {};
    let condition = item + '|' + this.info.type
    switch (condition) {
```

```
        case 'perimeter|multilateral': //根据周长求面积
            obj.result = Math.pow(value / this.info.rowCount, 2)
            obj.formula = 'pow(perimeter/边数,2)'
            break;
        case 'SideA|multilateral':     //根据边长求面积
            obj.result = Math.pow(value, 2)
            obj.formula = 'pow(SideA,2)'
            break;
        case 'radius|circular':        //根据半径求面积
            obj.result = Math.PI * Math.pow(value, 2)
            obj.formula = 'π*pow(radius, 2)'
            break;
        case 'diameter|circular':      //根据直径求面积
            obj.result = Math.PI * Math.pow((value / 2), 2)
            obj.formula = 'π*pow(diameter/2, 2)'
            break;
        case 'perimeter|circular':     //根据周长求面积
            obj.result = Math.pow((value / Math.PI) / 2, 2)
            obj.formula = 'pow((perimeter/π)/2,2)'
            break;
    }
    return obj;
}
```

（7）使用 perimeterResult()方法，求图形的周长，参数为 item（当前键入字段）、value（当前键入字段值）。代码如下：

```
perimeterResult(item, value) {           //求周长
    let obj = {};
    let condition = item + '|' + this.info.type
    switch (condition) {
        case 'SideA|multilateral':     //边长
            obj.result = this.info.rowCount * value;
            obj.formula = '边数*sideA'
            break;
        case 'area|multilateral':      //面积
            obj.result = this.info.rowCount * Math.sqrt(value);
            obj.formula = '边数*sqrt(sideA)'
            break;
        case 'area|circular':          //面积
            obj.result = Math.sqrt(value / Math.PI) * 2 * Math.PI
            obj.formula = 'sqrt(area/π)*2*π'
            break;
        case 'diameter|circular':      //直径
            obj.result = Math.PI * value
            obj.formula = 'π*diameter'
            break;
        case 'radius|circular':        //半径
            obj.result = value * 2 * Math.PI
            obj.formula = '2*π*radius'
            break;
    }
    return obj;
}
```

（8）使用 sideResult()方法，求图形的边长或半径和直径，参数为 item（当前键入字段）、input（所求字段）、value（当前键入字段值）。代码如下：

```
sideResult(item, input, value) {                    //求边长
    let obj = {};
    let condition = item + '|' + input + '|' + this.info.type
    switch (condition) {
        case 'area|SideA|multilateral':             //根据面积求边长
            obj.result = Math.sqrt(value)
            obj.formula = 'sqrt(area（面积）)'
            break;
        case 'perimeter|SideA|multilateral':        //根据周长求边长
            obj.result = value / this.info.rowCount
            obj.formula = 'perimeter（周长）/边数'
        break;
        case 'area|radius|circular':                //根据面积求半径
            obj.result = Math.sqrt(value / Math.PI)
            obj.formula = 'sqrt(area（面积）/π)'
            break;
        case 'area|diameter|circular':              //根据面积求直径
            obj.result = Math.sqrt(value / Math.PI) * 2
            obj.formula = 'sqrt(area（面积）/π)*2'
            break;
        case 'perimeter|diameter|circular':         //根据周长求直径
            obj.result = value / Math.PI
            obj.formula = 'perimeter（周长）/π'
            break;
        case 'perimeter|radius|circular':           //根据周长求半径
            obj.result = (value / Math.PI) / 2
            obj.formula = '(perimeter（周长）/π)/2'
            break;
        case 'diameter|radius|circular':            //根据直径求半径
            obj.result = value / 2;
            obj.formula = 'diameter(直径)/2'
            break;
        case 'radius|diameter|circular':            //根据半径求直径
            obj.result = value * 2;
            obj.formula = 'radius（半径）*2'
            break;
    }
    return obj;
}
```

第 9 章 ES9 编程：抽奖

9.1 实验目标

（1）掌握 ES9 变量和常量的用法。
（2）掌握 ES9 类的定义、声明等基本方法。
（3）掌握 ES9 数组的基本用法。
（4）掌握 ES9 数值的基本用法。
（5）掌握 ES9 函数的基本用法。
（6）综合运用 ES9 新规范，开发抽奖系统。
知识地图如图 9-1 所示。

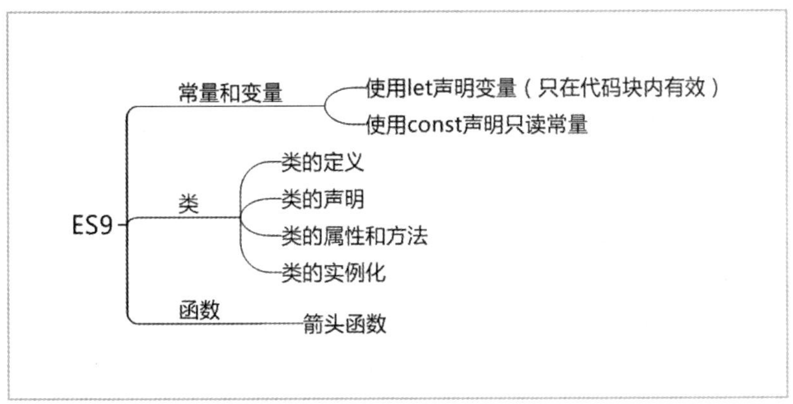

图 9-1

9.2 实验任务

构建抽奖系统页面，实现转盘的旋转，以及获奖判定，运算逻辑使用 ES9 语法实现。初始页面如图 9-2 所示，中奖页面如图 9-3 所示。

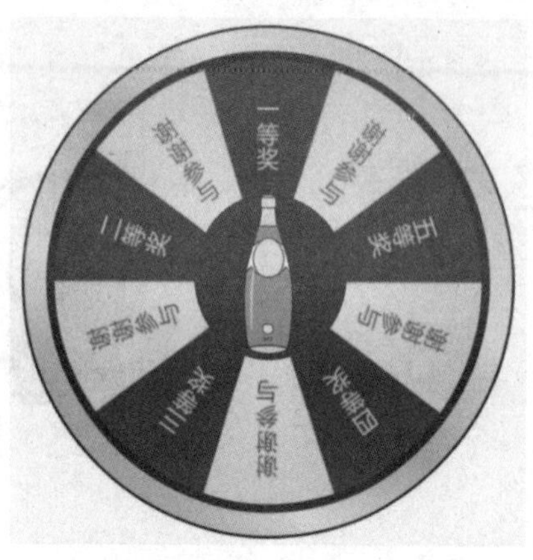

图 9-2

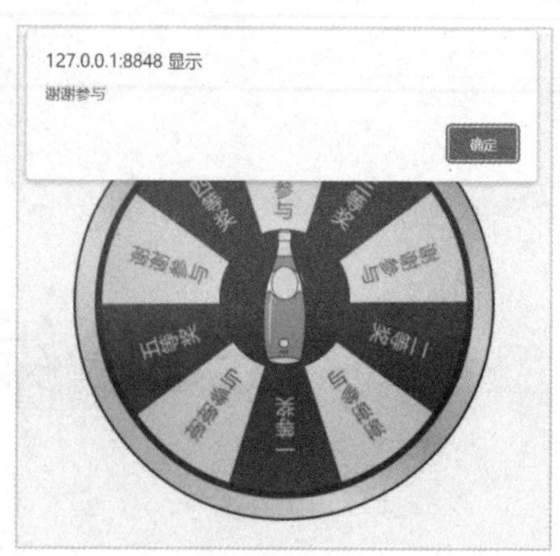

图 9-3

9.3 设计思路

（1）构建页面基础布局，旋转效果主要由 CSS3 的 rotate 属性实现。

（2）处理逻辑代码。

①先声明一个类，然后暴露给全局，方便调用，在类中声明对应的成员方法。

②声明构造函数，当我们 new 一个类的时候会执行构造函数，把 this 绑定的属性方法添加到这个类上，可以看到外部调用的参数和内部调用的参数进行了合并，这里使用的是 ES9 的 Object.assign()方法。

③route_start()函数主要进行一些初始化操作，通过 ES9 解构赋值保存传进来的参数，主要难点是如何控制概率。我们定义了一个 getCountNum()方法来获取最后停留的位置，定义了一个变量得到 0～100 的随机数，通过传进来的概率值来判断是否抽中。

④如果在概率范围内直接返回这个对象的索引，就会有一个问题：如果配置的选项都没有被抽中，我们该怎么处理？我们定义了一个数组，保存了配置选项之外的选项数组，如果没有抽中配置的选项，就从剩下的选项中随机抽取一个。

⑤操作转动的元素并给这个元素设置动画，我们使用的是 CSS3 的过渡属性，所以实现起来比较简单，在这里也不需要写定时器了。

（3）动画结束后可以传入一个回调函数，这样我们使用的时候不用修改内部的代码，在调用插件的时候就可以做一些操作。

9.4 实验实施（跟我做）

9.4.1 步骤一：创建项目和文件

创建项目 luckDraw，项目中包含以下文件。

（1）css/index.css：主页面样式文件。

（2）images：静态资源文件。

（3）js/index.js：抽奖系统逻辑页面文件。

（4）index.html：抽奖主页面文件。

9.4.2　步骤二：制作 HTML 页面

（1）编辑 index.html 页面文件，初始化页面内容。通过<script>标签引入对应的 index.js 文件，通过<link>标签引入对应的 index.css 文件。代码如下：

```
<!DOCTYPE html>
<html>
    <head>
        <meta charset="utf-8">
        <title>抽奖</title>
        <link rel="stylesheet" type="text/css" href="css/index.css"/>
        <script src="js/index.js" type="text/javascript" charset="utf-8">
</script>
    </head>
    <body>
    </body>
</html>
```

（2）在<body>标签中对抽奖主页面进行布局，创建<div class="content">标签，存放两张图片，将抽奖转盘图片作为背景，抽奖转盘图片上方显示抽奖指向的箭头图片。代码如下：

```
<div class="content">
    <div class="prize_img">
        <img src="images/prize.jpg" alt="">
    </div>
    <div class="aim_img">
        <img src="images/pt.png" alt="" width="100%">
    </div>
</div>
```

9.4.3　步骤三：编写 CSS 样式

编辑 index.css 文件，定义抽奖主页面在浏览器水平居中，将最大宽度设置为 480px，距离浏览器顶部为 40px。抽奖页面包含的两张图片使用定位样式进行布局。代码如下：

```
body{
   background-color: #f6f6f6;
}
.content{
   width:370px;
   height:370px;
   max-width:480px;
   margin:40px auto;
}
.prize_img img{
   position:absolute;
   width:370px;
   height:370px;
}
.aim_img{
   width:115px;
   position:absolute;
   top:26%;
   left:50%;
   margin-left:-58px;
   cursor:pointer;
   background: #be1711;
   border-radius: 50%;
}
```

9.4.4 步骤四：页面 JS 交互逻辑

编辑 index.js 文件，实现抽奖功能。

（1）先定义一个 LotteryTray 类，然后在构造器中定义参数，当使用 new 调用这个类时，优先执行构造器中的代码。构造器中的参数以对象的形式输出，包括当前需要转动的图片元素、单击元素、转动的圈数、抽奖图片平均分的个数、抽一次奖所需要的时间。代码如下：

```
class LotteryTray {
    constructor(options) {
        let obj = {
            target: ".prize_img img",    //转动的元素
            spinimg: ".aim_img",         //单击的元素
            turnsnum: 4,                 //圈数
            rate: {
                1: "50%",
                5: "50%",
            },
            totalCount: 10,              //总个数
            innerTime: 3000              //转动的时间
        }
        options = Object.assign({}, obj, options);
    }
```

（2）定义初始化方法，对转盘的总个数进行循环遍历，定义数组，将总数进行循环计数，并存放到数组中，计算当前转盘停止转动的角度。代码如下：

```
route_start(options) {
        let {
            target,
            rate,
            turnsnum,
            totalCount,
            spinimg,
            innerTime,
            callFn
        } = options;
        let totalNum = Object.keys(rate);
        this.dueArr = [];
        for (let i = 0; i < totalCount; i++) {
            if (!totalNum.includes(String(i))) {
                this.dueArr.push(i);
            }
        }
        this.pos = this.getCountNum(rate);
        this.deg = 360 / totalCount;
        this.rotate(target, turnsnum, spinimg, innerTime, callFn);
}
```

（3）获取最后停留位置，通过 getCountNum()方法实现。如果没有抽中配置的选项，则对剩下的选项进行概率评分。代码如下：

```
getCountNum(chance) {
      let n1 = Math.round(Math.random() * 100);
      let start = 0, end = 0;
      for (let key in chance) {
         end = start + parseInt(chance[key]);
         if (n1 > start && n1 < end) {
            return key;
         }
```

```
            start = end;
        }
        //如果没有抽中配置的选项，则对剩下的选项进行概率评分
        let rad = Math.floor(Math.random() * (this.dueArr.length));
        return this.dueArr[rad];
    }
```

（4）先设置元素转动的动画，并进行监听计算。然后将数据渲染到样式中。代码如下：

```
    rotate(target, turnsnum, spinimg, innerTime, callFn) {
      var endPostion = (turnsnum * 360 - this.deg / 2) + (this.pos * this.deg) +
Math.random() * this.deg / 2 +10
      var spinimg = document.querySelector(spinimg);
      var target = document.querySelector(target);
      spinimg.onclick = () => {
    target.style.transform = "rotate(" + endPostion + "deg)";
          target.style.transition = "all " + innerTime + "ms linear";
      }
      target.addEventListener("transitionend", this.end.bind(this, callFn), false);
    }}
    end(callFn) {
    callFn && callFn(this.pos);
    }
```

（5）在 index.html 页面文件中进行回调，并输出结果。共有 10 种结果，可以输出 6 种结果。代码如下：

```
    <script>
        new LotteryTray({
          callFn: function(pos) {
                switch (parseInt(pos)) {
                     case 0:
                         alert("一等奖");
                         break;
                     case 2:
                          alert("二等奖");
                          break;
                     case 4:
                        alert("三等奖");
                         break;
                     case 6:
                         alert("四等奖");
                         break;
                     case 8:
                          alert("五等奖");
                          break;
                     case 1:
                     case 3:
                     case 5:
                     case 7:
                     case 9:
                        alert("谢谢参与");
                        break;
                 default:
                     break;
               }
          }
      })
    </script>
```

第 10 章

Vue.js：学习日历

10.1 实验目标

（1）掌握 Vue 实例的创建方法。
（2）掌握 Vue.js 模板语法。
（3）掌握组件基础。
（4）掌握组件间通信。
（5）综合应用 Vue.js 组件，开发学习日历。

知识地图如图 10-1 所示。

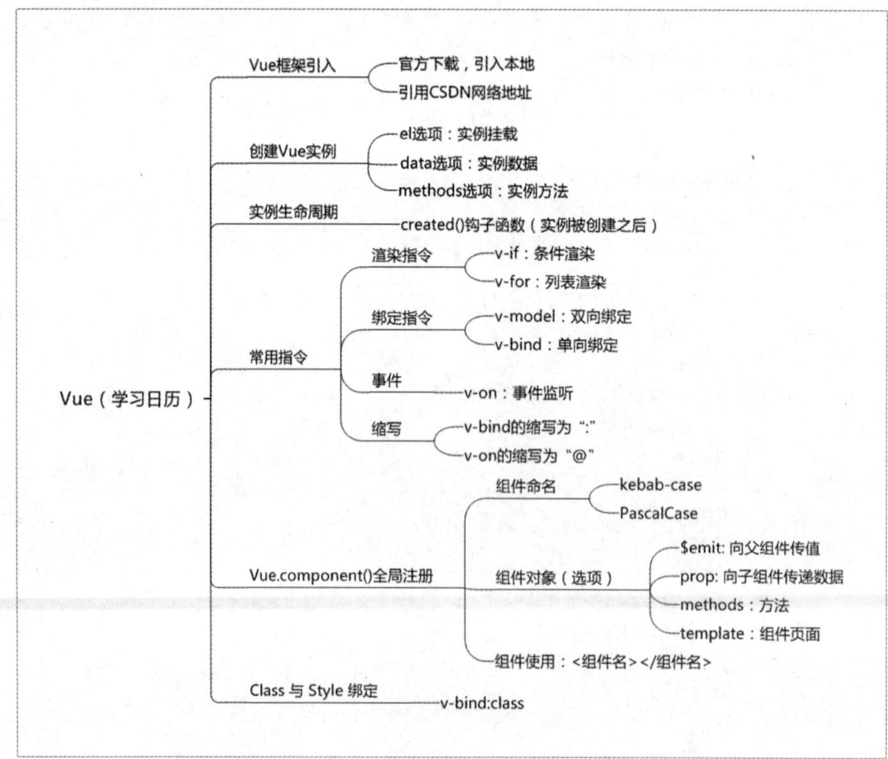

图 10-1

10.2　实验任务

使用 Vue 创建学习日历页面，要求具备课程管理功能，选择某课程，可以对该课程进行添加、修改、删除操作。

（1）打开学习日历，如图 10-2 所示。

课程	周一	周二	周三	周四	周五	周六	周日
第一节 8:00~9:40							
第二节 9:50~9:40							
第三节 10:40~11:20							
第四节 11:30~12:10							
第五节 14:00~14:40							
第六节 14:50~15:30							
第七节 15:40~16:20							
第八节 16:30~17:10							
第九节 18:00~20:00							

图 10-2

（2）单击编辑图标，弹出“课程详情”对话框（“课程详情”对话框要求使用 Vue 的组件），页面效果如图 10-3 所示。

图 10-3

（3）在“课程详情”对话框中输入对应字段（带星号的字段为必填字段），如图 10-4 所示。

单击“提交”按钮后，对应的课程显示如图 10-5 所示。课程显示的背景颜色与课程的分类有关，其中，选修课为绿色，必修课为黄色，加分课为红色，用户可以对提交的课程进行修改或删除。

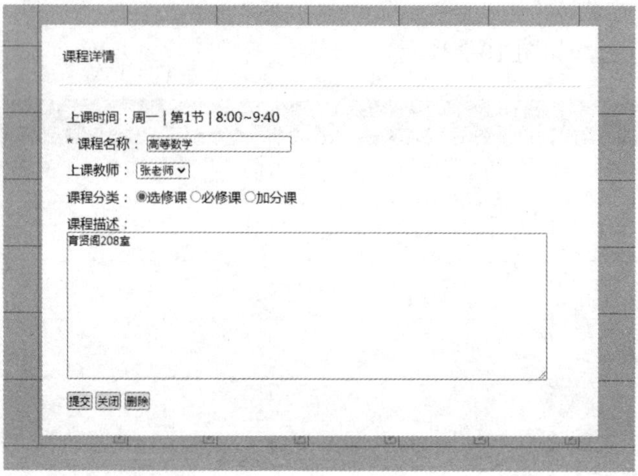

图 10-4

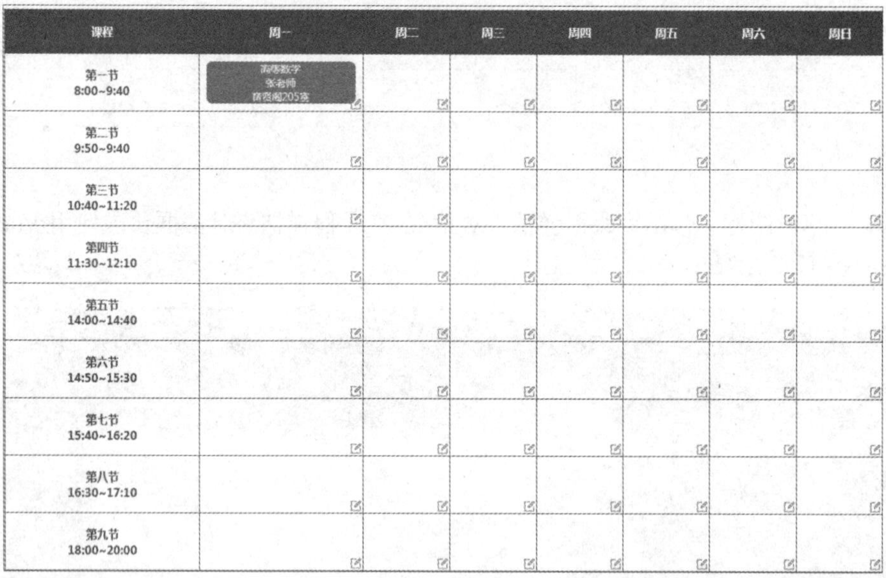

图 10-5

10.3 设计思路

（1）在 HBuilder X 中创建项目 studyCalendar，项目中包含的文件如表 10-1 所示。

表 10-1

类　型	文　件	说　明
HTML 文件	index.html	页面文件
JS 文件	vue.js	需要本地引入 Vue
文件夹	img	存放图片资源

（2）在 index.html 页面文件中创建一个 Vue 实例。

①在实例中添加日历表格数据 tableData 和表单回显数据 row_data。

②使用 getDataList()方法构建初始数据源，使用 ES9 语法创建一个 9 行 7 列的二维数组，getDataList()方法在 Vue 初始化时调用。

③使用 vue v-for 指令渲染课程日历表格，为每个表格添加一个单击事件，单击时调用 edit()方法，参数 item2 为当前单元格数据，inx 为行 ID，inx2 为列 ID。

设置表格的不透明度，单击时显示遮罩层。

（3）创建对话框组件 dialogContent。

①使用<template>标签定义对话框模板内容。

②使用 Vue.component()方法注册对话框组件。

③在组件中添加 data 数据（表单内容），添加提交表单方法 submit()，校验课程名称为必填字段。

（4）在页面使用 dialogContent 弹窗组件。

①在页面标签中的<div class="dialog"></div>标签内使用<dialog-content>标签。

②在<dialog-content>标签中使用 v-if 指令，isShow 属性值默认为 false，单击时为 true。

③设置父子组件之间传值。

在<dialog-content>标签中使用 v-bind（:）指令绑定 row_data（表单回显数据）和 form_info（编辑表单数据），row_data 和 form_info 是向 dialogContent.vue 子组件传值的关键字。

使用 v-on（@）指令监听 submit 事件，并调用 fromData()方法。

在 methods 中使用 fromData()方法，接收 dialogConten.vue 子组件传过来的参数，将 dialogConten.vue 子组件传过来的表单值添加到对应的单元格中，使用 this.$set()方法更新数据视图，隐藏对话框（将 isShow 属性设置为 false）。

在 dialogContent 组件实例中添加 props 属性，接收父组件向子组件传值的关键字 row_data 和 row_data，并设置传值类型为 Object。

在 methods 中创建 submit()方法，使用$emit()方法向父组件传值。$emit()方法的第一个参数为 submit，第二个参数为 submitData 传给父组件单元格对象的值。

组件传值流程如图 10-6 所示。

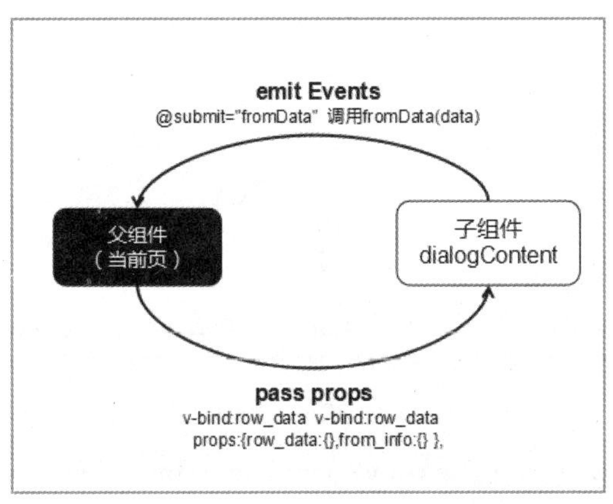

图 10-6

（5）每个 Vue 实例在被创建时都要经过一系列的初始化过程，在 export default{}中使用生命周期钩子函数，如在生命周期钩子函数 created()中调用 getDataList()方法。Vue 的生命周期如图 10-7 所示。

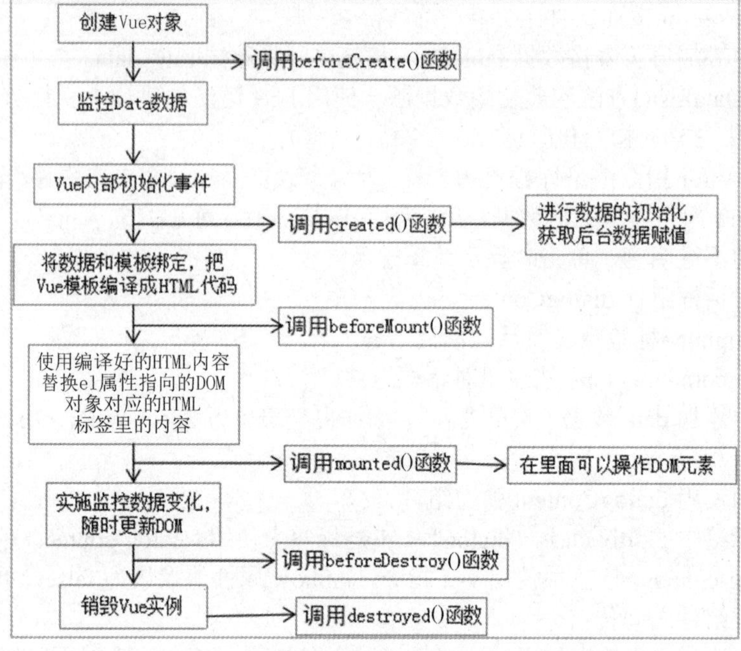

图 10-7

10.4 实验实施（跟我做）

10.4.1 步骤一：创建项目和文件

（1）创建项目 studyCalendar，目录结构如图 10-8 所示。

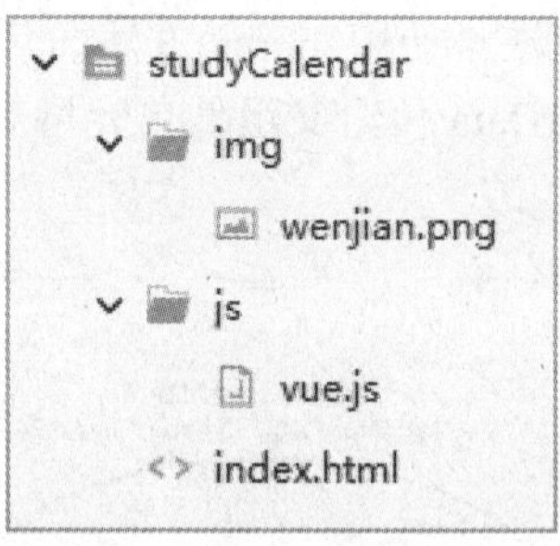

图 10-8

（2）从 Vue.js 官网下载 vue.js 文件并保存到项目的 js 目录中。

（3）编辑 index.html 页面文件，使用<script>标签在页面中引入 vue.js 文件。代码如下：

```
<!DOCTYPE html>
<html>
    <head>
        <meta charset="utf-8" />
        <title>学习日历</title>
        <!-- 引入 vue.js 文件 -->
        <script src="js/vue.js" ></script>
    </head>
    <body>
```

```
    </body>
</html>
```

10.4.2　步骤二：创建 Vue 实例

（1）编辑 index.html 页面文件，在<body>标签中添加<div>标签，并将 ID 设置为 app。

（2）在<body>标签后添加<script>标签，使用 Vue()函数创建一个 Vue 实例，并把 Vue 实例挂载到<div>标签上。代码如下：

```
<body>
    <div id="app">
        {{msg}}
    </div>
</body>
<script>
    //Vue 实例化
    let vm = new Vue({
        el: '#app',
        data: {
            msg:" Hello World"
        },
    })
</script>
```

运行结果如图 10-9 所示。

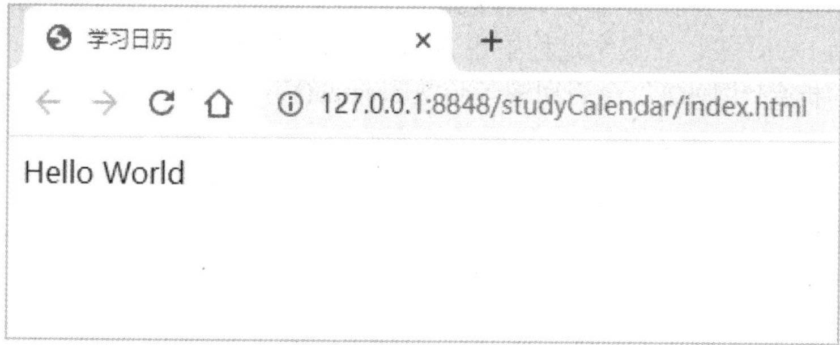

图 10-9

（3）在 Vue 实例的 data 对象中添加日历表格数据 tableData。tableData 对象中包含 weekDays（表头）、timeList（课程时间段）、courseData（课程内容，默认为空）。添加日历表格数据（默认为空）。代码如下：

```
data: {
    msg: "",
    tableData: {    //日历表格数据
        weekDays: ['课程', '周一', '周二', '周三', '周四', '周五', '周六', '周日'],
        timeList: ['8:15~9:00', '9:10~9:55', '10:05~10:50', '11:00~11:45',
'14:00~14:45', '14:55~15:40', '15:50~16:35','16:45~17:30', '18:30~20:30'],
        courseData: []
    },
    row_data: {     //表单回显数据，父组件传值
        curweek: "",
        curdata: "",
        curouse: "",
        row_id: "",
        col_id: "",
```

```
        },
        form_info: {},  //编辑表单数据
        isShow: false,  //是否显示遮罩层和弹窗
    },
```

（4）在 Vue 实例中添加 methods 属性，在 methods 属性中创建 getDataList()方法。使用 ES9 数组扩展的 Array.from()方法创建一个 9 行 7 列的二维数组，数组中的每一个元素都使用 fill()方法填充一个课程对象。代码如下：

```
methods: {
    //创建一个二维数组，作为表格初始数据源
    getDataList() {
        this.tableData.courseData = Array.from(new Array(9), ()=>{
            return new Array(7).fill({
             courseName:"", //课程名称
             disc:"", //课程描述
             tearchName:"", //任课老师
             stadu:"" //课程类型
            })
        })
        console.log(this.tableData.courseData)
    },
},
```

（5）在生命周期钩子函数 created()中调用 getDataList()方法。每个 Vue 实例在被创建时都要经过一系列的初始化过程，例如，设置数据监听、编译模板，以及将实例挂载到 DOM 并在数据变化时更新 DOM 等。在这个过程中也会运行生命周期钩子函数，这给了用户在不同阶段添加自己代码的机会，例如，生命周期钩子函数 created()用来在一个实例被创建之后执行代码。代码如下：

```
created() {  //在 Vue 初始化时调用
    this.getDataList(); //构造表格初始课程内容数据
},
```

运行结果如图 10-10 所示。

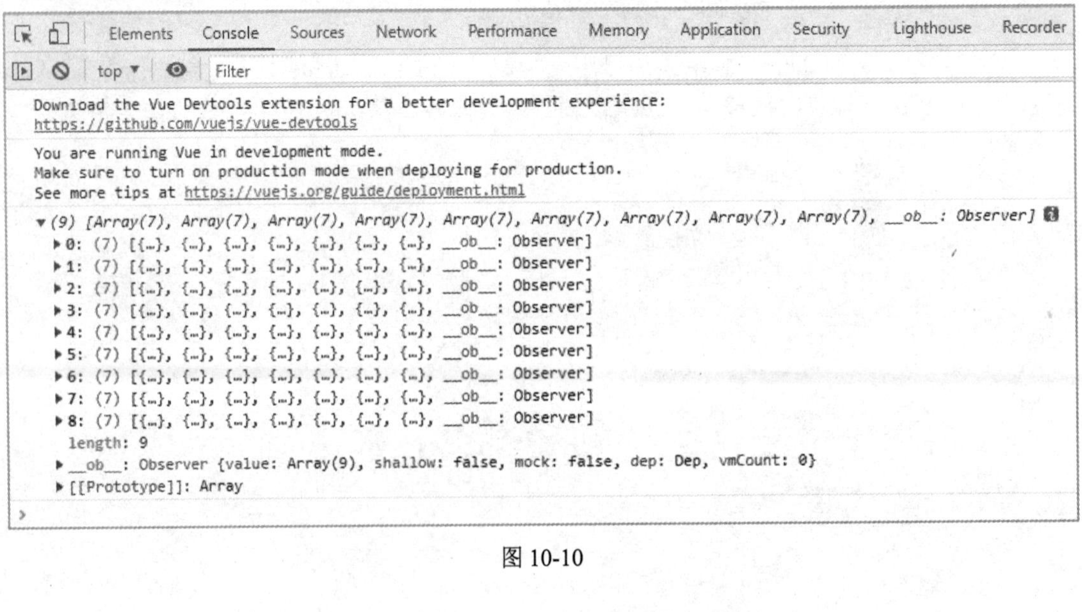

```
Elements  Console  Sources  Network  Performance  Memory  Application  Security  Lighthouse  Recorder
top ▼  Filter
Download the Vue Devtools extension for a better development experience:
https://github.com/vuejs/vue-devtools
You are running Vue in development mode.
Make sure to turn on production mode when deploying for production.
See more tips at https://vuejs.org/guide/deployment.html
▼(9) [Array(7), Array(7), Array(7), Array(7), Array(7), Array(7), Array(7), Array(7), Array(7), __ob__: Observer]
  ▶0: (7) [{…}, {…}, {…}, {…}, {…}, {…}, {…}, __ob__: Observer]
  ▶1: (7) [{…}, {…}, {…}, {…}, {…}, {…}, {…}, __ob__: Observer]
  ▶2: (7) [{…}, {…}, {…}, {…}, {…}, {…}, {…}, __ob__: Observer]
  ▶3: (7) [{…}, {…}, {…}, {…}, {…}, {…}, {…}, __ob__: Observer]
  ▶4: (7) [{…}, {…}, {…}, {…}, {…}, {…}, {…}, __ob__: Observer]
  ▶5: (7) [{…}, {…}, {…}, {…}, {…}, {…}, {…}, __ob__: Observer]
  ▶6: (7) [{…}, {…}, {…}, {…}, {…}, {…}, {…}, __ob__: Observer]
  ▶7: (7) [{…}, {…}, {…}, {…}, {…}, {…}, {…}, __ob__: Observer]
  ▶8: (7) [{…}, {…}, {…}, {…}, {…}, {…}, {…}, __ob__: Observer]
   length: 9
  ▶__ob__: Observer {value: Array(9), shallow: false, mock: false, dep: Dep, vmCount: 0}
  ▶[[Prototype]]: Array
>
```

图 10-10

10.4.3 步骤三：渲染学习日历页面

（1）编辑 index.html 页面文件，在 ID 为 app 的<div>标签中添加课程表内容。

添加一个表格并使用 v-for 指令遍历表头和行、列内容，在单元格的编辑图标上绑定@click 单击事件，单击时调用 edit()方法。代码如下：

```
<div id="app">
    <!-- 课程表 -->
    <div class="calendar_content">
    <table cellpadding="0" cellspacing="0">
        <thead>
        <tr class="top">
            <th v-for="(item, index) in tableData.weekDays" :key='index' >
                <span > {{item}}</span>
            </th>
        </tr>
        </thead>
        <tbody>
        <tr v-for="(item, inx) in 8" :key='inx'>
            <td>{{'第'+item+'节'}} <br/> {{tableData.timeList[inx]}}</td>
            <td v-for="(item2, inx2) in tableData.courseData[inx]" :key='inx2' >
                <div :class="{'default':item2.stadu=='选修课', 'important':
item2.stadu=='必修课', 'addcount':item2.stadu=='加分课'}">
                    {{item2.courseName}}<br/>{{item2.tearchName}}<br/>
{{item2.disc}}<br/>
                </div>
                <span class="tools">
                    <i class="edit" @click="edit(item2,inx,inx2)"></i>
                </span>
            </td>
        </tr>
        </tbody>
    </table>
    </div>
</div>
```

运行结果如图 10-11 所示。

图 10-11

（2）为课程表格添加遮罩层，遮罩层默认不显示。代码如下：

```
<div id="app">
    <!-- 遮罩层 -->
    <div :class="{'calendar_bg':isShow}"></div>
    <!-- ... 课程表格代码省略... -->
</div>
```

（3）在 methods 中添加 edit()方法，在单击单元格的编辑图标时调用 edit()方法显示遮罩层。edit()方法的参数如下。

val：当前单元格的课程对象。

row：当前单元格的行数。

col：当前单元格的列数。

代码如下：

```
edit(val,row,col) {
    //新增
    this.form_info = {};
    this.row_data.curweek = this.tableData.weekDays[col+1] //周
    this.row_data.curdata = this.tableData.timeList[row]   //时间段
    this.row_data.curcouse = '第' + (row + 1) + '节';
    this.row_data.row_id = row;                             //表格行数
    this.row_data.col_id = col;                             //表格列数
    //显示遮罩层
    this.isShow = true;
},
```

（4）在<head>标签中添加<style>标签，在标签内使用 CSS 美化学习日历页面。代码如下：

```
<style>
*{padding: 0; margin: 0;}
/* 盒子水平居中 */
.calendar_content{width: 80%; margin: 10px auto; border: 1px solid #27897f; }
.calendar_bg{background-color: #686868; height: 100vh;width: 100%; position: absolute;z-index: 888; opacity: 0.5;}
table{width: 100%;}
thead{height:60px;line-height: 30px;text-align: center;font-weight: bold; background-color:#009688; color: #fff;}
table tr td:first-child{color: #009688;font-weight: bold; font-size: 16px; border-left: none; text-align: center;}
table>tbody tr:last-child td{border-bottom: none; }
table tr td,table tr th{padding: 10px;border-left: 1px solid #27897f;border-bottom: 1px solid #27897f; position: relative;}
table tr td div{font-size: 14px; text-align: center; color: #fff;max-width: 220px;overflow: hidden; white-space: nowrap; text-overflow: ellipsis; border-radius: 8px;}
table tr td span{position: absolute; bottom: 0;}
table tr td span.tools{background:url(./img/wenjian.png) no-repeat; background-size: 200%;position: absolute; right: 0;}
table tr td span.tools i{width: 20px; height: 20px; display: block; cursor: pointer;}
.default{ background-color: #3dac79;}
.important{background-color: #FFC107;}
.addcount{background-color: palevioletred}
</style>
```

运行结果如图 10-12 所示。

课程	周一	周二	周三	周四	周五	周六	周日
第1节 8:15~9:00							
第2节 9:10~9:55							
第3节 10:05~10:50							
第4节 11:00~11:45							
第5节 14:00~14:45							
第6节 14:55~15:40							
第7节 15:50~16:35							
第8节 16:45~17:30							

图 10-12

10.4.4　步骤四：创建对话框组件 dialogContent

（1）在创建 Vue 实例前，使用 Vue.component()方法指定一个组件作为弹出的对话框。组件中包含 data 属性、methods 属性、template 属性。代码如下：

```
<script>
//定义、注册对话框组件
Vue.component('dialogContent', {
    data: function() {
        return {}
    },
    methods:{},
    template: '#myDialog'
});
//Vue 实例化（此处代码省略）
</script>
```

（2）在<body>标签中添加<template>标签，并将 ID 设置为 myDialog，对应组件中的 template 属性值。在<template>标签中添加对话框的内容。代码如下：

```
<!-- 定义对话框组件模板 -->
<template id="myDialog">
    <div class="content">
        <div class="title">课程详情</div>
        <div class="dialog-content">
        <form>
            <div>上课时间：{{row_data.curweek}} | {{row_data.curcouse}} |
{{row_data.curdata}}</div>
            <div>
                <label><i>*</i>课程名称：</label>
```

```
                <input type="text" v-model="form_info.courseName"
placeholder="请输入课程名称"/>
            </div>
            <div>
                <label>上课教师：</label>
                <select name="tearch" v-model="form_info.tearchName">
                    <option value="张老师">张老师</option>
                    <option value="王老师">王老师</option>
                    <option value="李老师">李老师</option>
                    <option value="赵老师">赵老师</option>
                </select>
            </div>
            <div>
                <label>课程分类：</label>
                <input type="radio" name="class" value="选修课" v-model=
"form_info.stadu">选修课
                <input type="radio" name="class" value="必修课" v-model=
"form_info.stadu">必修课
                <input type="radio" name="class" value="加分课" v-model=
"form_info.stadu">加分课
            </div>
            <div>
                <label>课程描述：</label>
                <textarea rows="10" cols="80" v-model="form_info.disc"
placeholder="请输入课程描述"></textarea>
            </div>
            <div>
                <input type="button" value="提交" @click="submit(form_info)"/>
                <input type="button" value="关闭" @click="close()"/>
    <!-- 新增删除按钮 -->
                        <input type="button" value="删除"  @click="del()"/>
            </div>
        </form>
        </div>
    </div>
</template>
```

（3）在页面中添加<div class="dialog">标签，在标签内通过<dialog-content>标签使用对话框组件。

在<dialog-content>标签内使用 v-bind 指令绑定父组件的 row_data（日历表格数据）和 form_info（表单回显数据），row_data 和 form_info 是向对话框子组件传值的关键字。代码如下：

```
<div id="app">
    <!-- 遮罩层（此处代码省略） -->
    <!-- 课程表（此处省略代码） -->
    <!-- 使用对话框组件 -->
    <div class="dialog">
        <dialog-content :row_data="row_data" :form_info="form_info"></dialog-
content>
    </div>
</div>
```

（4）在对话框组件实例中添加 props 属性，以接收父组件传来的数据。代码如下：

```
//定义、注册对话框组件
Vue.component('dialogContent', {
    props:{
        row_data: {
            type:Object,
        },
        form_info: {
            type:Object,
        }
    },
    data: function() {
            return {}
    },
    methods: {},
    template: '#myDialog'
});
```

（5）在<style>标签中添加对话框组件的样式。代码如下：

```
/*对话框样式*/
.content{width: 50%; top: 20%; left: 30%; background-color: #fff; z-index: 999;position: absolute; padding: 20px;}
.content .title{height: 40px; height: 40px; border-bottom: 1px solid #ddd; margin-bottom: 15px;}
.content div{padding: 5px;}
label i{font-style: normal; font-weight: bold; color: red; padding-right: 5px;}
```

运行效果如图 10-13 所示。

图 10-13

10.4.5 步骤五：编辑课程表（父子组件通信）

（1）编辑对话框组件（dialogContent），在组件实例的 methods 属性中添加 submit()方法，在单击对话框中的“提交”按钮时调用。使用$emit()方法向父组件传值，$emit()方法的第一个参数为 submit，第二个参数为 submitData 传给父组件单元格对象的值。代码如下：

```
methods: {
    submit(fromData){
        if(fromData.courseName=='' || fromData.courseName==undefined){
            //校验必填字段
            alert("课程名称必须填写！");
            return false;
        }
        let submitData = {};
        submitData.isShow=false;
        submitData.row_id=this.row_data.row_id;
        submitData.col_id=this.row_data.col_id;
        submitData.fromData=fromData;
        this.$emit('submit' , submitData);
    },
}
```

（2）编辑对话框组件，在组件实例的 methods 属性中添加 close()方法，单击对话框中的“关闭”按钮时调用。代码如下：

```
methods: {
    ...... ,
    close(){
        let submitData = {}
        submitData.isShow = false;
        this.$emit('submit' , submitData);
    }
}
```

（3）在对话框组件的标签引用处，使用 v-if 指令设置对话框是否显示；使用 v-on 指令的缩写监听对话框组件的 submit 事件，当事件触发时执行 Vue 实例对象的 fromData()方法。代码如下：

```
<!-- 使用对话框组件 -->
<div class="dialog">
    <dialog-content v-if="isShow" :row_data="row_data" :form_info="
form_info" @submit="fromData"></dialog-content>
</div>
```

（4）在 Vue 实例对象的 methods 属性中添加 fromData()方法，获取对话框组件传来的表单数据并更新到表格中。代码如下：

```
methods: {
    ...... ,
    fromData(data){
        //更新课程表格数据
        if(data.row_id != undefined){
            this.$set(this.tableData.courseData[data.row_id],data.col_id,
data.fromData);
        }
        //隐藏弹窗面板
        this.isShow=data.isShow;
    }
},
```

运行结果如图 10-14 和图 10-15 所示。

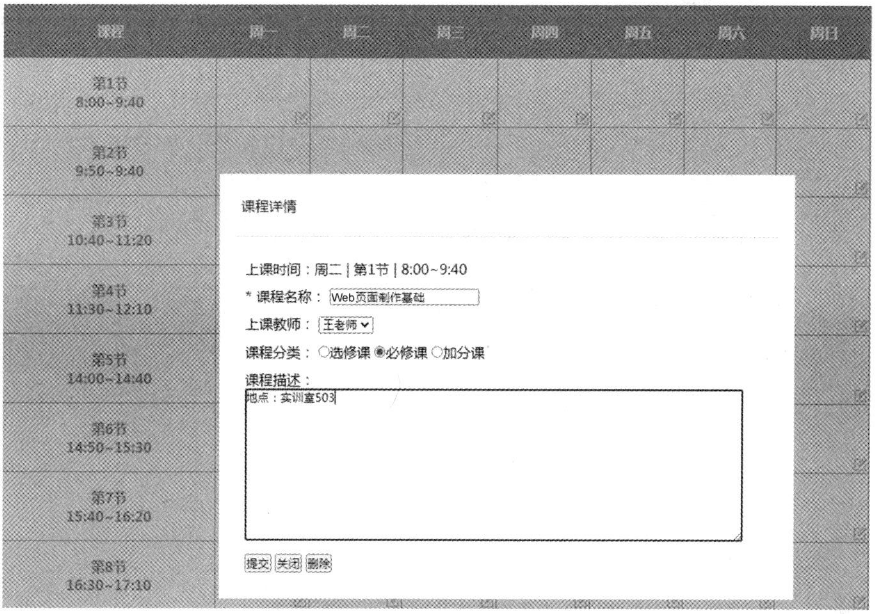

图 10-14

图 10-15

（5）在 Vue 实例中修改 edit()方法，编辑课程详情。代码如下：

```
edit(val,row,col){
    //判断课程字段是否为空，如果不为空，则为编辑状态
    if(val.courseName!=""){//编辑
        this.$set(this.tableData.courseData[row],col,val);
        this.isShow = true;
        return
    }
    //新增代码省略
    ......
},
```

（6）在 dialogContent 组件中添加“删除”按钮，绑定 del()方法，单击“删除”按钮删除表格中对应的内容。代码如下：

```
<div>
    <input type="button" value="提交" @click="submit(form_info)" />
    <input type="button" value="关闭" @click="close()"/>
    <!-- 新增删除按钮 -->
    <input type="button" value="删除" @click="del()"/>
</div>
```

在组件 methods 属性中添加 del()方法。代码如下：

```
del(){
    let submitData = {}
    submitData.del=true;
    submitData.isShow=false;
    submitData.row_id=this.row_data.row_id;
    submitData.col_id=this.row_data.col_id;
    this.$emit('submit' , submitData);
}
```

在 Vue 实例（父组件）中修改 fromData()方法。代码如下：

```
fromData(data){
    //新增数据代码省略
    if(data.del){
        this.form_info = {}; //清空表单内容
        //删除表格视图内容
        this.$set(this.tableData.courseData[data.row_id],data.col_id,'');
    }
    //隐藏弹窗面板代码省略
}
```

第 11 章 Vue.js：记事本

11.1 实验目标

（1）掌握 Vue.js 路由跳转和传参。
（2）掌握 computed 计算属性的用法。
（3）掌握 Vue 自定义组件的用法及组件间通信。
（4）综合应用 Vue.js 设计原则，开发记事本。
知识地图如图 11-1 所示。

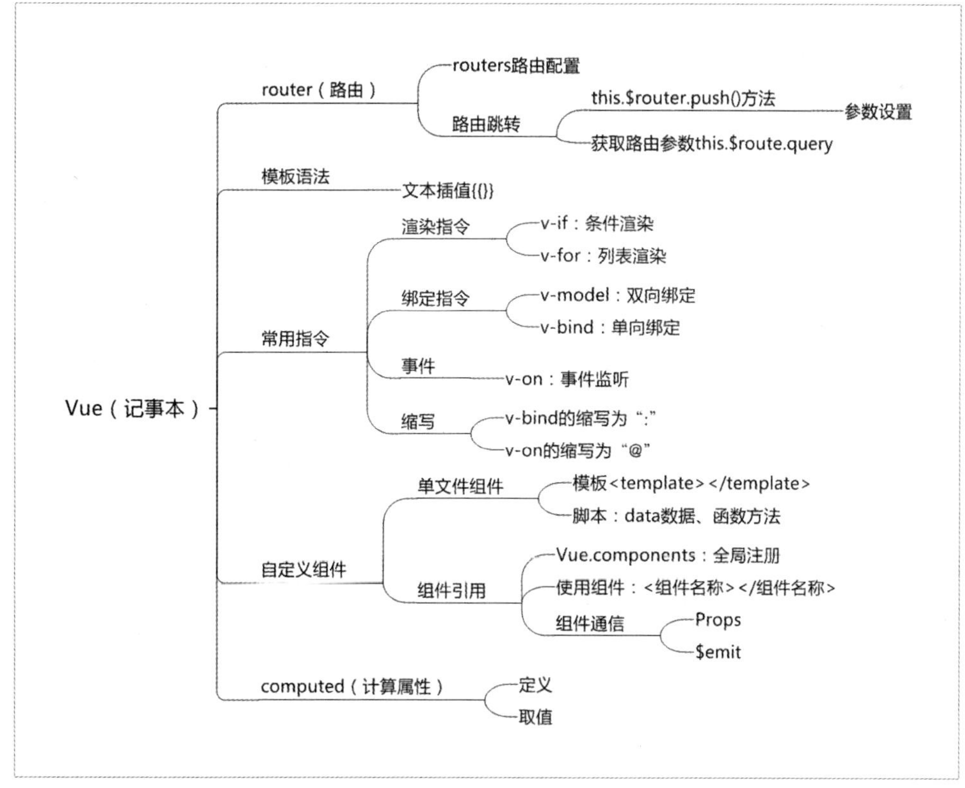

图 11-1

11.2 实验任务

使用 Vue 创建记事本项目，要求用户登录后，可以新建记事本并对新增的记事本信息进行分类统计。数据可以被修改或删除，并实时更新，统计数据根据分类信息更新。

（1）包含登录页面、记事本页面、编辑弹窗组件。

“用户登录”页面如图 11-2 所示。

用户登录

用户名:

密码:

立即登录

图 11-2

（2）输入用户名和密码，单击“立即登录”按钮跳转至记事本页面，如图 11-3 所示。用户可以对记事本的信息进行修改和删除，统计信息实时更新。

记事本 欢迎你123

2 待办 1 已完成 1 进行中

2021Web前端师资培训
2022/01/17-2022/01/21 09:00-16:30
响应式开发技术（HTML5+CSS3+Flex、Bootstrap）

2021Web前端师资培训
2022/01/17-2022/01/21 09:00-16:30
PHP技术与应用(PHP程序设计、Laravel框架)

2022Web前端师资培训
2022/01/17-2022/01/21 09:00-16:30
MySQL数据库基础与应用

2022Web前端师资培训
2022/01/17-2022/01/21 09:00-16:30
Web前后端数据交互技术（AJAX、JSON）

新建记事

图 11-3

单击“新建记事”按钮，弹出的对话框如图 11-4 所示，添加主题和内容后单击“提交”按钮，添加的信息将更新至记事本列表。

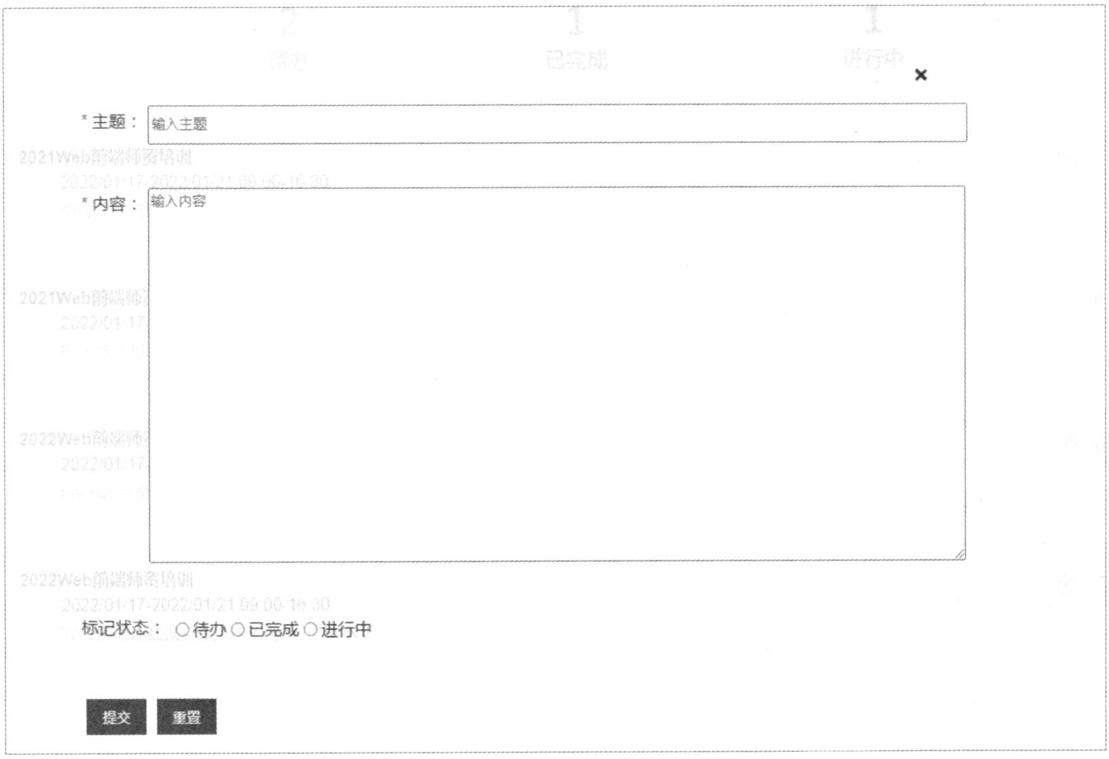

图 11-4

11.3　设计思路

（1）在 HBuilder X 中创建项目 memo_book，项目中的文件如表 11-1 所示。

表 11-1

类　型	文　件	说　明
HTML 文件	index.html	页面文件
CSS 文件	style.css	网页样式文件
JS 文件	vue.js	需要本地引入 Vue
JS 文件	vue-router.js	需要本地引入 vue-router
文件夹	img	存放图片资源

（2）在 index.html 页面文件中引入 style.css、vue.js、vue-router.js 文件。在<script>标签中创建一个 vue-router 实例，一个 Vue 实例，并将 vue-router 挂载在 Vue 上。

（3）编辑登录页组件 login。校验用户在“用户登录”页面输入的内容（都为必填），校验通过后使用 this.$router 跳转页面和传参。

（4）编辑记事本列表页组件 home，记事本页面的结构如图 11-5 所示。

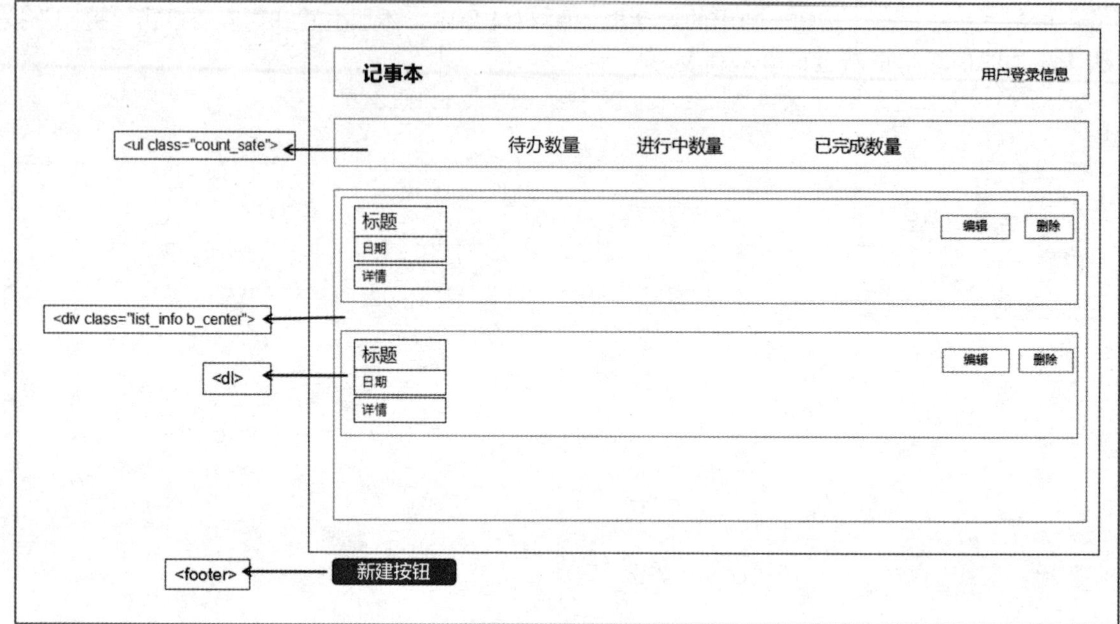

图 11-5

①使用 this.$route 获取路由参数和用户名并在页面显示。

②在 data()方法中添加页面使用的数据，包括分类统计数据（agency、finished、conduct）和列表数据 dataList。

③使用模板语法和列表渲染，显示列表内容。

④在 home 组件中引入并使用 noteInfo 组件。

⑤在组件中绑定 note_data 作为向 noteInfo 子组件传值的关键字，使用 v-on（@）指令监听 submit 事件并调用 fromData()方法。在 methods 中创建 fromData()方法，接收 noteInfo.vue 子组件传过来的参数。

⑥使用计算属性 computed 监听（记事本列表被修改后）页面统计数据的变化。计算属性的本质是一个方法，只不过在使用的时候可以直接当作属性。计算属性有以下特点。

- 计算属性在使用时不需要加()，直接写名称即可。
- 如果计算属性使用了 data()方法中的数据，当 data()方法中的数据发生变化时，就会立即重新计算这个计算属性的值。
- 计算属性在第一次使用时的结果会被缓存起来，直到属性中所依赖的 data()方法中的数据发生改变。

⑦使用 CSS 美化列表样式。

（5）编辑 noteInfo 组件。

①使用 props 属性获取父组件传值。

②在<template>标签中添加页面内容。

③在 methods 属性中添加 handleClose()方法，在单击关闭按钮时调用。

④在 methods 属性中添加 submitForm()方法，在提交表单内容时调用，除了表单内容，还需要添加当前发布日期字段，使用 this.$emit()方法将修改后的值传给父组件。

11.4　实验实施（跟我做）

11.4.1　步骤一：创建项目和文件

在 HBuilder X 中创建一个项目，项目中包含 index.html、vue.js、vue-router.js、style.css 文件和 img 文件夹。目录结构如图 11-6 所示。

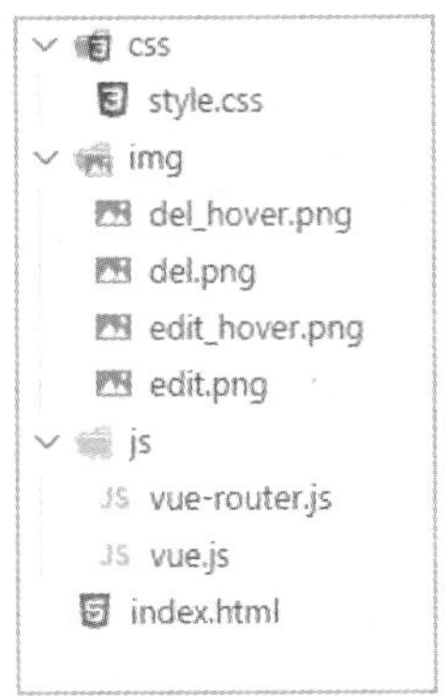

图 11-6

11.4.2　步骤二：配置 Vue 路由规则

在 index.html 页面文件中引入 vue.js、vue-router.js、style.css 文件。在<script>标签中实例化 vue-router 并配置路由规则，path 为路由地址，component 为加载的页面。配置登录页面、记事本页面的路由信息。实例化 Vue 并挂载路由。代码如下：

```
<!DOCTYPE html>
<html>

<head>
    <meta charset="utf-8" />
    <title>记事本</title>
    <link rel="stylesheet" href="css/style.css">
    <!-- 引入 vue 文件 -->
    <script type="text/javascript" src="js/vue.js"></script>
    <!-- 引入 vue router 文件 -->
    <script src="js/vue-router.js"></script>
</head>

<body>
    <div id="app">
        <router-view></router-view>
    </div>
</body>
<script>
    // vue-router 实例化
    const router = new VueRouter({
        routes: [
            {
                path: '/',
                name: 'login',
                component: login,
```

```
            }, {
                path: '/home',
                name: 'home',
                component: home
            }
        ]
    })

    //Vue 实例化
    const vm = new Vue({
        el: '#app',
        router
    })
</script>

</html>
```

11.4.3 步骤三：编辑登录页组件

（1）在 ID 为 login 的<template>标签中编写 HTML 代码，<template>标签写在<body>标签下。代码如下：

```
<template id="login">
    <div class="content">
        <h1> 用户登录</h1>
        <form class="form" @submit="checkForm">
            <div>
                <label>用户名:</label>
                <input type="text" name="username" v-model="username" />
            </div>
            <div>
                <label>密码 :</label>
                <input type="password" name="password" v-model="password" />
            </div>
           <div><input type="submit" value="立即登录" class="submit" /></div>
            <div v-if="errors.length" class="error">
                <span v-for="error in errors">
                    {{error}}
                </span>
            </div>
        </form>
    </div>
</template>
```

（2）在<script>标签中定义 login 组件所需的数据和方法。

①data()方法中存储页面所需数据，此处添加 3 个属性：errors（校验结果显示）、username（用户名）、password（密码）。

②添加 methods 属性，存储需要调用的 checkForm()方法，单击“立即登录”按钮时调用该方法。

③编辑 checkForm()方法，判断输入字段是否非空，如果非空，则跳转至 home 页（记事本页面），将参数设置为用户名。

代码如下：

```
//定义登录组件
    const login = {
        template: '#login',
        data() {
            return {
                errors: [],
                username: null,
                password: null,
            }
        },
        methods: {
            checkForm(e) {
                if (this.username && this.password) {
                    // 命名的路由
                    this.$router.push({ name: 'home', query: { username:
this.username } })
                }
                this.errors = [];
                if (!this.username) {
                    this.errors.push('没有填写用户名!');
                }
                if (!this.password) {
                    this.errors.push('没有填写密码!');
                }
                e.preventDefault();
            }
        }
    };
```

11.4.4　步骤四：编辑记事本列表页组件

（1）在 ID 为 home 的<template>标签中编写 HTML 代码，使用 v-for 指令循环列表数据，使用文本插值{{}}将数据插入页面。代码如下：

```
<template id="home">
        <div class="content" style="width: 100%">
            <div class="heard">
                <ul class="b_center">
                    <li class="brand">记事本</li>
                    <li v-if="!userName">欢迎你{{userName}}</li>
                    <li v-else-if="userName">欢迎你{{userName}}</li>
                </ul>
            </div>
            <ul class="count_sate">
                <li style="color: #f36e9e;">
                    <i>{{count.agency}}</i>
                    <br />
                    <span>待办</span>
                </li>
                <li style="color: #2bad8f;">
                    <i>{{count.conduct}}</i>
                    <br />
                    <span>已完成</span>
                </li>
                <li style="color: #677bbf;">
```

```
                    <i>{{count.finished}}</i>
                    <br />
                    <span>进行中</span>
                </li>
            </ul>
            <div class="list_info b_center">
                <dl v-for="(item, index) in dataList" :key="index">
                    <dt>{{item.note_name}}</dt>
                    <dd>{{item.note_time}}</dd>
                    <dd class="info">{{item.note_info}}</dd>
                    <dd class="tools">
                        <i class="edit" @click="edit(item,index)"></i>
                        <i class="del" @click="del(item)"></i>
                    </dd>
                </dl>
            </div>
            <div class="footer">
                <span @click="openNote()"><i>+</i>新建记事</span>
            </div>
            <note-info :visible.sync="visible" :note_data="note_data"
@submit="submitData"></note-info>
        </div>
    </template>
```

（2）在<script>标签中定义 home 组件所需的数据。

①管理列表临时数据 dataList 采用硬编码方式的数据，每条数据中包含 id、note_name（标题）、note_time（发布时间）、note_info（详细信息）、state（备忘分类）。

②获取登录信息，使用 this.$route 获取登录页面的用户名。

（3）使用计算属性 computed 监听 data()方法中 dataList 的变化，这里使用 ES9 语法中 array.filter()数组过滤当前数组中的 state 属性值。统计“待办”“已完成”“进行中”的数据数量。

（4）引入 noteInfo 组件。代码如下：

```
    // 定义首页组件
    const home = {
        template: '#home',
        components: {
            noteInfo
        },
        data() {
            return {
                userName: this.$route.query.username,
                visible: false,
                dataList: [{
                    id: 0,
                    note_name: "2021Web 前端师资培训",
                    note_time: "2022/01/17-2022/01/21 09:00-16:30",
                    note_info: "响应式开发技术(HTML5+CSS3+Flex、Bootstrap)",
                    state: "待办"
                },
                {
                    id: 1,
                    note_name: "2021Web 前端师资培训",
                    note_time: "2022/01/17-2022/01/21 09:00-16:30",
                    note_info: "PHP 技术与应用(PHP 程序设计、Laravel 框架)",
```

```
                state: "已完成"
            },
            {
                id: 2,
                note_name: "2022Web 前端师资培训",
                note_time: "2022/01/17-2022/01/21 09:00-16:30",
                note_info: "MySQL 数据库基础与应用",
                state: "进行中"
            },
            {
                id: 3,
                note_name: "2022Web 前端师资培训",
                note_time: "2022/01/17-2022/01/21 09:00-16:30",
                note_info: "Web 前后端数据交互技术（AJAX、JSON）",
                state: "待办"
            },
            ],
            note_data: {},
        }
    },
    computed: {
        count() {
            let data = {};
            data.agency = this.dataList.filter((item) => {
                return item.state == '待办'
            }).length;
            data.finished = this.dataList.filter((item) => {
                return item.state == '已完成'
            }).length;
            data.conduct = this.dataList.filter((item) => {
                return item.state == '进行中'
            }).length;
            return data;
        }
    },
    methods: {
        openNote() {                    //新增
            this.note_data = {}         //清空输入框内容
            this.note_data.type = 'add';
            this.visible = true;
        },
        del(val) {                      //删除
            //表示先获取这个元素的下标，然后从这个下标开始计算，删除长度为 1 的元素
            this.dataList.splice(this.dataList.indexOf(val), 1);
        },
        edit(val, inx) {                //编辑
            this.note_data = val;
            this.note_data.type = 'edit';
            this.note_data.id = inx;
            this.visible = true;
        },
        submitData(data) {              //检测更新数据
            if (data.type == 'add') {
                this.dataList.push(data)
```

```
                } else {
                    this.$set(this.dataList, data.id, data);
                }
            }
        }
    };
```

（5）在 style.css 文件中编写 CSS 样式美化登录页面、记事本页面。代码如下：

```
body{
padding: 0;
margin: 0;
background-color: #f1f1f1;
}
#app {
   font-family: 'Avenir', Helvetica, Arial, sans-serif;
   -webkit-font-smoothing: antialiased;
   -moz-osx-font-smoothing: grayscale;
   text-align: center;
   color: #2c3e50;
}

ul li {
   list-style: none;
}

.form div {
   padding: 20px;
}

.form div label {
   text-align: left;
   width: 100px;
   color: #909090;
}

.form div input {
   border: 1px solid #cbcdcf;
   height: 30px;
   line-height: 30px;
}

.form div input.submit {
   padding: 20px;
   background-color: #2559ec;
   color: #fff;
   border: 0;
   line-height: 6px;
}

.error {
   color: #f44336;
}

.heard {
   background: linear-gradient(to bottom right, #e5e1e1, #fff);
   border-bottom: 1px solid #e2e2e2;
}
```

```
.b_center {
    width: 80%;
    margin: auto;
    padding: 20px;
}

.heard ul {
    height: 40px;
    display: flex;
    justify-content: space-between;
    padding: 10px;
    line-height: 40px;
}

.heard ul>li.brand {
    font-size: 20px;
    font-weight: bold;
    color: #2559EC;
}

.count_sate {
    display: flex;
    width: 60%;
    margin: 10px auto;
    justify-content: space-around;
    padding-top: 20px;
}

.count_sate li i {
    font-style: normal;
    font-size: 35px;
    font-weight: 900;
    font-family: system-ui;
}

.count_sate li span {
    font-size: 20px;
    font-weight: bold;
}

.list_info dl {
    padding: 20px;
    background-color: #fff;
    border-radius: 6px;
    margin: 10px;
    text-align: left;
    position: relative;
}

.list_info dl>dt {
    font-size: 16px;
    color: #0655a5;
    font-weight: bold;
    padding: 5px 0px;
}
```

```
.list_info dl>dd.info {
   color: #909090;
   padding: 5px 0px;
}

.list_info dl>dd.tools {
   position: absolute;
   right: 10px;
   bottom: 50%;
   display: flex;
}

.list_info dl>dd.tools i {
   width: 25px;
   height: 25px;
   margin: 5px;
   cursor: pointer;
}

.list_info dl>dd.tools i.del {
   background: url(../img/del.png) no-repeat center center;
   background-size: cover;
}

.list_info dl>dd.tools i.edit {
   background: url(../img/edit.png) no-repeat center center;
   background-size: cover;
}

.list_info dl>dd.tools i.del:hover {
   background: url(../img/del_hover.png) no-repeat center center;
   background-size: cover;
}

.list_info dl>dd.tools i.edit:hover {
   background: url(../img/edit_hover.png) no-repeat center center;
   background-size: cover;
}

.footer {
   display: flex;
   justify-content: space-between;
   position: fixed;
   bottom: 0px;
   width: 80%;
   margin-left: 10%;
   padding: 20px;
}

.footer>span {
   font-size: 16px;
   font-weight: bold;
   background-color: #2559ec;
   padding: 8px 15px;
   color: #fff;
   border-radius: 6px;
}
```

```
.footer>span>i {
    padding: 2px;
    border: 2px solid #fff;
    border-radius: 50%;
    line-height: 9px;
    display: inline-block;
    margin-right: 5px;
    font-weight: bold;
}
```

运行效果如图 11-7 所示。

图 11-7

11.4.5　步骤五：创建新增记事本信息组件

（1）在 ID 为 note-info 的<template>标签中编写 HTML 代码。代码如下：

```
<template id="note-info">
        <div>
            <div class="info_box" v-if="visible">
                <form>
```

```
                        <i @click="handleClose()">×</i>
                        <div>
                            <label><i>*</i>主题：</label>
                            <input v-model="note_data.note_name" placeholder="输入主题" style="width: 80%; line-height: 30px;">
                        </div>
                        <div>
                            <label><i>*</i>内容：</label>
                            <textarea v-model="note_data.note_info" placeholder="输入内容" rows="20px" cols="40px" style="width: 80%;"></textarea>
                        </div>
                        <div class="select"><label>标记状态：</label>
                            <input type="radio" name="class" value="待办" v-model="note_data.state">待办
                            <input type="radio" name="class" value="已完成" v-model="note_data.state">已完成
                            <input type="radio" name="class" value="进行中" v-model="note_data.state">进行中
                        </div>
                        <div class="button">
                            <input type="button" value="提交" @click="submitForm(note_data)" />
                            <input type="reset" value="重置" />
                        </div>
                    </form>
                </div>
            </div>
        </template>
```

（2）在<script>标签中定义 login 组件，组件定义在 home 组件上面。添加 data()方法和 methods 属性、props 属性。

①props 属性用来获取父组件传过来的参数，包含 visible 变量（是否隐藏窗口，数据类型为 Boolean，默认为 false）和 note_data 变量（表单信息）。

②methods 属性包含 handleClose()方法（单击关闭按钮，关闭弹窗）和 submitForm()方法（提交表单信息，校验主题字段为必填字段），使用$emit()方法将子组件修改信息传递给父组件。

代码如下：

```
// 定义记事信息组件
    const noteInfo = {
        template: '#note-info',
        props: {
            visible: {
                type: Boolean,
                default: false
            },
            note_data: {
                type: Object,
            }
        },
        data() {
            return {
                errors: [],
            }
```

```
        },
        methods: {
            handleClose() {
                this.$emit('update:visible', false);      //子组件修改父组件值
            },
            submitForm(e) {
                if (e.note_name && e.note_info) {
                    let myDate = new Date();
                    e.note_time = myDate.toLocaleString();
                    let submitData = e;
                    this.$emit('submit', submitData);
                    this.$emit('update:visible', false); //子组件修改父组件值
                }
                this.errors = [];
                if (!e.note_name) {
                    this.errors.push('主题必须填写!');
                }
                if (!e.note_info) {
                    this.errors.push('内容必须填写! ');
                }

            }
        }
    };
```

（3）在 style.css 文件中继续编写 CSS 样式美化新增弹窗。代码如下：

```
.info_box {
   position: absolute;
   background-color: #ffffffd4;
   height: 100vh;
   width: 100%;
   z-index: 88;
   top: 0;
   display: flex;
   justify-content: center;
   align-items: center;
}

.info_box form {
   width: 70%;
   position: relative;
}

.info_box form>i {
   width: 40px;
   height: 40px;
   position: absolute;
   top: -20px;
   right: 13%;
   font-size: 25px;
   font-weight: bold;
   cursor: pointer;
}

.info_box form>div {
   padding: 20px;
```

```
    width: 100%;
    display: flex;
}

.info_box form>div>label {
    line-height: 30px;
    padding-right: 5px;
}

.info_box form>div>label>i {
    color: red;
    font-size: 16px;
    padding-right: 5px;
}

.button input {
    padding: 8px 15px;
    background-color: #2559EC;
    color: #FFFFFF;
    border: none;
    margin: 5px;
}

.select {
    display: flex;
    height: 40px;
    align-items: center;
}
```

第 12 章 Vue.js：贴吧

12.1 实验目标

（1）掌握使用 Vue CLI 构建前端页面的方法。
（2）掌握安装 Vue.js 前端框架依赖的方法。
（3）掌握使用 Vue.js 的基础语法、组件、路由等构建用户界面的方法。
（4）掌握使用 Element UI 构建前端页面的方法。
（5）掌握根据网站项目特点设计前端组件的方法。
（6）综合应用 Vue.js 设计原则，开发贴吧。

知识地图如图 12-1 所示。

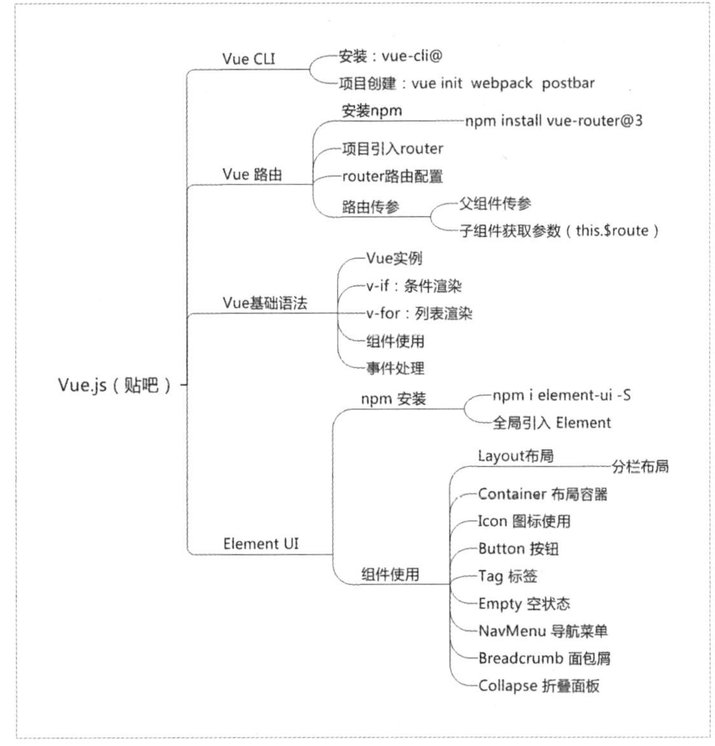

图 12-1

12.2 实验任务

使用 Vue CLI 和 Element UI 创建 postbar 项目。

（1）贴吧首页显示贴吧分类，左侧显示分类导航，右侧显示图文分类列表，如图 12-2 所示。左侧分类导航包含标题和类别（摄影、画画、旅行、饰品、手绘、意境古玩、模型、家居等）。右侧显示图文分类列表，选择分类选项进入帖子列表。

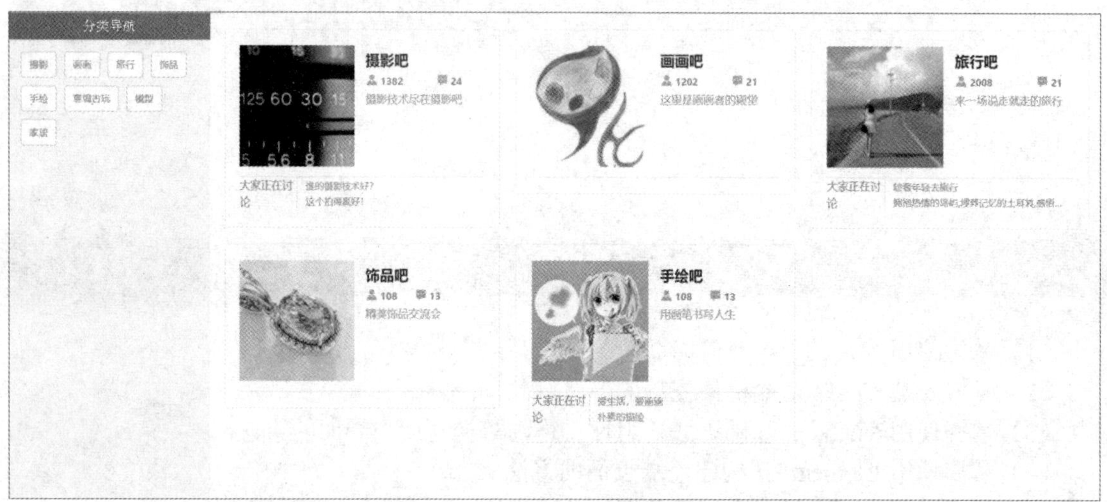

图 12-2

（2）帖子列表分为帖子分类和发帖信息两部分，发帖信息包括浏览数量、分类（精华/置顶、标题、发帖人、发帖时间，如图 12-3 所示。

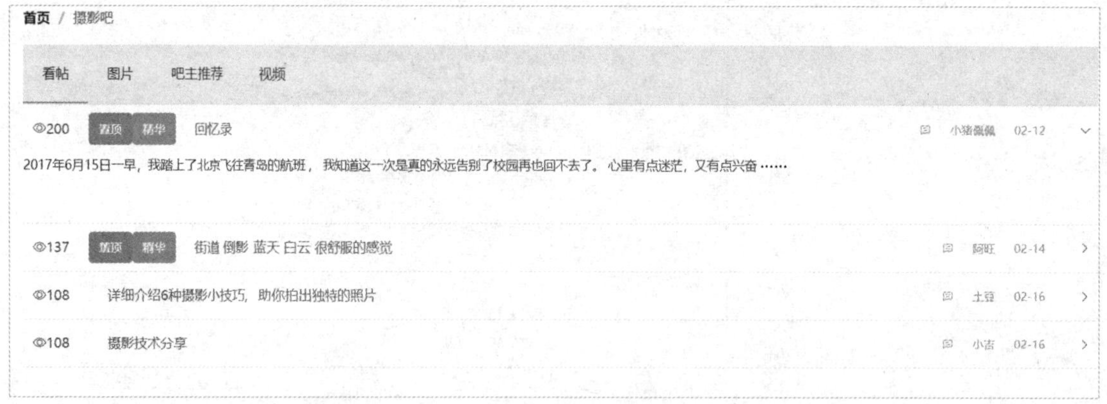

图 12-3

（3）单击发帖信息进入帖子详情页面，在此页面中用户可以进行回复，如图 12-4 所示。

（4）使用 router 实现路由跳转。

（5）使用 Element UI 框架构建页面。

图 12-4

12.3　设计思路

（1）使用 Vue CLI 创建项目 postbar，在项目中创建如表 12-1 所示的文件。

表 12-1

类　型	文　件	说　明
Vue 模板文件	src/components/Home.vue	贴吧分类组件
	src/components/Detail.vue	帖子列表组件
	src/components/Comment.vue	帖子详情组件
路由配置文件	src/router/index.js	路由配置页面
图片文件	src/assets/image/*.jpg	项目图片文件

（2）在 src/router/index.js 文件中配置路由规则。

（3）使用 npm 安装 Element UI。

（4）创建贴吧首页。

①使用 Container 布局容器布局首页，将首页设置为左右结构。

②使用 Layout 布局和 card 组件创建图文分类列表。

③页面内容部分使用 tag 标签组件和图标组件。

（5）创建帖子列表页面。

①使用 Breadcrumb 面包屑创建帖子列表页面顶部导航。

②使用导航菜单组件创建列表头部的分类。

③使用 Collapse 折叠面板创建列表页面。

④单击详情跳转至留言页面，使用路由传参的形式，将列表信息传至子组件。

（6）创建帖子详情页面。

①使用 Breadcrumb 面包屑创建帖子详情页面顶部导航。

②获取父组件路由信息，显示帖子详情内容。

③遍历留言列表，显示留言内容。

④创建留言信息表单，在文本域中输入留言内容，单击“发表”按钮，将留言信息添加到子留言列表中。

12.4 实验实施（跟我做）

12.4.1 步骤一：创建项目和文件

（1）使用 Vue CLI 创建项目 postbar。

①安装 vue-cli 脚手架构建工具。安装命令如下：

```
npm install vue-cli -g
```

提示：在安装脚手架构建工具之前，先执行 vue -V 命令（注意这里是大写的 V），如果能够得到相应版本号（如@vue/cli 5.0.4），则无须重新安装脚手架构建工具。

注意：安装完成之后执行 vue -V 命令，如果显示相应的版本号，则说明安装成功。

②初始化项目。创建命令如下。

@vue/cli 3.0 以下版本创建命令：

```
vue init webpack postbar
```

@vue/cli 3.0 以上版本创建命令：

```
vue create postbar
```

输入命令后，选择[Vue 2]，如图 12-5 所示。

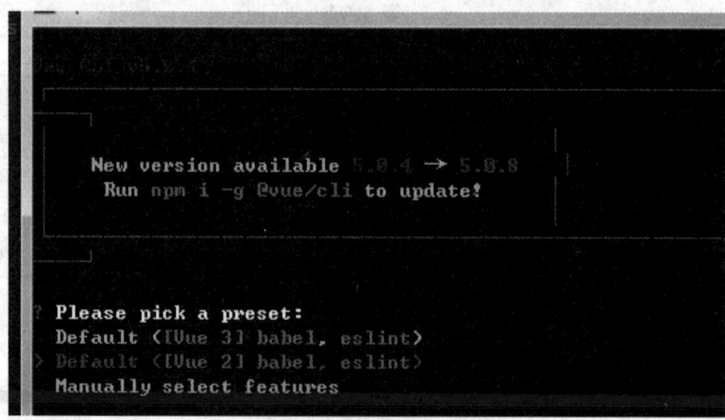

图 12-5

③项目创建成功后，执行 cd postbar 命令访问目录文件，执行 npm run serve 命令（3.0 以下版本创建的文件使用 npm run dev 命令）运行项目文件，如图 12-6 所示。

```
DONE  Compiled successfully in 8324ms

App running at:
- Local:   http://localhost:8080/
- Network: http://192.168.18.172:8080/

Note that the development build is not optimized.
To create a production build, run npm run build.
```

图 12-6

④在浏览器的地址栏中输入“http://localhost:8080”，如图 12-7 所示。

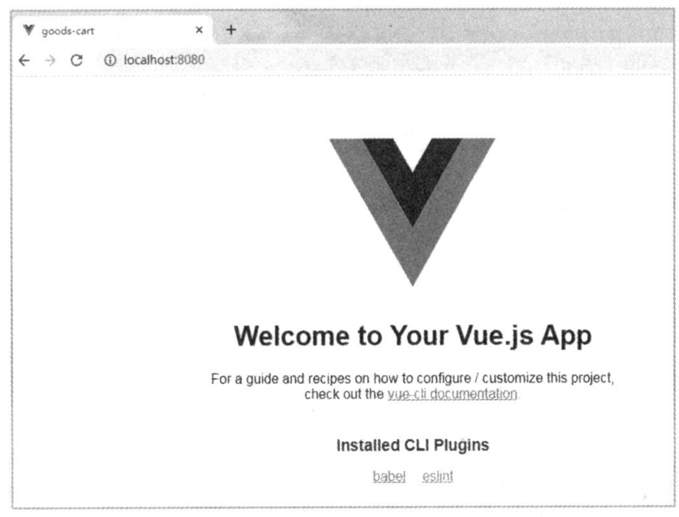

图 12-7

（2）在 src/components 目录下创建文件。

Home.vue：贴吧分类组件。

Detail.vue：帖子列表组件。

Comment.vue：帖子详情组件。

（3）删除 src/components/HelloWorld.vue 组件。

（4）修改 src/App.vue 根组件。

①在 src/App.vue 根组件的<template>标签中删除默认图片<img src="./assets/logo.png">

②删除组件中其他多余的内容。

③设置全局样式。

代码如下：

```
<template>
  <div id="app">
  Hello,vue!
  </div>
</template>
<script>
export default {
  name: 'App',

}
```

```
</script>
<style>
    {
        padding: 0;
        margin: 0;
    }
    img {
        width: 100%;
    }
    ul li {
        list-style: none;
    }
</style>
```

（5）在 src/main.js 文件中阻止启动生产消息。代码如下：

```
/*
 * 阻止启动生产消息（阻止显示生产模式的消息）
 * false 表示关闭在生产模式下给出的提示（在生产环境下请设置为 false）
 */
Vue.config.productionTip = true;
```

（6）在 assets 目录下新建目录 image，在 image 目录中添加页面需要的图片。

（7）目录结构如图 12-8 所示。

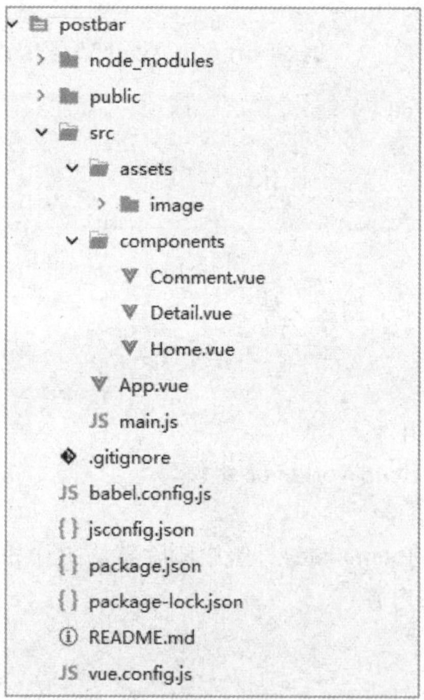

图 12-8

12.4.2 步骤二：安装和配置路由规则

（1）安装路由。根据当前的 Vue 版本，安装合适的 router 版本，使用 npm install vue-router 命令会直接安装最新版本，在 vue-router 后使用@备注版本号。代码如下：

```
npm install vue-router@3
```

（2）配置路由规则。在 src 目录中创建 router 文件夹，在文件夹中创建 index.js 文件。在 index.js 文件中配置路由信息。代码如下：

```
import Vue from 'vue'
import Router from 'vue-router'
import Home from '@/components/Home'
import Detail from '@/components/Detail'
import Comment from '@/components/Comment'

Vue.use(Router)

export default new Router({
  routes: [
    {
      path: '/',
      name: 'Home',
      component: Home
    },{
        path: '/detail',
        name: 'Detail',
        component: Detail
},{
        path: '/comment',
        name: 'Comment',
        component: Comment
    }
  ]
})
```

（3）在 main.js 文件中引入 router 文件，在实例中挂载。代码如下：

```
//代码省略
import router from "./router";

Vue.config.productionTip = true

new Vue({
  router,
  render: h => h(App),
}).$mount('#app')
```

（4）编辑 App.vue 文件，添加<router-view />标签，使用 router-view 组件（路由占位符）实现不同页面组件的切换。代码如下：

```
<template>
  <div id="app">
   <router-view />
  </div>
</template>
```

12.4.3　步骤三：安装和配置 Element UI

（1）使用 npm 安装 Element UI。代码如下：

```
npm i element-ui
```

（2）编辑 main.js 文件，引入完整的 Element UI。代码如下：

```
//代码省略
import ElementUI from 'element-ui';
```

```
import 'element-ui/lib/theme-chalk/index.css';
import App from './App.vue'
Vue.use(ElementUI);
//代码省略
```

12.4.4 步骤四：创建贴吧首页

（1）准备首页左侧分类导航数据和右侧图文分类列表数据。

①在组件实例的 data()方法中将 postBarCollection 定义为分类导航数据。

②在组件实例的 data()方法中将 barList 定义为图文分类列表数据。

注意：动态获取静态图片资源需要使用 require()方法。

打开 Home.vue 文件，编辑代码。代码如下：

```
<script>
    export default {
        name: 'Home',
        data() {
            return {
                postBarCollection: [{
                    id: '001',
                    name: '分类导航',
                    items: ['摄影', '画画', '旅行', '饰品', '手绘', '意境古玩',
'模型', '家居']
                }],
                barList: [{
                    id: '001',
                    name: '摄影吧',
                    image: require('@/assets/image/001.jpg'),
                    viewsNum: 1382,
                    postNum: 24,
                    description: '摄影技术尽在摄影吧',
                    discuss: ['谁的摄影技术好？', '这个拍得真好！']
                }, {
                    id: '002',
                    name: '画画吧',
                    image: require('@/assets/image/002.jpg'),
                    viewsNum: 1202,
                    postNum: 21,
                    description: '这里是画画者的殿堂',
                    discuss: []
                }, {
                    id: '003',
                    name: '旅行吧',
                    image: require('@/assets/image/003.jpg'),
                    viewsNum: 2008,
                    postNum: 21,
                    description: '来一场说走就走的旅行',
                    discuss: ['趁着年轻去旅行', '拥抱热情的岛屿，埋葬记忆的土耳其，感
悟世界上每一片风光', '想到此玩玩']
                }, {
                    id: '004',
                    name: '饰品吧',
                    image: require('@/assets/image/004.jpg'),
```

```
                    viewsNum: 108,
                    postNum: 13,
                    description: '精美饰品交流会',
                    discuss: []
                }, {
                    id: '005',
                    name: '手绘吧',
                    image: require('@/assets/image/005.jpg'),
                    viewsNum: 108,
                    postNum: 13,
                    description: '用画笔书写人生',
                    discuss: ['爱生活，爱画画', '朴素的描绘']
                }]
            }
        },
    }
</script>
```

（2）编辑首页组件。

①使用 Element UI Container 进行布局，将页面设置为左右结构。

②编辑首页左侧分类导航，使用 v-for 指令遍历 postBarCollection 数组渲染页面，导航内容使用 tag 标签组件显示。

代码如下：

```
<template>
    <div>
        <el-container>
            <el-aside width="200px">
                <template v-for="item of postBarCollection">
                   <div :key="item.id" class="postbar_tit">{{item.name}}</div>
                    <div class="postbar_list">
                        <el-tag v-for="(item,index) of item.items"
                        :key="index" effect="plain">
                            {{item}}
                        </el-tag>
                    </div>
                </template>
            </el-aside>
            <el-main>
            </el-main>
        </el-container>
    </div>
</template>
```

③编辑右侧图文分类列表。

图文分类列表使用 Element UI 中 Layout 布局的栅格布局。

图文内容使用 Card 卡片组件显示。

页面跳转使用声明式导航标签<router-link>，将路由参数设置为当前分类名称，跳转至帖子列表页面。

使用 router-link 路由导航方式传参。

父组件：<router-link to="/跳转到的路径/传入的参数"></router-link>。

子组件：this.$route.params.query 接收父组件传递过来的参数。

代码如下：

```
<template>
    <div>
    <el-container>
        <el-aside width="260px">
            <!-- 此处代码省略 -->
        </el-aside>
        <el-main>
            <el-row :gutter="20">
                <el-col :span="8" v-for="(obj,inx) of barList" :key="inx">
                <el-card class="box-card" shadow="hover">
                  <router-link :to="{path:'/Detail',query:{name:obj.name}}">
                  <figure>
                        <span>
                        <img :src="obj.image" class="bar_info_img" />
                        </span>
                        <figcaption>
                        <p><h3>{{obj.name}}</h3>    </p>
                        <p class="bar_info_num">
                        <span><i class="el-icon-s-custom "></i>
                              <b>{{obj.viewsNum}}</b>
                            </span>
                        <span><i class="el-icon-s-comment"></i>
                              <b>{{obj.postNum}}</b>
                            </span>
                        </p>
                        <p class="description">{{obj.description}}</p>
                              </figcaption>
                            </figure>
                  <div class="bar_info_bottom">
                        <div v-if="obj.discuss.length" class="bar_info_
bottom_tit">
                                    大家正在讨论
                              </div>
                        <div class="bar_info_bottom_text">
                        <div v-for="(text,inx1) of obj.discuss.slice(0,2)"
                         :key="inx1" class="discuss_text">
                              {{text}}
                                  </div>
                              </div>
                            </div>
                        </router-link>
                        </el-card>
                  </el-col>
              </el-row>
        </el-main>
      </el-container>
      </div>
  </template>
```

④编辑右侧图文分类列表样式。代码如下：

```
<style scoped>
    .el-aside {
        background-color: #f5f8fa;
        color: #333;
        text-align: center;
        height: 100vh;
        cursor: default;
```

```
}
.postbar_tit {
    background-color: #3385ff;
    color: #fff;
    font-size: 14px;
    line-height: 34px;
}
.postbar_list {
    padding: 10px;
    display: flex;
    flex-flow: row wrap;
    align-content: flex-start;
}
.postbar_list span {
    margin: 5px;
}
.el-col {
    margin-bottom: 20px;
}
figure {
    display: flex;
    margin-bottom: 8px;
}
figure>span {
    margin-right: 15px;
}
figcaption p {
    margin-bottom: 5px;
}
p.bar_info_num {
    display: flex;
    justify-content: space-between;
    color: #f96e02;
    font-size: 12px;
}
p.bar_info_num i {
    color: #8fb6f3;
    font-size: 16px;
}
p.description {
    font-size: 14px;
    color: #9e9e9e;
}
.bar_info_bottom {
    display: flex;
    border-top: 1px solid #e7e7e7;
}
.bar_info_bottom_tit {
    flex: 1;
    display: flex;
    align-items: center;
    border-right: 1px solid #e7e7e7;
    color: #888;
    font-size: 14px;
    line-height: 1.5;
}
.bar_info_bottom_text {
```

```
            flex: 3;
            box-sizing: border-box;
            display: flex;
            flex-direction: column;
            justify-content: center;
            align-items: stretch;
            padding: 0px 10px;
            overflow: hidden;
        }
        .discuss_text {
            overflow: hidden;
            text-overflow: ellipsis;
            white-space: nowrap;
            color: #999;
            font-size: 12px;
            cursor: pointer;
            line-height: 1.6;
        }
    </style>
```

运行效果如图 12-9 所示。

图 12-9

12.4.5　步骤五：创建帖子列表页面

（1）准备帖子列表页面的数据。

①在组件实例的 data()方法中将 postList 定义为分类数据。

②在组件实例的 data()方法中将 classList 定义为帖子列表数据。

在 Detail.vue 文件中编辑页面代码。代码如下：

```
<script>
    export default {
        name: 'Detail',
        data() {
            return {
                classList:[
                {id:"1",name:"看帖"},
                {id:"2",name:"图片"},
                {id:"3",name:"吧主推荐"} ,
```

```
                    {id:"4",name:"视频"},
                    ],
                    postList: [
                        {
                        top: true,
                        digest: true,
                        title: '回忆录',
                        description: '2017年6月15日一早，我踏上了北京飞往青岛的航班，
我知道这一次是真的永远告别了校园再也回不去了。 心里有点迷茫，又有点兴奋……',
                        writer: '小猪佩佩',
                        time: '02-12',
                        view: '200'
                    }, {
                        top: true,
                        digest: true,
                        title: '街道 倒影 蓝天 白云 很舒服的感觉',
                        description: '遗世独立的绝美风光，沿途壮美的风景堪称世界级的景观
长廊，这里无处不在的美景，期待着你的双眼去发现，等待着你的双脚去丈量！',
                        writer: '阿旺',
                        time: '02-14',
                        view: '137'
                    }, {
                        top: false,
                        digest: false,
                        title: '详细介绍6种摄影小技巧，助你拍出独特的照片',
                        description: '数码摄影的伟大之处在于一旦你进入Photoshop，你就
有很大的创造力空间。',
                        writer: '土豆',
                        time: '02-16',
                        view: '108'
                    }, {
                        top: false,
                        digest: false,
                        title: '摄影技术分享',
                        description: '摇拍是一种拍摄移动中被摄体的技法。其特点是把摄影重
点放在了静态的部分，以摇动镜头的方式跟随被摄体，表现其速度感。',
                        writer: '小吉',
                        time: '02-16',
                        view: '108'
                    }]
                }
            },
        }
    </script>
```

（2）在Detail.vue文件中编辑帖子列表页面的内容。

①使用Breadcrumb面包屑导航显示当前页面的分类名称（获取当前路由参数）和返回首页的链接。

②使用导航菜单组件创建列表头部的分类，设置背景颜色和链接字体，使用v-for指令遍历导航分类数组。

③使用Collapse折叠面板，使用v-for指令遍历postList数组，显示列表内容。

④单击列表详情，跳转至帖子详情页面，使用路由传参将当前数据信息作为参数。

代码如下：

```
<template>
    <div class="post_list">
        <el-breadcrumb separator="/" class="breadcrumb">
          <el-breadcrumb-item :to="{ path: '/' }">首页</el-breadcrumb-item>
        <el-breadcrumb-item>{{this.$route.query.name}}</el-breadcrumb-item>
        </el-breadcrumb>
        <el-menu default-active="1" class="el-menu-demo"
mode="horizontal" background-color="#eaeef2" text-color="#333">
        <el-menu-item v-for="(item,index) of classList" :key="index" :index=
"item.id" >
          {{item.name}} </el-menu-item>
        </el-menu>
        <div>
            <el-collapse v-model="activeNames" @change="handleChange">
                <el-collapse-item  v-for="(obj,inx)
                of postList" :key="inx"  :name="inx" >
                    <template slot="title">
                        <div class="post_title">
                            <ul class="post_tit">
                        <li>
                    <i class="el-icon-view"></i>
                    <span>{{obj.view}}</span>
                        </li>
                        <li>
                   <el-tag v-if="obj.top"  effect="dark"  >置顶</el-tag>
                   <el-tag v-if="obj.digest"  effect="dark" type="danger">
精华</el-tag>
                        </li>
                   <li> {{obj.title}}</li>
                        </ul>
                    <ul class="post_tit post_writer">
                        <i class="el-icon-chat-line-square"></i></li>
                            <li><span>{{obj.writer}}</span></li>
                             <li><span>{{obj.time}}</span> </li>
                            </ul>
                        </div>
                      </template>
                   <div>
                      <router-link :to="{path:'/comment',query:{writer:obj.
writer,time:obj.time,description:obj.description}}">{{obj.description}}</route
r-link>
                   </div>
                   </el-collapse-item>
               </el-collapse>
        </div>
    </div>
</template>
```

（3）编辑 Detail.vue 页面样式。

在<style>标签中编辑页面样式。代码如下：

```
<style scoped>
.post_list {
    width: 80%;
    margin: 0 auto;
}
```

```
.breadcrumb{
    padding: 20px 0px;
}
.post_title{
    width: 96%;
    display: flex;
    align-items: center;
    justify-content: space-between;
}
.post_tit {
    display: flex;
    align-items: center;
    font-size: 14px;
    line-height: 30px;
    color: #2d64b3;
}
.post_tit li{
    display: flex;
    margin: 0px 10px;
    align-items: center;
}
.post_tit li:nth-child(3){
    white-space: nowrap;
    overflow: hidden;
    text-overflow: ellipsis;
}
.post_writer {
    color: #999;
    font-size: 12px;
}
</style>
```

运行效果如图 12-10 所示。

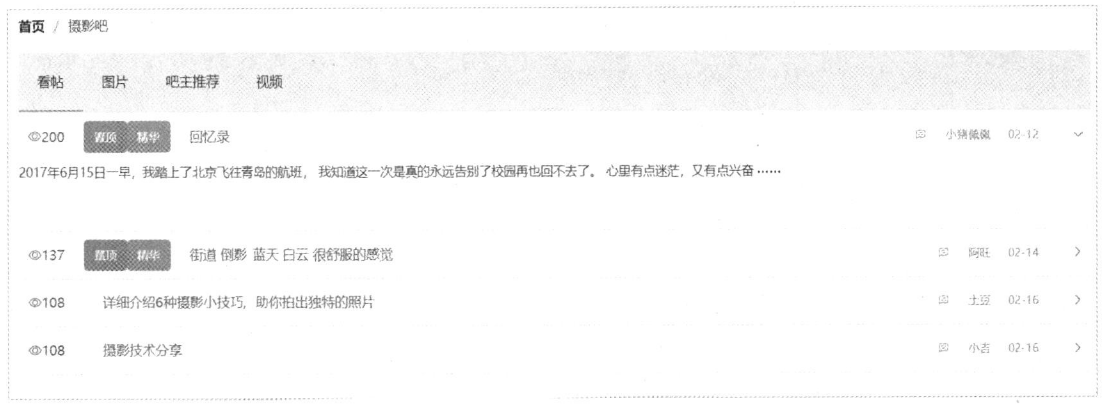

图 12-10

12.4.6 步骤六：创建帖子详情页面

（1）准备帖子详情页面的数据。

①在组件实例的 data()方法中将 commentList 定义为留言板数据。

②在组件实例的 data()方法中将 reply 定义为留言信息。

③在组件实例的 data()方法中将 userName 定义默认为“小明”。

代码如下：

```
<script>
    export default {
        name: 'Comment',
        data() {
            return {
                commentList: [],
                reply: '',
                userName:"小明"
            }
        },
    }
</script>
```

（2）编辑帖子详情页面的内容。

①使用 Breadcrumb 面包屑导航显示首页链接和返回链接。代码如下：

```
<template>
    <div>
        <div class="comment_list">
            <el-breadcrumb separator="/" class="breadcrumb">
              <el-breadcrumb-item :to="{ path: '/' }">首页</el-breadcrumb-item>
              <el-breadcrumb-item >
                <span @click="$router.back(-1)">返回</span>
              </el-breadcrumb-item>
            </el-breadcrumb>
    </div>
</template>
```

②使用 this.$route 获取路由参数信息，显示当前帖子详情。代码如下：

```
<template>
    <div>
        <div class="comment_list">
                <!-- 面包屑内容代码省略 -->
                <div class="comment_item">
                <div class="comment_item_top">
                    <div>
                        <span>用户名</span>
                        <span>{{this.$route.query.writer}}</span>
                    </div>
                    <div>
                        <span>时间：</span>
                        <span>{{this.$route.query.time}}</span>
                    </div>
                    <div>
                        <span>楼层：</span>
                        <span>1 楼</span>
                    </div>
                </div>
                <div class="comment_item_main">
                    {{this.$route.query.description}}
                </div>
            </div>
    </div>
</template>
```

③编辑留言列表内容，遍历 commentList 数组，显示留言信息。使用 v-if 指令判断 commentList 数组是否为空，如果不为空，则显示留言信息。如果为空，则使用 Empty 空状态，显示列表为空。代码如下：

```
<template>
    <div>
        <div class="comment_list">
                <!-- 面包屑内容代码省略 -->
               <!-- 详情代码省略 -->
        <div v-for="(item,index) of commentList" class="comment_item">
                 <div class="comment_item_top">
                     <div>
                         <span>用户名：</span>
                         <span>{{item.name}}</span>
                     </div>
                     <div>
                         <span>时间：</span>
                         <span>{{item.time}}</span>
                     </div>
                     <div>
                         <span>楼层：</span>
                         <span>{{index+2}}楼</span>
                     </div>
                </div>
                <div class="comment_item_main">{{item.reply}}</div>
            </div>
     <el-empty v-if="commentList.length==0" description="暂无回复"></el-empty>
</div>
</template>
```

④编辑留言区域，在文本输入域中使用 v-model 指令监听文本输入域的输入值，使用 reply 获取。使用@为按钮绑定单击事件，在单击时调用 toReply()方法。代码如下：

```
<div class="reply_box">
    <div class="reply_tit">发表回复</div>
    <textarea v-model="reply" class="reply_input"></textarea>
    <el-button type="primary" @click="toReply">发表</el-button>
</div>
```

⑤在组件实例 methods 对象中创建 toReply()方法，单击“发表”按钮时调用。获取当前输入信息 this.reply，使用 Data()获取当前日期，单击“提交”按钮，将相关内容添加至 commentList 数组中。代码如下：

```
methods: {
    toReply() {
        let reply = this.reply;
        if (reply != '') {
            let today = new Date();
            let dd = String(today.getDate()).padStart(2, '0');
            let mm = String(today.getMonth() + 1).padStart(2, '0');
            today = mm + '-' + dd
            let comment = {
                name: this.userName,
                time: today,
                reply
            };
```

```
            this.commentList.push(comment);
            this.reply = '';
        };
    }
}
```

（3）在<style>标签中编辑页面样式。代码如下：

```
<style>
.comment_list {
    width: 960px;
    margin: 0 auto;
    padding-bottom: 332px;
}

.comment_item {
    box-sizing: border-box;
    padding: 20px 20px;
    font-size: 15px;
    color: #333;
    line-height: 1.5;
    border-bottom: 1px solid #999;
    cursor: pointer;
}

.comment_item:hover {
    background-color: #ededed;
}

.comment_item_top {
    display: flex;
    color: #2d64b3;
}

.comment_item_top>div {
    flex: 1;
}

.comment_item_main {
    margin-top: 20px;
}

.reply_box {
    position: fixed;
    left: 50%;
    bottom: 0;
    transform: translateX(-50%);
    box-sizing: border-box;
    width: 960px;
    padding: 20px 20px;
    background-color: #f2f2f2;
}

.reply_tit {
    font-weight: bold;
    color: #000;
    font-size: 16px;
    line-height: 2;
```

```
    }

    .reply_input {
        box-sizing: border-box;
        display: block;
        width: 720px;
        height: 220px;
        margin: 0 auto;
        padding: 10px;
        border: 1px solid #ccc;
        line-height: 1.5;
        font-size: 14px;
        outline: none;
        resize: none;
    }

    .reply_input:focus {
        border-color: #4d8ae6;
    }
</style>
```

运行效果如图 12-11 所示。

图 12-11

在输入框中输入文字，单击“发表”按钮，效果如图 12-12 所示。

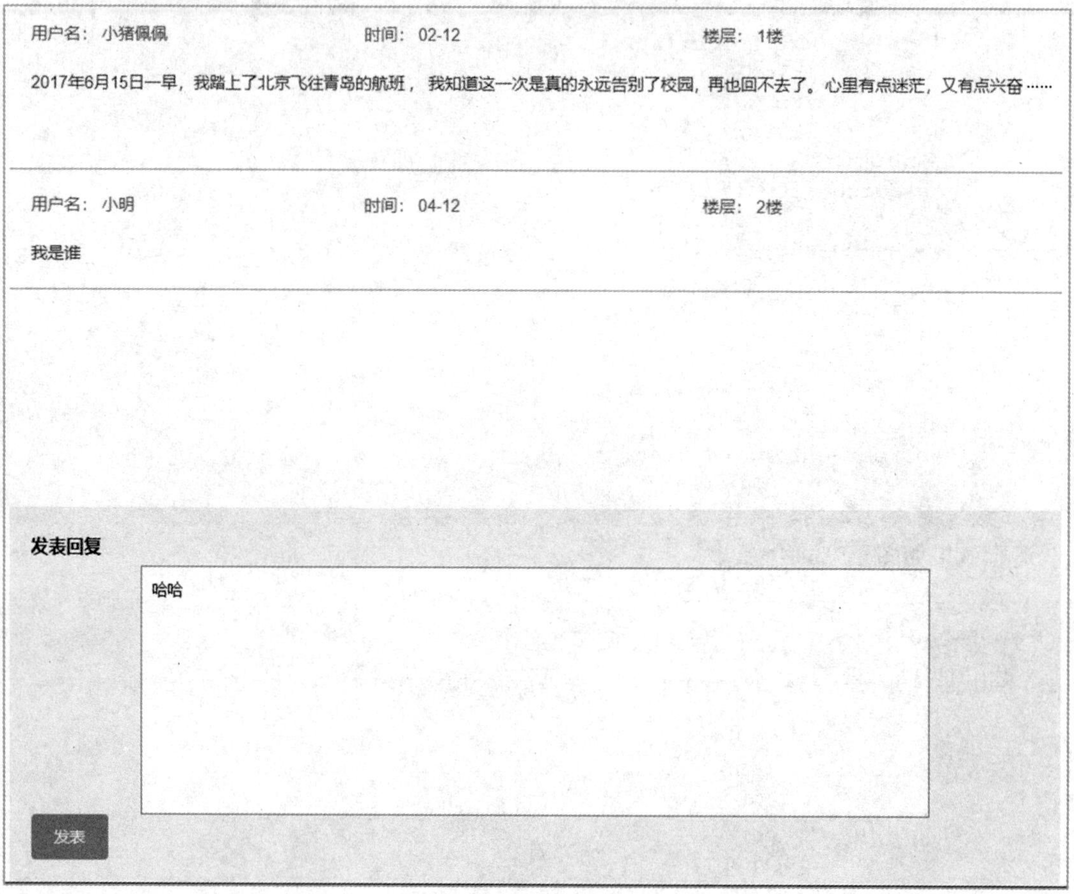

用户名：小猪佩佩 时间：02-12 楼层：1楼

2017年6月15日一早，我踏上了北京飞往青岛的航班，我知道这一次是真的永远告别了校园，再也回不去了。心里有点迷茫，又有点兴奋……

用户名：小明 时间：04-12 楼层：2楼

我是谁

发表回复

哈哈

发表

图 12-12

第 13 章 Vue.js：社区团购网

13.1 实验目标

（1）掌握使用 Vue CLI 构建前端页面的方法。
（2）掌握安装 Vue.js 前端框架依赖的方法。
（3）掌握使用 Vue.js 的基础语法、组件、路由等构建用户界面的方法。
（4）掌握使用 Vuex 管理用户状态的方法。
（5）掌握根据网站项目特点设计前端组件的方法。
（6）掌握 ES9 语法中的 let 变量声明、数组处理。
（7）综合应用 Vue.js 设计原则，开发社区团购网。

知识地图如图 13-1 所示。

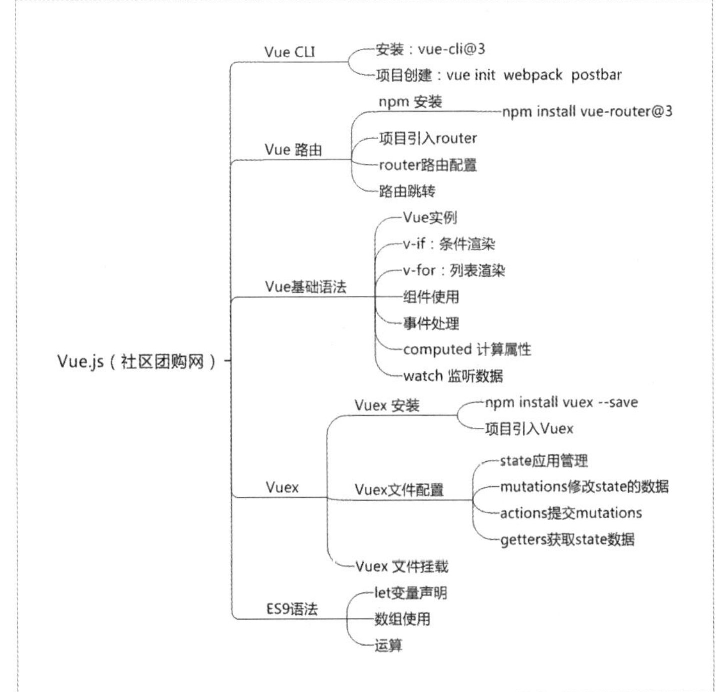

图 13-1

13.2 实验任务

（1）创建项目 good-cart。

（2）社区团购网首页显示页头、团购分类、热门团购商品。

①页头左侧显示网站名称，右侧显示购物车图标。单击右侧的购物车图标进入购物车页面，购物车图标右上角显示购物车中商品的总数量。

②团购分类显示商品分类导航。

③“热门团购”列表显示商品图片、商品单价、商品数量。单击商品右下角“+”按钮将商品添加至购物车，单击“-”按钮将购物车中商品的数量减一。“+”和“-”按钮之间的数字表示该商品在购物车中的数量，商品在购物车中的数量同步更新。如图 13-2 所示。

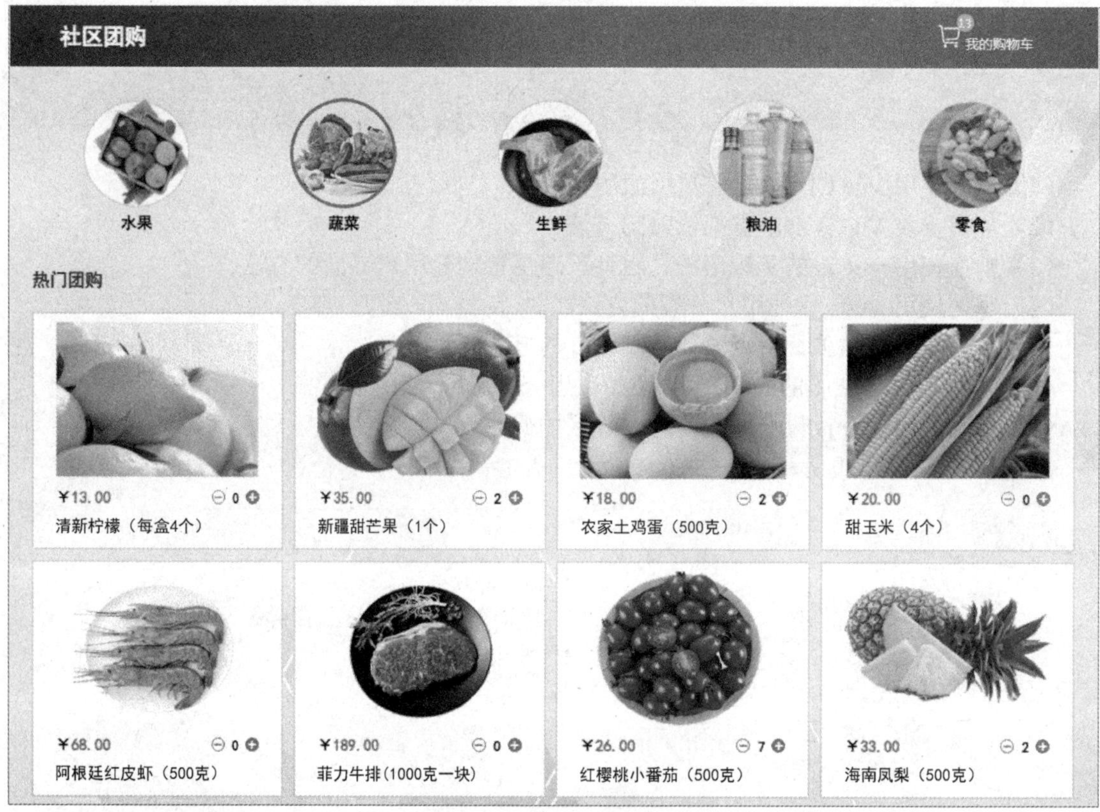

图 13-2

（3）购物车页面显示商品结算清单，如图 13-3 所示。

①单击“+”按钮增加商品数量，单击“-”按钮减少商品数量，同时更新商品总价、购物车合计、商品总数量。

②单击“删除”按钮，删除当前选择的商品。

③单击“继续添加”按钮，回到社区团购网首页继续添加商品。

（4）使用 Vue 的 router 实现路由跳转。

（5）使用 Vue 状态管理组件 Vuex 管理商品数据。

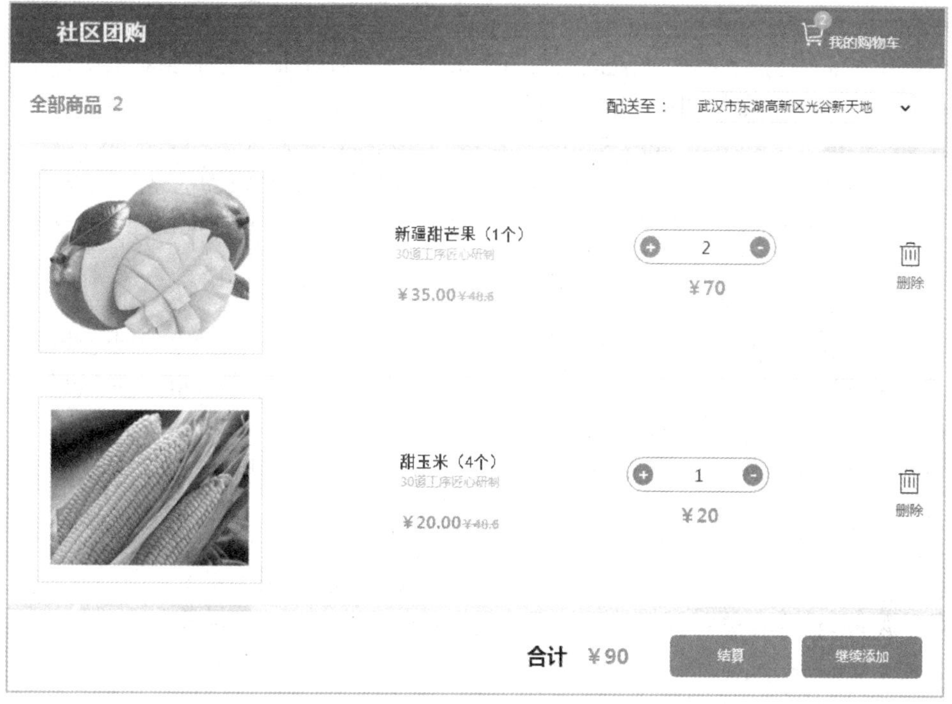

图 13-3

13.3 设计思路

（1）使用 Vue CLI 创建项目 goods-cart，在项目中创建如表 13-1 所示的文件。

表 13-1

类　型	文　件	说　明
Vue 模板文件	src/components/Cart.vue	购物车页面组件
	src/components/Index.vue	社区团购网首页组件
	src/components/Header.vue	公共页头组件
CSS 样式文件	src/assets/common.css	公共样式文件
	src/assets/heard.css	头部样式文件
	src/assets/index.css	首页样式文件
图片文件	static/img/*.png	社区团购网所需的图片文件
JS 文件	src/store/index.js	Vuex 数据管理文件
JS 文件	src/router/index.js	路由配置文件

（2）Vuex 是一个专门为 Vue.js 应用程序开发的状态管理模式，Vuex 解决了组件之间同一状态的共享问题。

①使用 npm 安装 Vuex。

②在 src 目录下新建一个名为 store 的目录，在 store 目录下新建 index.js 文件。

③在 src/store/index.js 文件中导入 Vue 和 Vuex 资源。

④Vuex 的核心概念有 state、mutations、actions、getters。其中，state 用于存储数据；mutations 里面是方法，主要用于改变 state 中的数据；actions 使用 context.commit()方法将要修改的数据

提交到 mutations；getters 获取 state 中的数据。

⑤实例化 Vuex.Store 对象，将 state、getters、mutations 和 actions 注册到对象中，通过 export default 命令暴露 Vuex.Store 对象。

⑥在 src/main.js 文件中将 Vuex.Store 对象注册到 Vue 实例中。

（3）在 src/router/index.js 文件中配置社区团购网首页和购物车页面的路由规则。

（4）创建 common.css 文件，编辑页面公共样式，在 main.js 文件中使用 import 导入全局样式。

（5）创建社区团购网首页。

① 构建页头组件 Header.vue。将页头组件设置为公共组件（购物车部分也会用到）。

使用计算属性 computed，创建 getTotalLength()方法，返回购物车数组长度（也就是当前购物车中商品的数量），使用{{}}渲染至页面中。

在<style>标签中编辑页头样式文件。

② 构建社区团购网首页组件 Index.vue。

在 Vue 实例对象的 data()方法中创建数据，定义 goodsList 为商品数据，cateList 为分类数据，caData 为购物车数据（使用 this.$store.getters.getState.cartData 获取）。

在<template>标签中编写首页内容，使用 v-for 指令遍历 cateList 分类数据和 goodsList 商品数据。使用 v-bind 指令绑定商品和分类图片，为商品右下角的“+”按钮绑定 cartAdd()方法，“-”按钮绑定 cartReduce()方法。

在<style>标签中编辑首页样式文件。

在 Vue 实例对象中创建 methods 对象，在 methods 对象内创建 cartAdd()方法，将参数设置为 item（当前商品数据）。设置 item.count（商品数量加 1），判断当前购物车中是否存在该商品，如果不存在，则将该商品添加到购物车数组 caData。

在 methods 对象中创建 cartReduce()方法，将参数设置为 item（当前商品数据），判断当前商品数量是否等于 1，如果等于 1，则将商品数量设置为 0 并获取当前商品的索引值，使用 splice()方法删除购物车 caData 数组中该商品的数据。如果商品数量大于 1，则商品数量递减。

使用 watch 监听购物车数据，当购物车数据发生变化时，将购物车数据保存到 setStateData()方法中。

（6）构建购物车页面组件 Cart.vue。

在 Vue 实例对象的 data()方法中创建数据，定义 addresses 为配送地址数据，caData 为购物车数据（使用 this.$store.getters.getState.cartData 获取）。

在<template>标签中编写购物车页面的内容，使用 v-for 指令遍历购物车数据和配送地址数据。

在<style>标签中编辑购物车样式文件。

使用计算属性 computed，在 computed 中创建 getTotal()方法，其返回值为商品总数量和商品总价。获取购物车数据，遍历数组，获取所有商品的单价和数量，通过累加计算得到商品总数量。使用.length 获取数组的长度，得到商品总数量。使用{{}}获取 getTotal()方法中的值并渲染到页面中。

在 mthods 对象中创建 numAdd()方法，将参数设置为当前商品所在数组的索引值，在单击“+”按钮时调用。使用索引访问当前数组，获取当前商品的数量，每调用一次，当前商品的数量加 1。

在 mthods 对象中创建 numReduce()方法，将参数设置为当前商品所在数组的索引值，在单击“-”按钮时调用。使用索引访问当前数组，获取当前商品的数量，如果当前商品的数量大于

1，则当前商品的数量减 1；如果当前商品的数量等于 1，则将商品的数量设置为 0，并使用 splice()方法删除该商品。

在 mthods 对象中创建 del()方法，将参数设置为当前商品所在数组的索引值，使用 splice()方法删除指定数据。

13.4　实验实施（跟我做）

13.4.1　步骤一：创建项目和文件

（1）使用 Vue CLI 创建项目 goods-cart，创建步骤参考第 12 章。

（2）在 src/components 目录中创建以下文件。

Header.vue：公共页头组件。

Index.vue：社区团购网首页组件。

Cart.vue：购物车页面组件。

（3）在 src/main.js 文件中阻止启动生产消息。代码如下：

```
/*
 * 阻止启动生产消息（阻止显示生产模式的消息）
 * false 表示关闭在生产模式下给出的提示（在生产环境下请设置为 false）
 */
Vue.config.productionTip = true;
```

（4）修改 src/App.vue 根组件。

①在 src/App.vue 根组件的<template>标签中删除默认图片<img src="./assets/logo.png">。

②删除组件中其他多余的内容。

代码如下：

```
<template>
  <div id="app">
  Hello,vue!
  </div>
</template>
<script>
export default {
  name: 'App',
}
</script>
```

（5）在 assets 文件夹中创建 css 目录，创建 common.css 公共样式文件。common.css 文件中的代码如下：

```
*{
     padding: 0;
     margin: 0;
}
body{
     font-family: "微软雅黑";
     background: url(/static/img/body_bg.png) no-repeat center center;
     background-size: cover;
     height: 100vh;
}
ul li{
```

```
    list-style: none;
}
a{text-decoration: none;}
img{
    width: 100%;
}
```

（6）在 main.js 文件中配置公共样式文件，并挂载到组件实例中。代码如下：

```
import Vue from 'vue'
import App from './App.vue'
import Style from "./assets/css/common.css"
Vue.config.productionTip = true

new Vue({
  Style,
  render: h => h(App),
}).$mount('#app')
```

（7）创建 static 目录，在 static 目录下新建 img 目录，在 img 目录中添加图片素材，包括 5 张分类图片、1 张页面背景图片、1 张页头背景图片、8 张商品图片、3 张商品列表图片、2 张图标图片（包括购物车图标和删除图标）。

注意：如果在运行过程中出现 ESLint 语法错误，请修改 vue.config.js 文件，添加关闭提示代码：

```
lintOnSave: false,
```

目录结构如图 13-4 所示。

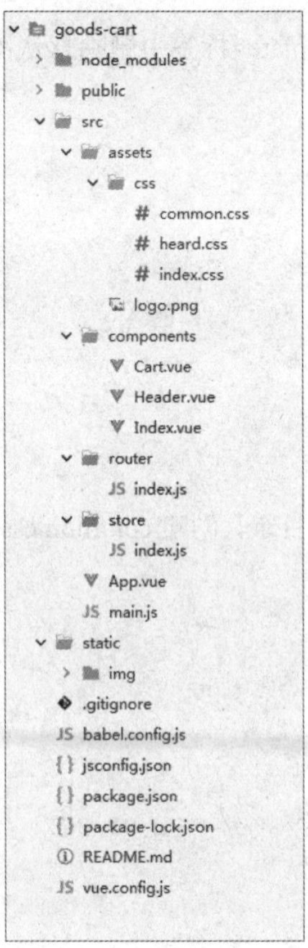

图 13-4

13.4.2　步骤二：安装和配置路由规则

（1）安装路由。根据当前 Vue 的版本，安装合适的 router 版本，使用 npm install vue-router 命令会直接安装最新版本，在 vue-router 后使用@备注版本号。代码如下：

```
npm install vue-router@3
```

（2）配置路由规则。在 src 目录中创建 router 目录，在目录中创建 index.js 文件。在 index.js 文件中配置社区团购网首页和购物车页面的路由信息。代码如下：

```
import Router from "vue-router";
import Index from '@/components/Index'
import Cart from '@/components/Cart'
Vue.use(Router);

export default new Router({
    routes: [
        {
            path: '/',
            redirect: '/home'
        },
        {
            path: '/home',
            name: 'Index',
            component: Index
        },
        {
            path: '/cart',
            name: 'Cart',
            component: Cart
        }
    ]
})
```

（3）在 main.js 文件中引入 router 文件，在实例中挂载。代码如下：

```
//代码省略
import router from "./router";

Vue.config.productionTip = true

new Vue({
Style,
router,
  render: h => h(App),
}).$mount('#app')
```

（4）编辑 App.vue 文件，添加<router-view />标签，使用 router-view 组件实现不同页面组件的切换。代码如下：

```
<template>
  <div id="app">
    <Header></Header>
    <router-view />
  </div>
</template>
```

13.4.3 步骤三：安装 Vuex 并配置 Store

（1）在 goods-cart 项目中使用 npm 安装 Vuex。

先使用 npm view vuex versions --json 命令检查 Vuex 的版本，然后找到并使用合适的版本。

例如使用 npm install vuex@3.6.2 --save 命令安装 Vuex。

（2）在 src 目录下新建 store 目录。

①在 store 目录下新建 index.js 文件，在文件中编写 Vuex 的配置信息。

②使用 import 导入 Vue 和 Vuex 资源。

③使用 Vue.use()方法将 Vuex 安装到 Vue 中。

④Store 配置结构为：在 state 对象中存放状态管理数据。在 mutations 中存放修改 state 对象内数据的方法，这些方法不能被直接访问，需要借助 actions 中的方法，使用 context.commit()方法将要修改的数据提交到 mutations 中的方法。在 getter 中存放获取 state 对象内数据的方法，使用 export default new Vuex.Store 命令将 Store 配置信息实例化并导出。

代码如下：

```
import Vue from 'vue'
import Vuex from 'vuex'

//将 Vuex 挂载到 Vue 实例
Vue.use(Vuex);

/*
 * 存储状态，也就是变量
 * 这里是全局参数
 */
const state = {cartData: []}
/*
 * 提交状态修改，不支持异步处理
 * 这里是 set 方法，比如对该数据的修改、添加、删除等
 * 组件调用 this.$store.commit('SET_NAME','zhangsan')挂载方法
 */
const mutations = {
    //方法名称建议使用大写
SETSTATEDATA(state, data) {state.cartData = data; }
}
/*
 * 支持异步处理
 * 组件使用 this.$store.dispatch('setStateData', this.data)
 */
const actions = {
setStateData(context, data) {context.commit('SETSTATEDATA', data); }
};
/*
 * 派生状态
 * 这里是 get()方法
 * getters: 当前 getters 对象（可以对对象进行二次更改）
 * 可以使用 getters 下的其他 getter
 * 组件使用 this.$store.getters.getState.cartData
 */
```

```
const getters = {
getState(state) { return state; }
}
export default new Vuex.Store({ state, mutations, actions, getters });
```

（3）在 src/main.js 文件中将 Vuex 的配置文件添加 Vue 的实例中。

①使用 import 导入 Vuex 的 Store 配置文件。

②将导入的文件添加到 new Vue()中。

代码如下：

```
// 导入 Vuex
import store from './store'

new Vue({
  Style,
  router,
  store,
  render: h => h(App),
}).$mount('#app')
```

13.4.4　步骤四：创建页头组件

（1）在 Header.vue 组件中使用 HTML5 和 CSS3 布局页头。

①使用<header>标签创建头部内容。

②使用<ul><li>无序列表编写左右两部分，左侧为网页标题，右侧为购物车图标。

③使用<router-link>标签，设置单击购物车图标跳转（单击购物车图标跳转至购物车页面）。

代码如下：

```
<template>
    <!--页头-->
    <header >
        <ul>
            <li>社区团购</li>
            <li>
                <router-link to="/cart">
                    <span class="cart_tip">0</span>
                    <img src="static/img/cart.png" alt="我的购物车"/> 我的购物车
                </router-link>
            </li>
        </ul>
    </header>
</template>
```

（2）打开 heard.css 样式文件，编写 CSS 样式来美化页头组件。代码如下：

```
<style>
/*页头内的内容*/
header{
    margin: auto;
    width: 70%;
    background: url(../../../static/img/head_bg.png) no-repeat;
    background-size: cover;
}
/*页头内的 ul*/
```

```
header>ul{
    height: 60px;
    padding: 0 5%;
    display: flex;
    flex-wrap: nowrap;
    justify-content: space-between;
    align-items: center;
}
/*页头内的超链接颜色*/
header>ul li a{
    color: #FFFFFF;
}/*页头内 ul 的第一个 li 超链接*/
header>ul li:first-child a{
    font-family: "黑体";
    font-weight: 900;
    font-size: 22px;
}
/*页头内 ul 的最后一个 li 的 a 标签*/
header>ul li:last-child{
    position: relative;
}
header>ul li:last-child a{
    font-size: 14px;
    color: #FFFFFF;
}
/*页头内 ul 的最后一个 li 的<img>标签*/
header>ul  li:last-child img{
    width: 25px;
    height: 25px;
}
/*页头购物车图标上的商品总数量*/
header>ul li .cart_tip{
    width: 18px;
    height: 18px;
    text-align: center;
    border-radius: 50%;
    background-color: #D7B046;/*深橘黄色*/
    font-size: 6px;
    position: absolute;
    left: 14px;
    top: -10px;
}
</style>
```

（3）在组件实例中使用计算属性 computed，创建 getTotalLength()方法，其返回值为当前购物车中商品的数量。computed 的每一个计算属性都会被缓存起来，只要计算属性所依赖的属性发生变化，计算属性就会重新求值，视图也会更新。代码如下：

```
<script>
    export default {
        name: 'Header',
        computed: {
            getTotalLength () {
                if(this.$store.getters.getState.cartData){
                    return this.$store.getters.getState.cartData.length;
                }else{
```

```
                return 0;
            }

        },
    },
}
</script>
```

（4）在<template>页面代码中使用{{}}获取 getTotalLength()方法的返回值。代码如下：

```
//代码省略
<span class="cart_tip">{{ getTotalLength }}</span>
//代码省略
```

13.4.5　步骤五：引入页头组件

（1）在 App.vue 中引入组件。

编辑 App.vue 文件，使用 import 导入 Header.vue 组件。在 components 选项上注册组件。

要使用一个子组件，我们需要在父组件中导入它。假设我们把页头组件放在了 App.vue 的文件中，这个组件将会以默认导出的形式暴露给外部。

如果需要将导入的组件暴露给模板，我们需要在 components 选项上注册它。这个组件将会以其注册时的名字作为模板中的标签名。

代码如下：

```
// 导入 Header 组件
<script>
import Header from "./components/Header.vue";
export default {
 components: {Header},//注册组件
  name: 'App',
}
</script>
```

（2）在 App.vue 根组件中使用<Header>双标签将页头组件直接导入页面。代码如下：

```
<template>
    <div class="app">
        <Header></Header>
        Hello,vue!
    </div>
</template>
```

（3）运行效果如图 13-5 所示。

图 13-5

13.4.6　步骤六：准备商品数据和分类数据

在 Index.vue 组件实例的 data()方法中定义数据。

（1）准备 goodsList 商品数据，goodsList 的数据可以通过向后台请求获得，这里为了便展于示页面渲染效果，直接写入了自定义数据。

注意：动态获取静态图片资源需要使用 require()方法。

data()方法中 goodsList 的数据代码如下：

```
data() {
    return {
        goodsList: [
            {id: 1, name: '清新柠檬(每盒4个)', price: '13.00', src: require('../../static/img/list01.png'), intro: '原产地供应', count: 0},
            {id: 2, name: '新疆甜芒果(1个)', price: '35.00', src: require('../../static/img/list02.png'), intro: '每个500g',count: 0},
            {id: 3, name: '农家土鸡蛋(500克)', price: '18.00', src: require('../../static/img/list03.png'), intro: '绿植谷物饲养，不含激素和添加剂',count: 0},
            {id: 4, name: '甜玉米(4个)', price: '20.00', src: require('../../static/img/list04.png'), intro: '30道工序匠心研制', count: 0},
            {id: 5, name: '阿根廷红皮虾(500克)', price: '68.00', src: require('../../static/img/list05.png'),intro: '30道工序匠心研制', count: 0},
            {id: 6, name: '菲力牛排(1000克一块)',price: '189.00', src: require('../../static/img/list06.png'), intro: '30道工序匠心研制', count: 0},
            {id: 7, name: '红樱桃小番茄(500克)', price: '26.00', src: require('../../static/img/list07.png'), intro: '30道工序匠心研制',count: 0},
            {id: 8, name: '海南凤梨(500克)', price: '33.00', src: require('../../static/img/list08.png'),   intro: '30道工序匠心研制',   count: 0}
        ],
    };
}
```

（2）准备 cateList 分类数据，cateList 的数据可以通过向后台请求获得，这里为了便于展示页面渲染效果，直接写入了自定义数据。

data()方法中 cateList 的数据代码如下：

```
data() {
    return {
     goodsList: [
         ......//此处代码省略
     ],
     cateList: [
         {id: 1,name: '水果', src: require('../../static/img/cate01.png')},
         {id: 2,name: '蔬菜', src: require('../../static/img/cate02.png')},
         {id: 3,name: '生鲜', src: require('../../static/img/cate03.png')},
         {id: 4,name: '粮油', src: require('../../static/img/cate04.png')},
         {id: 5,name: '零食', src: require('../../static/img/cate05.png')}
     ]
    };
}
```

13.4.7 步骤七：创建社区团购网首页

（1）在 Index.vue 组件的<template>标签中，使用 HTML5 和 CSS3 的布局方式，编写社区团购网首页的内容。

在<template>标签中编写页面 HTML 代码。使用 v-for 指令遍历分类数据和商品数据。遍历分类数据的 HTML 代码如下：

```
<template>
    <!--正文-->
    <article>
        <!--分类-->
        <section>
            <ul class="cate_list">
             <li v-for="(item, index) in cateList" :key=index>
               <img :src="(item.src)" />
               <p>{{item.name}}</p>
             </li>
            </ul>
        </section>
    </article>
</template>
```

遍历商品数据的 HTML 代码如下：

```
<template>
    <!--正文-->
    <article>
<!--分类-->
<!--热门团购-->
<section class="grpshop_list">
    <h3>热门团购</h3>
    <ul class="grpbuy_list">
        <li v-for="(obj, inx) in goodsList" :key=inx>
            <img :src="(obj.src)" :alt="obj.name" />
                <!--价格和加减购物车-->
             <div class="cost_incre">
                <div class="grpbuy_cost">
                 <span>￥</span>
                 <span class="grbc_cost">{{obj.price}}</span>
                </div>
             <div class="grpbuy_incre">
                <span class="grbc_increj" @click="cartReduce(obj)">-</span>
                <span> {{obj.count}} </span>
                <span class="grbc_increz"  @click="cartAdd(obj)">+</span>
                </div>
             </div>
            <!--商品名称-->
                 <p class="grpbuy_name">{{obj.name}}</p>
          </li>
      </ul>
    </section>
  </article>
</template>
```

（2）在<style>标签中，编辑 CSS 代码，美化首页样式。代码如下：

```
<style scoped>
    /*首页正文*/
    article{
        width: 70%;
        margin: 30px auto 60px;
    }
    /*首页分类列表 ul*/
    article .cate_list{
```

```
    width: 96%;
    margin: 15px auto;
    display: flex;
    justify-content: space-between;
}
/*首页分类列表li*/
article .cate_list li{
    display: flex;
    flex-direction:column;
    align-items: center;
    justify-content: center;
}
/*首页分类图片*/
article .cate_list li span{
    display: block;
    width: 120px;
    height: 120px;
    overflow: hidden;
    background-color: #fff;
    border: 10px solid #e8e8e8;
    border-radius: 50%;
    cursor: pointer;
    margin-bottom: 10px;
}
article .cate_list li span:hover{
    border: 10px solid #079107;
}
/* "热门团购" 标签*/
.grpshop_list h3{
    color: #4A4A4A;
    margin: 30px 0 20px 2%;
}
 /*首页商品列表ul*/
.grpshop_list .grpbuy_list{
    display: flex;
    justify-content: flex-start;
    flex-wrap: wrap;
}
/*首页商品列表li*/
.grpshop_list .grpbuy_list li{
    border:1px solid #E2E2E2;
    background-color: #FFFFFF;
    border-radius: 4px;
    padding: 1%;
    width: 20%;
    min-width: 150px;
    margin: 0 5px 2% 1.5%;
    text-align: center;
}
/*首页商品价格和商品名称*/
.cost_incre,.grpbuy_name{
    width: 90%;
    margin: auto;
    padding: 5px 0;
    display: flex;
```

```
        justify-content: space-between;
        align-items: center;
        color:#000000;
        font-weight: 900;
    }
    /*首页商品价格*/
    .grpbuy_cost .grbc_cost{
        color: #09BE45;
    }
    /*首页商品加入或减少购物车的按钮*/
    .grbc_increj,.grbc_increz{
        display: inline-block;
        border:1px solid #1CC61B;
        width:18px;
        line-height:18px;
        border-radius: 50%;
        margin-left: 5px;
        /* text-align: center; */
        cursor: pointer;
    }
    /*首页商品加入购物车的按钮*/
    .grbc_increj{
        color: #1CC61B;
    }
    /*首页商品减少购物车的按钮*/
    .grbc_increz{
        color: #FFFFFF;
        background-color: #1CC61B;
    }
</style>
```

（3）在 Index.vue 组件实例的 data()方法中定义初始化数据。

①在 data()方法中定义初始化的 caData 购物车数据、商品数据、分类数据。

②使用$store.getters()方法调用 getState()方法获取购物车数据。

代码如下：

```
data() {
   return {
      caData: this.$store.getters.getState.cartData,
      goodsList: [
         ....../此处代码省略
      ],
      cateList: [
         ....../此处代码省略
]
   };
}
```

（4）在组件实例中使用 watch 监听购物车数据，当对象中的值发生变化时，将购物的数据保存至 caData 中。代码如下：

```
watch:{
caData: {//监听购物车数据变化,
    handler(newData, oldData) {
        // 如果有变化,将购物车数据保存到 cartData 中
        console.log(newData)
```

```
            this.$store.dispatch('setStateData', newData);
        },
        // 如果设置了 false，那么在页面第一次渲染以后不会触发监听器
    immediate: true//深度监听
    }
    },
```

（5）在 methods 对象中，创建 cartAdd()方法，在单击“+”按钮时调用。

①将 cartAdd()方法的参数设置为当前商品数据对象，获取当前商品的数量，每单击一次，商品的数量加 1。

②使用 find()方法查找当前购物车数据中是否存在该商品，如果不存在，则使用 push()方法在 caData 数组中添加商品。

代码如下：

```
    methods: {
        // 单击“+”按钮将商品添加到购物车中
        cartAdd(item) {
            item.count+= 1;
            //判断购物车中是否存在当前商品
            let record = this.caData.find(n => n.id == item.id)
            if (!record) {  // 如果购物车中不存在该商品
                this.caData.push(item)  // 追加商品
            }
        },
    },
```

（6）在 methods 对象中，创建 cartReduce()方法，在单击“-”按钮时调用。

①当商品的数量大于 1 时，当前商品的数量减 1。

②当商品的数量等于 1 时，将商品数量赋值为 0。使用 findIndex()方法获取当前商品的索引值，使用 splice()方法在购物车中删除该商品。

```
    methods: {
    cartAdd(index) {
            ......// 此处代码省略
        },
        // 单击“-”按钮将购物车中商品的数量减 1
        cartReduce(item) {
            if(item.count>1){
                item.count--
            }else if(item.count==1){  //如果商品数量减至 0
                item.count=0;
                //获取当前商品的索引值
                let inx = this.caData.findIndex(n => n.id == item.id)
                this.caData.splice(inx,1)  //从购物车中删除该商品
                alert("您已经减至最少！")
                return
            }
        }
    },
```

（7）运行效果如图 13-6 所示。

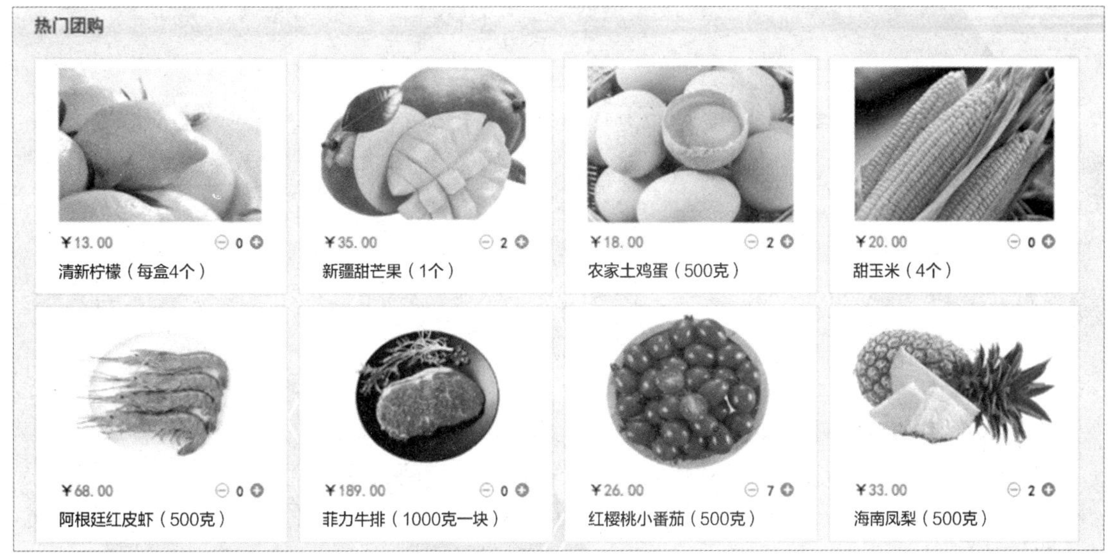

图 13-6

13.4.8 步骤八：创建购物车页面

（1）在 Cart.vue 组件实例的 data()方法中初始化数据并绑定。

①使用$store.getters()方法调用 getState()方法获取购物车数据。

②在 data()方法中定义 addresses 数组，并设置为配送地址数据。

打开 components 文件夹中的 Cart.vue 文件，在<script>标签中编写以下代码：

```
<script>
export default {
    name: 'Cart',
    data() {
        return {
            caData: this.$store.getters.getState.cartData,
            addresses: [
                { id: 1, name: '武汉市东湖高新区光谷新天地' },
                { id: 2, name: '武汉市东湖高新区光谷金融港' },
                { id: 3, name: '武汉市东湖高新区光谷企业天地' }
            ]
        };
    },
}
</script>
```

（2）编辑购物车页面的配送地址部分。

① 编写配送地址代码，左侧显示商品总数量，右侧显示配送地址，使用 v-for 指令遍历配送地址数组。

打开 components 文件夹中的 Cart.vue 文件，在<template>标签中编写以下代码：

```
<template>
    <!--正文-->
    <article class="cart_shipping">
    <!--配送地址-->
        <section class="shpping">
            <ul class="cart_addr">
```

```
                <li>全部商品 <span class="goods_num">0</span></li>
                <li>配送至:
                    <select>
                      <option :value="item.id" v-for="item  in addresses">
                      {{ item.name }}
                      </option>
                    </select>
                </li>
            </ul>
        </section>
    </article>
</template>
```

② 编辑购物车商品列表部分。

使用 v-for 指令遍历购物车数据，使用{{}}获取商品详情数据。

获取商品单价和商品数量，使用*运算符计算得到单个商品的总价。

为“+”按钮绑定 click 事件，事件方法为 numAdd()，参数为索引 index，单击“+”按钮，商品的数量加 1。

为“-”按钮绑定 click 事件，事件方法为 numReduce()，参数为索引 index，单击“-”按钮，商品的数量减 1。

为删除图片绑定 click 事件，事件方法为 del()，参数为索引 index，作用为删除购物车中此商品的记录。

代码如下：

```
<template>
    <!--正文-->
    <article class="cart_shipping">
    <!--配送地址-->
    <!-- 此处代码省略 -->
<!--商品列表-->
        <section class="shop_list">
            <ul>
                <li v-for="(item, index) in  caData" :key="'item' + index">
                    <div class="shop_pic"><img :src="item.src" /></div>
                    <div class="shop_intro">
                        <div>{{ item.name }}</div>
                        <div>{{ item.intro }}</div>
                        <div>￥{{ item.price }}
                            <span class="line_thro">￥{{ item.prime_cost }}
                            </span>
                        </div>
                    </div>
                    <div class="shop_chg">
                        <div class="chg_modiy">
                            <i @click="numAdd(index)">+</i>
                            <span> {{ item.count }} </span>
                            <i @click="numReduce(index)">-</i>
                        </div>
                        <div class="chg_cost">
                            ￥{{ item.count * item.price }}
                        </div>
                    </div>
                    <div class="shop_del">
```

```
                        <div class="del_intro" @click="del(index)">
                            <img src="../../static/img/del.png" alt="删除" />
                            <p>删除</p>
                        </div>
                    </div>
                </li>
            </ul>
        </section>
        <!--合计-->
        <section class="check_all">
            <ul>
                <li>合计 <span>￥</span><span>0</span></li>
                <li><input type="button" value="结 算" /></li>
            </ul>
        </section>
    </article>
</template>
```

③ 编辑购物车商品结算部分。代码如下：

```
<template>
    <!--正文-->
    <article class="cart_shipping">
    <!--配送地址-->
    <!-- 此处代码省略 -->
<!--商品列表-->
        <!-- 此处代码省略 -->
        <!--合计-->
        <section class="check_all">
            <ul>
                <li>合计 <span>￥</span><span>0</span></li>
                <li><input type="button" value="结 算" /></li>
            </ul>
        </section>
    </article>
</template>
```

（3）编写 CSS 样式美化购物车组件。

打开 components 文件夹中的 Cart.vue 文件，在<style>标签中编写以下代码：

```
<style scoped>
    /*配送地址*/
    .cart_shipping {
        width: 70%;
        margin: auto;
    }
    /*全部商品的配送地址*/
    .shpping {
        margin-bottom: 6px;
        background-color: #FFFFFF;
    }
    /*配送地址 ul*/
    .cart_addr {
        padding: 0px 20px;
        height: 75px;
        display: flex;
```

```
    flex-wrap: nowrap;
    align-items: center;
    justify-content: space-between;
}
/*配送地址的第一个 li*/
.cart_addr li:first-child {
    font-weight: 900;
    font-size: 18px;
    color: #489926;
}
/*商品的总数量*/
.goods_num {
    padding-left: 5px;
    color: #E06C75;
}
/*配送地址下拉框*/
.cart_addr select {
    border-radius: 4px;
    padding: 0 10px;
    margin: 0px 10px 0px 5px;
    border: 1px solid #ececec;
    height: 30px;
}
/*购物车商品列表*/
.shop_list {
    background-color: #FFFFFF;
}
/*购物车商品列表的 li*/
.shop_list li {
    padding: 10px 20px;
    border-bottom: 1px solid #EEEBEB;
    display: flex;
    align-items: center;
    justify-content: space-between;
}
/*商品信息的简介部分*/
.shop_intro div:nth-child(2) {
    font-size: 12px;
    color: #ABB0C1;
}
/*商品信息的价格部分*/
.shop_intro div:nth-child(3) {
    color: #FF6A1F;
    font-weight: 900;
    margin-top: 20px;
}
/*商品图片部分的 div*/
.shop_pic {
    margin: 10px;
    padding: 10px;
    max-width: 200px;
    border: 1px solid #d3d3d3;
}
.shop_del {
    text-align: center;
```

```
    font-size: 14px;
    color: #606266;
}
/*商品删除图片部分的里层 div*/
.del_intro {
    cursor: pointer;
}
.del_intro img {
    width: 26px;
    height: 26px;
}
/*商品信息的成本价部分*/
.line_thro {
    text-decoration: line-through;
    font-size: 12px;
    color: #ABB0C1;
}
.chg_modiy {
    border: 1px solid #1CC61B;
    border-radius: 17px;
    display: flex;
    justify-content: space-between;
    padding: 5px;
    width: 128px;
    margin: 0 auto 10px;
}
/*随着商品数量增减而变化的商品价格*/
.chg_cost {
    text-align: center;
    color: #FF6A1F;
    font-weight: 900;
    font-size: 18px;
}
/*商品增加按钮*/
.shop_chg i {
    display: inline-block;
    background-color: #1CC61B;
    color: #FFFFFF;
    width: 20px;
    line-height: 20px;
    border-radius: 50%;
    text-align: center;
    font-weight: 900;
    cursor: pointer;
    font-style: normal;
}
/*合计*/
.check_all {
    margin-top: 6px;
    background-color: #FFFFFF;
    padding: 20px;
}
/*合计中的 ul*/
.check_all ul {
    display: flex;
    justify-content: flex-end;
```

```
        align-items: center;
    }
    /*合计中的第一个 li*/
    .check_all li:first-child {
        font-size: 20px;
        font-weight: 700;
        margin-right: 30px;
    }
    .check_all li span {
        color: #FF6A1F;
        font-weight: 900;
    }
    /*合计中第一个 li 里的第一个 span 元素*/
    .check_all li span:first-child {
        margin-left: 10px;
    }
    /*合计中最后一个 li 的 input 结算按钮*/
    .check_all li input {
        background-color: #20CB20;
        width: 120px;
        line-height: 40px;
        border: none;
        border-radius: 10px;
        color: #FFFFFF;
        cursor: pointer;
    }
</style>
```

（4）在 Cart.vue 组件实例中，使用 computed 计算属性获取商品的总数量和商品总价。

在 computed 中创建 getTotal()方法，将返回值设置为商品总数量 totalNum，商品总价为 totalPrice。

在 getTotal()方法中获取购物车数据，商品总价为遍历购物车数据累加计算的每件商品总价的和，商品总数量为购物车数据 caData 数组的长度。

代码如下：

```
// 计算购物车中商品总数量和商品总价
computed: {
    getTotal() {
        let totalPrice = 0, totalNum = 0;
        if (this.caData) {
            this.caData.forEach((elm, index) => {
                totalPrice = totalPrice + elm.count * elm.price;
            });
            totalNum = this.caData.length;
        }
        return {totalPrice,totalNum};
    },
},
```

（5）在 Cart.vue 组件实例中，使用{{}}获取 getTotal()方法的返回值 totalNum 总数量和 totalPrice 总价格，渲染配送地址部分“全部商品”处的商品总数量和合计部分的总价格。

编辑<template>标签中结算处的代码。代码如下：

```
<!--合计-->
<section class="check_all">
    <ul>
        <li>合计 <span>￥</span><span>{{getTotal.totalPricel}}</span></li>
```

```
        <li><input type="button" value="结 算"/></li>
    </ul>
</section>
```

（6）在 Cart.vue 组件实例 methods 对象中创建增加商品数量、减少商品数量、删除商品的方法。

创建 numAdd()方法，参数为当前索引 index，单击“+”按钮时调用该方法，当前商品的数量加 1。

创建 numReduce()方法，参数为当前索引 index，单击“-”按钮时调用该方法，判断当前商品的数量。如果当前商品的数量大于 1，则商品的数量减 1。如果当前商品的数量等于 1，则将当前商品的数量设置为 0，并在购物车数组中使用 splice()方法删除该数据。

创建 del()方法，参数为当前索引 index，单击删除按钮时调用该方法，通过索引从购物车数组中删除该数据。

当 this.caData 数据对象中值发生变化时，都会通过计算属性 computed 更新。

代码如下：

```
// 购物车递增
numAdd(index) {
    this.caData[index].count++;
},
// 购物车递减
numReduce(index) {
    if(this.caData[index].count > 1){
        this.caData[index].count++
    }else{// 购物车商品数量等于 1 时，再次单击“-”按钮，商品就会被删除
        this.caData[index].count=0
        // 删除 index 位置处的 1 个数据，返回除 index 处的数组
        this.caData.splice(index, 1);
    }
},
// 删除单条数据
del(index) {
    // 删除 index 位置处的 1 个数据，返回除 index 处的数组
this.caData.splice(index, 1);
}
```

（7）购物车运行效果如图 13-7 所示。

图 13-7

第 14 章 Vue.js：购物车

14.1 实验目标

（1）掌握 Vue.js 的引入方法。
（2）掌握 Vue.js 数据的双向绑定。
（3）掌握 Vue.js 的生命周期函数用法。
（4）掌握 Vue.js 的常用内置指令。
（5）综合运用 Vue 基础知识，开发购物车。

知识地图如图 14-1 所示。

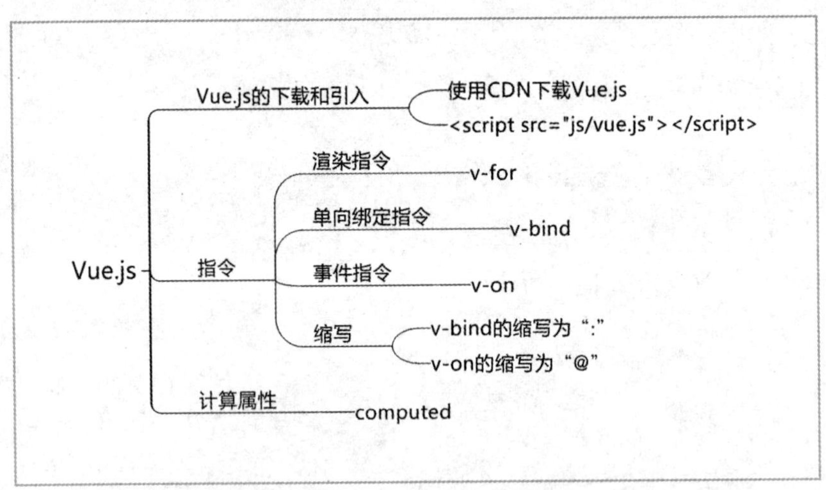

图 14-1

14.2 实验任务

使用 Vue 创建购物车，完成页面布局，实现购物车商品数量统计、全选和单选、商品的总价随着商品数量的改变而改变、删除商品等功能。

（1）购物车页面初始化效果如图 14-2 所示。

购物车

全选	商品名称	商品图片	数量	单价（元）	金额（元）	操作
	淑女装		- 1 +	¥498	¥498	删除
	童装		- 1 +	¥158	¥158	删除
	男装		- 1 +	¥388	¥388	删除
						总计¥0

图 14-2

（2）勾选全部商品，商品的总价随着商品数量的改变而改变，效果如图 14-3 所示。

购物车

全选	商品名称	商品图片	数量	单价（元）	金额（元）	操作
	淑女装		- 1 +	¥498	¥498	删除
	童装		- 2 +	¥158	¥316	删除
	男装		- 1 +	¥388	¥388	删除
						总计¥1202

图 14-3

（3）勾选单个商品的页面效果如图 14-4 所示。

购物车

全选	商品名称	商品图片	数量	单价（元）	金额（元）	操作
	淑女装		- 1 +	¥498	¥498	删除
	童装		- 2 +	¥158	¥316	删除
	男装		- 1 +	¥388	¥388	删除
						总计¥316

图 14-4

（4）删除商品，当用户单击商品右侧的“删除”按钮时，会弹出提示框，告诉用户当前删除的是第几个商品，单击“确定”按钮，对应商品会从购物车页面移除，效果如图 14-5 所示

图 14-5

14.3 设计思路

（1）创建项目 shopCart，在项目中创建如表 14-1 所示的文件。

表 14-1

类　型	文　件	说　明
HTML 文件	index.html	购物车页面文件
CSS 文件	css/index.css	购物车样式文件
JS 文件	js/vue.js	Vue 的依赖文件
图片文件	images/*.png	页面需要的图片

（2）index.html 页面结构使用表格（table）搭建，页面布局为 5 行 7 列，第一行显示表头，最后一行显示总价格，中间 3 行存放表格数据。

在<body>标签中设置<script>标签，编写页面逻辑。具体功能如下。

①在 Vue 实例的 data 中双向绑定数据，为了表示勾选和不勾选的状态，在数据挂载之后给每一项数据绑定一个表示勾选的状态。

②商品数量的改变与金额计算，在数量运用输入框绑定值，然后为“+”与“-”两个按钮绑定事件，执行商品数量加 1 和减 1 的操作即可，运用表达式编写显示金额。

③全选与单独勾选可以使用计算属性 computed 修改对应的值并依赖于页面渲染数据，只要页面数据发生改变，computed 的值也会发生改变，计算商品总数量也使用同样的方法。

④删除当前商品只需要在循环数据时绑定对应 index 值，根据 index 值删除数据。删除勾选的商品只需要在数据之中筛选出勾选的数据，并将其删除。

（3）在 index.css 文件中编写首页的页面样式，包括表格、单元格、图片、按钮等样式。

14.4　实验实施（跟我做）

14.4.1　步骤一：实现页面布局与基础样式

（1）编辑 index.html 文件。通过<script>标签引入 vue.js 文件，通过<link>标签引入 index.css 文件。先创建页面挂载点<div id="cartapp">标签，然后在<script>标签中通过 new 关键字调用 Vue()构造函数，设置 el: "#cartapp"。代码如下：

```
<!DOCTYPE html>
<html>
    <head>
        <meta charset="utf-8">
        <title></title>
        <script src="js/vue.js" type="text/javascript" charset="utf-8"></script>
        <link rel="stylesheet" type="text/css" href="css/index.css"/>
    </head>
    <body>
        <div id="cartapp"></div>
        <script>
        var app = new Vue({
          el:"#cartapp",
        })
        </script>
    </body>
</html>
```

（2）编写页面布局。在<div id="cartapp">标签中设置<table cellspacing="0">标签，通过<caption>标签添加表格标题。使用<thead>标签包裹页面中的表头内容，将数据渲染在<tbody>标签中，使用<tfoot>标签显示总价格。代码如下：

```
<table cellspacing="0">
    <caption>购物车</caption>
    <thead>
        <tr>
            <th><input type="checkbox" name="" id="" value=""/>全选</th>
            <th>商品名称</th>
            <th>商品图片</th>
            <th>数量</th>
            <th>单价（元）</th>
            <th>金额（元）</th>
            <th>操作</th>
        </tr>
    </thead>
    <tbody>
        <tr align="center">
            <td><input type="checkbox" /></td>
            <td></td>
            <td> <img src="" width="100px"></td>
            <td>
                <button class="btn">-</button>
                <span></span>
                <button class="btn" >+</button>
            </td>
            <td class="price">￥</td>
```

```
            <td class="price">￥      </td>
            <td>
                <button class="delbtn">删除</button>
            </td>
        </tr>
    </tbody>
    <tfoot>
        <tr>
            <td colspan="7" align="right"><span class="total">总计￥</span> </td>
        </tr>
    </tfoot>
</table>
```

14.4.2 步骤二：使用 CSS 美化页面样式

编辑 index.css 文件，将表头颜色设置为深橘色，字体加粗居中，将每个单元格对应的内边距设置为“10px 5px”，表格中的图片以 60px×60px 的尺寸显示。代码如下：

```
* {
    padding: 0;
    margin: 0;
}
table {
    width: 800px;
    margin: 0 auto;
    border: 1px solid black;
}
th {
    height: 40px;
    font-size: 14px;
}
thead,
tfoot {
    background-color: #efefef;
}
th,
td {
    border-bottom: 1px solid #ddd;
    padding: 10px 5px;
}
img {
    width: 60px;
    height: 60px;
    border: 1px solid #efefef;
}
caption {
    line-height: 60px;
    font-size: 30px;
    font-weight: bold;
    color: orangered;
}
.delbtn {
    width: 60px;
    height: 30px;
    border: none;
    color: white;
```

```
        background-color: orangered;
        cursor: pointer;
        border-radius: 3px;
    }
    .btn {
        width: 40px;
        height: 25px;
        font-size: 20px;
        line-height: 25px;
        border: none;
        cursor: pointer;
        outline: none;
    }
    .price {
        color: orangered;
    }
    .total {
        margin-right: 20px;
        color: orangered;
        font-weight: bold;
    }
```

14.4.3　步骤三：绑定数据并设置基础逻辑

在 new Vue({})的对象中定义购物车数组对象 shopList，包含 3 条数据，每条数据包含 6 个字段（id、name、img、price、num、select）。定义 isAllCheck 为全选复选框状态，然后通过 v-for 指令进行页面数据渲染，实现“+”“-”按钮功能。定义总金额函数 itemPrice()，将当前数据的单价和数量以参数的形式传入。代码如下：

```
    <tbody>
        <tr v-for="(item,index) in shopList" :key="index" align="center">
            <td><input type="checkbox" click="oneselect(index)" :checked=
"item.select" /></td>
            <td>{{item.name}}</td>
            <td> <img :src="item.img" width="100px"></td>
            <td>
                <button class="btn" v-bind:disabled="item.num === 0" v-on:click=
"item.num-=1">-</button>
                <span>{{item.num}}</span>
                <button class="btn" v-on:click="item.num+=1">+</button>
            </td>
            <td class="price">¥{{item.price}}</td>
            <td class="price">
                ¥{{itemPrice(item.price,item.num)}}
            </td>
            <td>
                <button class="delbtn" v-on:click="deleteItem(index)">删除</button>
            </td>
        </tr>
    </tbody>
```

在 computed 计算对象中设置商品总价 totalPrice 变量和是否勾选商品 isChoose 变量，对其进行逻辑计算并返回，在 methods 对象中完成计算商品总价的功能。

```
    computed: {
        totalPrice() {
```

```
            // 当全选商品时，计算商品总价
            var _shopList = this.shopList.filter((val)=>{
                return val.select
            });
            var total = 0;
            for (let item of _shopList) {
                total += item.price * item.num
            }
            return total;
        },
        isChoose(){
            return this.shopList.every((val)=>{
                return val.select;
            })
        }
    },
    methods:{
     // 商品总价
     itemPrice(price, num) {
         return price * num;
     },
    }
```

14.4.4 步骤四：实现商品选择与全选功能的

勾选表头“全选”复选框或取消勾选“全选”复选框就是改变记录的 isAllCheck。先使用计算属性 isChoose（true 表示全选，否则不是全选）进行传值，然后全选复选框操作函数根据参数决定执行全选还是取消全选操作。同时，勾选每条数据前面的复选框，表格底部的总计也会发生变化，当用户取消勾选一条数据时，表头中的“全选”复选框也会处于未勾选状态，总计也会减去没有勾选的商品的金额。

勾选与取消勾选，在这里只有两个操作（其实只有一个，即改变这条记录的 select 字段），多选会绑定 isAllCheck 的值。如果勾选，则为 true，否则为 false。

表头中“全选”复选框的代码如下：

```
    <th>
             <input  type="checkbox"  :checked="isAllCheck"
@click="selectAll(isChoose)"/>  全选
     </th>
```

在 methods 对象中编写对应的 JS 逻辑。代码如下：

```
    methods: {
        //判断全选框是否被勾选中
        allChoose(){
            let _index=this.shopList.findIndex(item=>{
                 return !item.select
            })
            if(_index==-1){
                 this.isAllCheck=true
            }else{
                 this.isAllCheck=false
            }
        },
        //全选与取消全选
        selectAll(val){
```

```
            console.log(val);
            this.isAllCheck = !this.isAllCheck;
            for(var i = 0,len = this.shopList.length;i<len;i++){
                this.shopList[i].select = !val;
            }
        },
        oneselect(index){
            this.shopList[index].select = !this.shopList[index].select;
            this.allChoose();
        },
    }
```

14.4.5 步骤五："删除"按钮

单击"删除"按钮，会弹出提示框，单击"确定"按钮，会删除对应商品，总计也会发生变化。

单击每条数据的"删除"按钮，将当前值的下标以参数的形式输出，通过执行 shopList 数组的 splice()方法传入当前的下标值，就可以删除当前的数据。

HTML：

```
......
<td>
    <button class="delbtn" v-on:click="deleteItem(index)">删除</button>
</td>
......
```

对应的 JS 逻辑：

```
// 删除功能
deleteItem(index) {
    alert("您删除的是第"+(index+1)+"个商品！");
    this.shopList.splice(index, 1);
}
```

第 15 章

Vue.js：备忘录

15.1 实验目标

（1）掌握 Vue.js 的引入方法。
（2）掌握 Vue.js 数据的双向绑定。
（3）掌握 Vue.js 的生命周期函数的用法。
（4）掌握 Vue.js 的常用内置指令和自定义指令。
（5）综合运用 Vue 基础知识点，开发备忘录。

知识地图如图 15-1 所示。

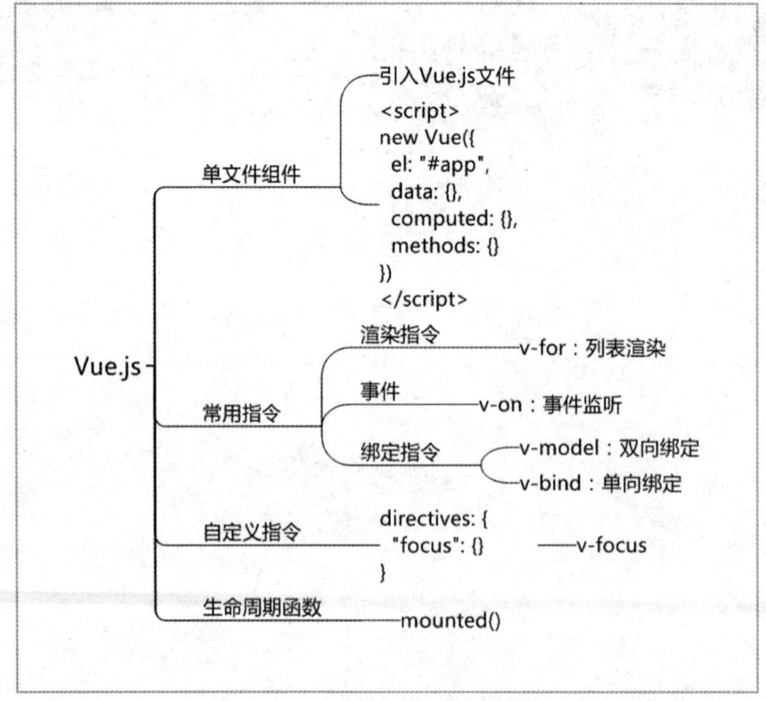

图 15-1

15.2　实验任务

使用 Vue 创建备忘录页面，要求备忘录具备新增功能，以及修改备忘录中项目的实时状态的功能。

（1）在输入框中输入新增内容后，按 Enter 键即可将新增内容添加至项目列表末尾，如图 15-2 所示。

图 15-2

（2）对备忘录中的项目根据其完成状态进行分类，单击项目左侧的按钮即可修改项目的状态，并且在指定内容中显示，已完成项目如图 15-3 所示，未完成项目如图 15-4 所示。

图 15-3

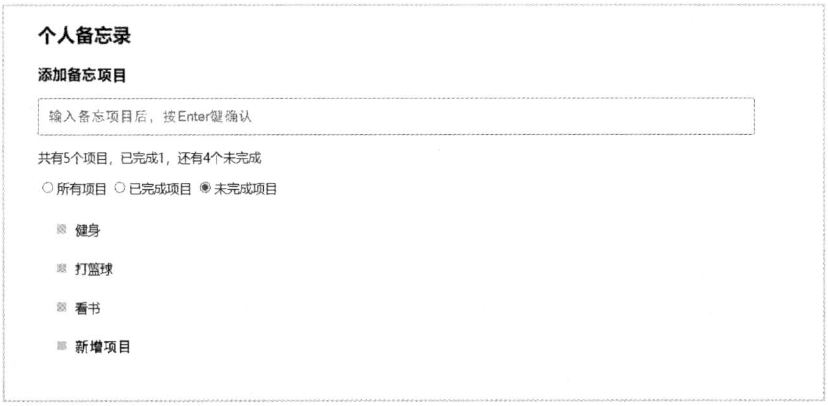

个人备忘录

添加备忘项目

输入备忘项目后，按Enter键确认

共有5个项目，已完成1，还有4个未完成

所有项目 已完成项目 未完成项目

健身

打篮球

看书

新增项目

图 15-4

（3）将鼠标指针移动到项目上，项目右侧会显示删除按钮，单击删除按钮即可删除当前项目，如图 15-5 所示。

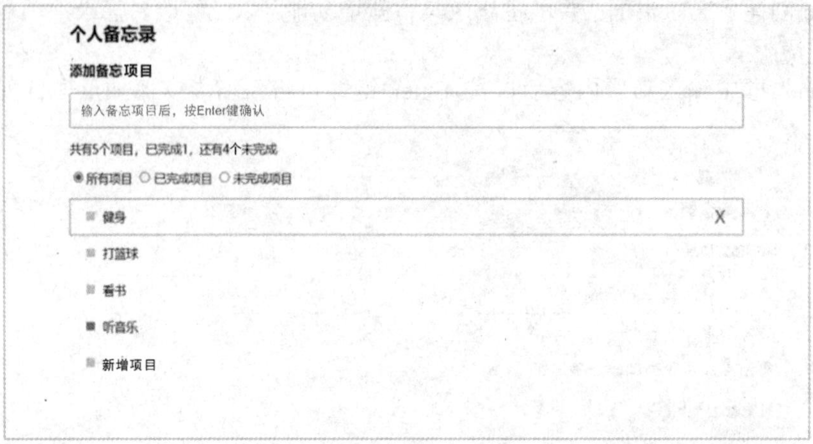

图 15-5

（4）双击项目可以修改项目的内容，双击效果如图 15-6 所示，修改后的项目如图 15-7 所示。

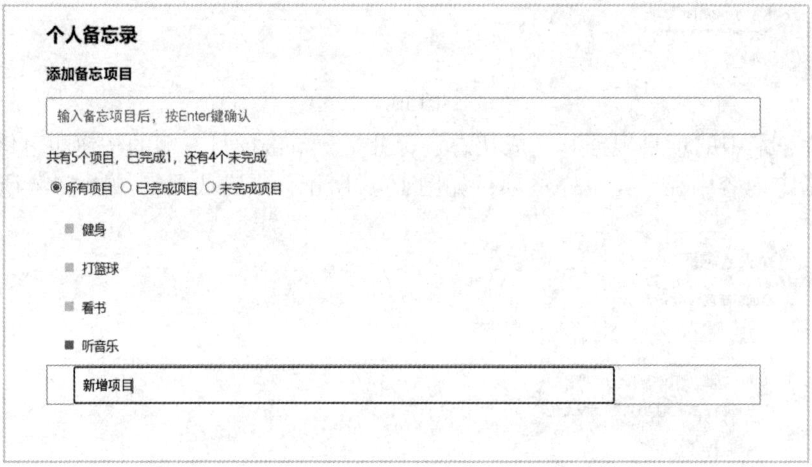

图 15-6

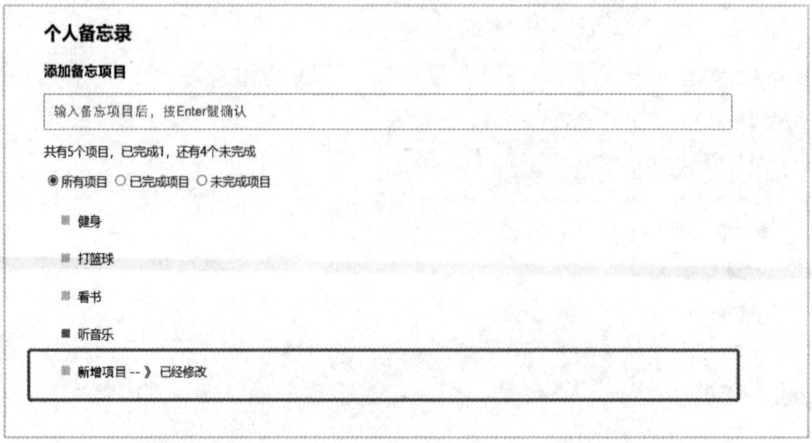

图 15-7

15.3　设计思路

（1）使用 form 表单控件和无序列表搭建页面 HTML 结构，使用相对定位和绝对定位实现页面布局。

（2）在输入框中输入并添加项目需要绑定值和一个添加项目的方法，下方的项目列表中有多个项目，并且有状态，所以备忘项目的值是一个数组，且数组之中不仅有名称，还有状态。在调用添加项目方法时，直接向该数组中添加数据即可

（3）项目状态分为"所有项目""已完成项目""未完成项目"3 类。可以通过一个新创建的变量储存原有数据，在遍历时不再遍历原有数据，而是遍历新变量，改变也是改变新变量。如果选中"所有项目"单选按钮，则直接将原有数据赋值给新变量。如果选中"已完成项目"单选按钮，则显示新变量中状态为完成的数据。如果选中"未完成项目"单选按钮，则显示新变量中状态为未完成的数据。

（4）删除项目。在循环绑定数据时为删除按钮绑定当前项目的 index，根据当前项目的下标使用 splice()方法删除项目。修改状态也是修改项目的 index。

（5）双击项目实现对项目内容的修改，为 li 绑定事件，只需要为当前 li 添加类名来控制后续子元素的 display 值即可实现显示与隐藏，原有数据使用一个变量存储，将原有的值赋给输入框的绑定值，在输入框失去焦点后，将新的绑定值赋给项目数据即可。

15.4　实验实施（跟我做）

15.4.1　步骤一：实现页面布局与样式

（1）新建 index.html 文件，初始化页面代码格式，通过<script>标签引入 vue.js，通过<link>标签引入对应 index.css 文件。代码如下：

```
<!DOCTYPE html>
<html>
    <head>
        <meta charset="UTF-8">
        <title>个人备忘录</title>
        <link rel="stylesheet" type="text/css" href="index.css"/>
        <script src="./vue.js"></script>
    </head>
    <body>
    </body>
</html>
```

（2）编写页面基础框架和布局，在<body>标签中新建<div>标签，并设置 id="app"，首页主要显示"个人备忘录"标题，添加备忘录输入框，按 Enter 键添加备忘项目。备忘录中的项目以多选框呈现，备忘录里的数据通过数据绑定添加到数组中，然后遍历数组进行循环渲染，注意需要引入 vue.js 文件。代码如下：

```
<div id="app" class="main">
 <h2>个人备忘录</h2>
 <div class="list">
   <h3>添加备忘项目</h3>
   <input type="text" class="text-keyword" placeholder="输入备忘项目后，按 Enter
键确认"/>
```

```
        <p>共有N个项目</p>
        <p>
          <input  type="radio"  name="chooseType"  checked="true"/><label>所有项目
</label>
          <input type="radio" name="chooseType"/><label>已完成项目</label>
          <input type="radio" name="chooseType"/><label>未完成项目</label>
        </p>
      </div>
      <ul>
        <li class="li1">
          <div>
            <span class="type-span"></span>
            <span>html5</span>
            <span class="close">X</span>
           </div>
         </li>
         <li class="li1">
          <div>
             <span class="type-span"></span>
             <span>css3</span>
             <span class="close">X</span>
          </div>
         </li>
        </ul>
    </div>
```

15.4.2　步骤二：绑定数据与渲染

首先，实现在输入框中输入内容，按Enter键添加项目，输入框必须绑定一个值和一个添加项目的方法。

然后，下面的项目也要改变，所以，下面的项目也要绑定一个值，因为项目可能会有多个，所以这个值就是一个数组。项目除了名称，还有项目是否完成的状态，所以，绑定项目的值是一个对象数组。

最后，记录文字。

代码如下。

HTML：

```
    <!--利用v-model把addText绑定到input-->
    <input type="text" class="text-keyword" placeholder="输入备忘项目后，按Enter键
确认" @keyup.13='addList' v-model="addText"/>
    <p>共有{{prolist.length}}个项目</p>
    <!--v-for遍历prolist-->
    <li class="li1" v-for="list in prolist">
        <div>
            <span class="type-span"></span>
            <span>{{list.name}}</span>
            <span class="close">X</span>
        </div>
    </li>
```

对应的JS逻辑需要绑定当前关键元素，在data中定义对应的遍历和数组，在methods对象中创建键盘事件addList。代码如下：

```
new Vue({
    el: "#app",
    data: {
        addText:'',
        //name 是项目的名称，status 是项目的状态
        prolist:[
                {name:"健身",status:false},
                {name:"打篮球",status:false},
                {name:"看书",status:false},
                {name:"听音乐",status:true}
        ]
    },
    methods:{
        addList(){
            //默认 status=false，就是未完成状态
            this.prolist.push({
                name:this.addText,
                status:false
            });
            //添加后，清空 addText
            this.addText="";
        }
    }
});
```

15.4.3 步骤三：切换备忘录的内容

首先，新建一个新的变量 newList 储存 prolist。遍历的时候不再遍历 prolist，而是遍历 newList，改变也是改变 newList。

然后，当选中“所有项目”单选按钮时，显示全部 prolist，把 prolist 赋值给 newList。

当选中“已完成项目”单选按钮时，只显示 prolist 中 status 为 true 的项目，把 prolist 中 status 为 true 的项目赋值给 newList。

当选中“未完成项目”单选按钮时，只显示 prolist 中 status 为 false 的项目，把 prolist 中 status 为 false 的项目赋值给 newList。

代码如下。

HTML：

```
<!--如果 noend 等于 0，就显示‘全部完成了’。如果没有，就显示已完成多少条(prolist.length-noend)和未完成多少条(noend)-->
<p>共有{{prolist.length}}个项目，{{noend==0?"全部完成了":'已完成'+(prolist.length-noend)+'，还有'+noend+'个未完成'}}</p>
<p>
    <input type="radio" name="chooseType" checked="true" @click='chooseList(1)' /><label>所有项目</label>
    <input type="radio" name="chooseType" @click='chooseList(2)' /><label>已完成项目</label>
    <input type="radio" name="chooseType" @click='chooseList(3)' /><label>未完成项目</label>
</p>
```

JS：

```
    new Vue({
        el: "#app",
        data: {
            // data 里面的数据和上面的一致
            ......
        },
        computed:{
            noend:function(){
                return this.prolist.filter(function(item){
                    return !item.status
                }).length;
            }
        },
        methods:{
            addList(){
                // JS 逻辑和上面保持一致，不再赘述
            },
            chooseList(type){
                //当 type=1 时，选择所有项目
                //当 type=2 时，选择所有已完成项目
                //当 type=3 时，选择所有未完成项目
                switch(type){
                    case 1:this.newList=this.prolist;break;
                    case  2:this.newList=this.prolist.filter(function(item){return
item.status});break;
                    case 3:this.newList=this.prolist.filter(function(item)
{return !item.status});break;
                }
            }
        },
        mounted(){
            //初始化，把 prolist 赋值给 newList。默认显示所有目标
            this.newList=this.prolist;
        }
    });
```

15.4.4 步骤四：修改与删除备忘项目的状态

单击删除按钮，会删除对应的项目。单击项目左侧的按钮，会切换对应项目的状态，按钮颜色也会改变，项目文字也跟着改变。

首先，单击删除按钮，会删除对应的项目，就是删除 prolist 的一条记录。

然后，单击项目左侧的按钮，会切换对应项目的状态，就是改变 prolist 中一个项目的 status 字段。

最后，项目文字的改变，就是统计 prolist 中 status 为 false 的记录有多少条，status 为 true 的记录有多少条。

代码如下。

HTML：

```
    <!--如果 noend 等于 0，就显示‘全部完成了’。如果没有就是显示已完成多少条(prolist.length-
noend)和未完成多少条(noend)-->
    <p>共有{{prolist.length}}个目标，{{noend==0?"全部完成了":'已完成'+(prolist.
length-noend)+'，还有'+noend+'个未完成'}}</p>
```

```
<ul>
    <li class="li1" v-for="(list,index) in newList">
        <div>
            <span class="status-span" @click="list.status=!list.status"
:class="{'status-end':list.status}"></span>
            <span>{{list.name}}</span>
            <span class="close" @click='delectList(index)'>X</span>
        </div>
    </li>
</ul>
```

JS：

```
new Vue({
    el: "#app",
    data: {
        addText:'',
        //name-名称,status-完成状态
        prolist:[
            {name:"健身",status:false},
            {name:"打篮球",status:false},
            {name:"看书",status:false},
            {name:"听音乐",status:true}
        ],
        newList:[],
        curIndex: '',
        beforeEditText: "",
        curType: 0
    },
    computed:{
        //计算属性，返回未完成项目的条数，就是数组里 status=false 的条数
        noend:function(){
            return this.prolist.filter(function(item){
                return !item.status
            }).length;
        }
    },
    methods:{
        addList(){
            //默认 status=false，就是未完成状态
            this.prolist.push({
                name:this.addText,
                status:false
            });
            //添加后，清空 addText
            this.addText="";
        },
        chooseList(type){
            switch(type){
                case 1:
                  this.newList=this.prolist;
                  break;
                case 2:
                  this.newList=this.prolist.filter(function(item){return item.
status});
                  break;
                case 3:
```

```
                this.newList=this.prolist.filter(function(item){return
!item.status});
                break;
            }
        },
        delectList(index){
            //根据索引，删除数组某一项
            this.prolist.splice(index,1);
            //更新 newList，newList 可能经过 this.prolist.filter()赋值，所以删除
prolist 不会影响 newList，因此需要手动更新 newList
            this.newList=this.prolist;
        },
    },
    mounted(){
        this.newList=this.prolist;
    }
});
```

15.4.5 步骤五：修改备忘项目的内容

双击文字会出现输入框，可以输入文字，如果按 Enter 键或失去焦点，就改变文字。如果按 Esc 键，就恢复原来的文字。

双击文字后出现输入框就是给当前的 li 设置一个类名（eidting），然后写好样式。当 li 出现这个类名的时候，就显示输入框，并且隐藏其他内容。

在按 Enter 键或失去焦点时改变文字只需要清除类名，之后，输入框就会隐藏，显示其他内容。

按 Esc 键恢复原来的文字就是在显示输入框的时候，用一个变量（beforeEditText）。保存当前的内容，按 Esc 键就把变量赋值给当前操作的值。

代码如下。

HTML：

```
<ul>
    <li class="li1" v-for="(list,index) in newList" :class="{'eidting':
curIndex===index}">
        <div>
            <span class="status-span" @click="list.status=!list.status" :
class="{'status-end':list.status}"></span>
            <span @dblclick="curIndex=index">{{list.name}}</span>
            <span class="close" @click='delectList(index)'>X</span>
        </div>
        <input type="text" class="text2" v-model='list.name' @keyup.esc=
'cancelEdit(list)' @blur='edited' @focus='editBefore(list.name)' @keyup.enter=
'edited'/>
    </li>
</ul>
```

CSS：

```
li div{display: block;}
li.eidting div{display: none;}
li .text2{height: 40px;padding-left: 10px;box-sizing: border-box;margin-left:
10px;width: 80%;display: none;}
li.eidting .text2{display: block;}
```

JS：

```
  methods:{
        addList(){
           //默认 status=false，就是未完成状态
           this.prolist.push({
              name:this.addText,
              status:false
           });
           //添加后，清空 addText
           this.addText="";
        },
        chooseList(type){
           //当 type=1 时，选择所有项目
           //当 type=2 时，选择所有已完成项目
           //当 type=3 时，选择所有未完成项目
           switch(type){
              case 1:
                   this.newList=this.prolist;
                   break;
              case 2:
                   this.newList=this.prolist.filter(function(item){return
item.status});
                   break;
              case 3:
                   this.newList=this.prolist.filter(function(item){return
!item.status});
                   break;
           }
        },
        delectList(index){
           //根据索引，删除数组某一项
           this.prolist.splice(index,1);
           this.newList=this.prolist;
        },
        //修改前
        editBefore(name){
           //先记录当前项（比如这一项，{name:"HTML5",status:false}）
           //beforeEditText="HTML5"
           this.beforeEditText=name;
        },
        //修改完成后
        edited(){
           this.curIndex="";
        },
        //取消修改
        cancelEdit(val){
           val.name=this.beforeEditText;
           this.curIndex="";
        }
    },
```

输入框自动获取焦点，可以使用自定义指令解决，代码如下。

JS:

```
  directives:{
     "focus":{
        update(el){
```

```
            el.focus();
        }
    }
}
```

HTML：

```
<input type="text" class="text2" v-model='list.name' @keyup.esc='cancelEdit
(list)' @blur='edited' @focus='editBefore(list.name)' @keyup.enter='edited' v-
focus/>
```

运行效果如图 15-8 所示。

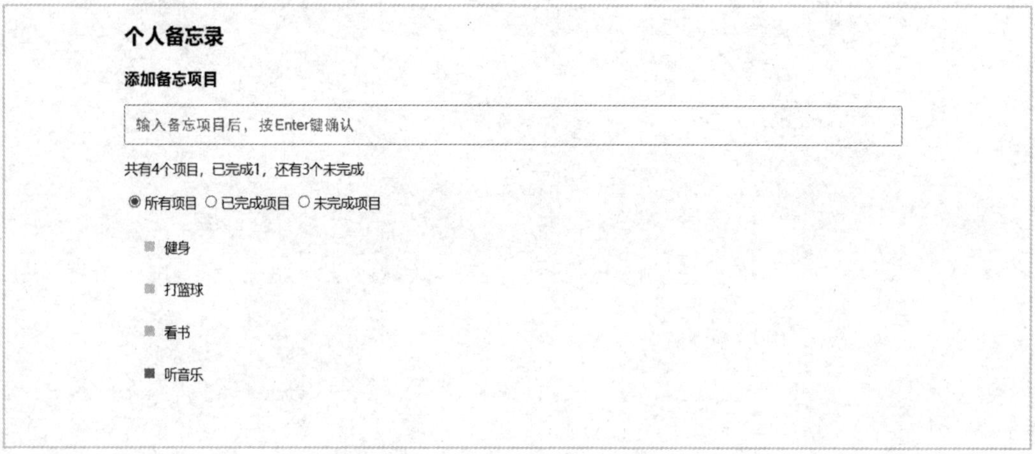

图 15-8

第 16 章 Vue.js：点餐系统

16.1 实验目标

（1）掌握使用 Vue CLI 创建 Vue 项目的方法。
（2）掌握单文件组件的基本结构
（3）掌握组件的使用、引入和注册。
（4）掌握组件的传值和路由。
（5）掌握 Vuex 状态管理。
（6）综合运用 Vue 组件和路由，开发点餐系统。

知识地图如图 16-1 所示。

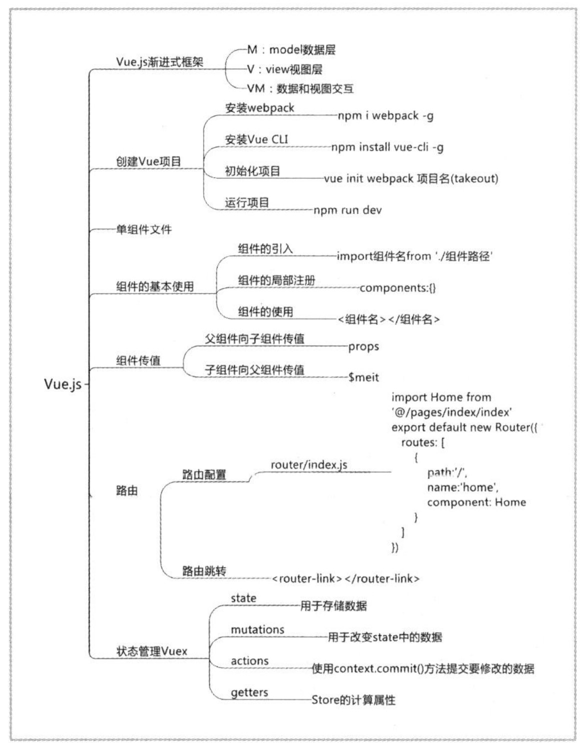

图 16-1

16.2 实验任务

使用 Vue 创建点餐系统，通过自定组件实现点餐系统页面。进入首页，滚动页面，导航栏会根据当前的位置自动切换选项，也可以在左侧导航栏中选择对应选项切换到对应位置。点击首页的购物车按钮可以跳转到“订单列表”页面，订单列表中的商品信息包括名称、单价、数量，商品信息之后显示“结账”和“删除”按钮。

（1）点餐系统首页如图 16-2 所示。

（2）商品切换效果如图 16-3 所示。

（3）“订单列表”页面如图 16-4 所示。

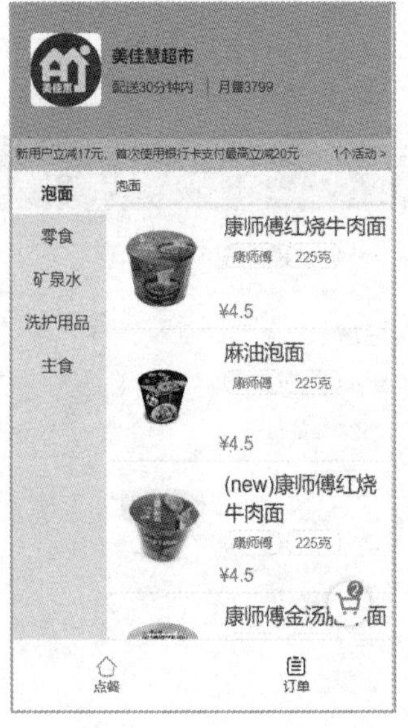

图 16-2

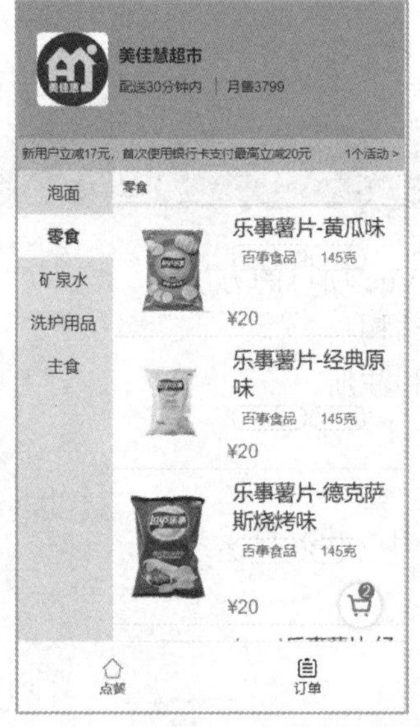

图 16-3

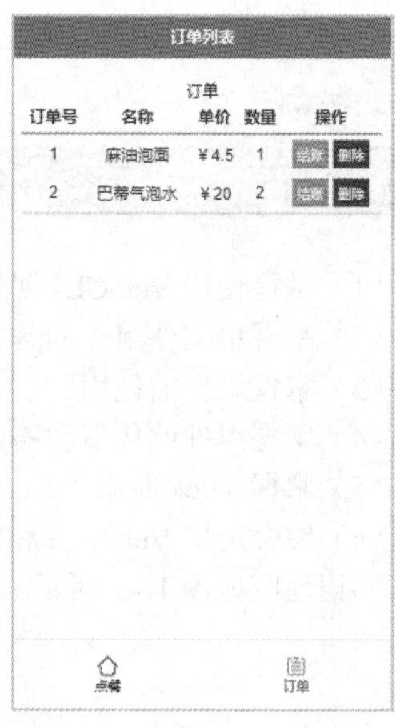

图 16-4

16.3 设计思路

（1）使用 Vue CLI 创建项目 takeout，在项目的 src 文件夹中创建 pages 文件夹，文件夹中的文件如表 16-1 所示。

表 16-1

类　型	文件名称	说　明
Vue 模板文件	src/pages/index/index.vue	首页组件
	src/pages/index/common/carBtn.vue	订单图标组件
	src/pages/index/common/list.vue	点餐数据列表组件
	src/pages/index/common/userHeader.vue	公共页头组件
	src/pages/order/order.vue	订单组件

（2）Vuex 是一个专门为 Vue.js 应用程序开发的状态管理模式，Vuex 解决了组件之间同一状态的共享问题。Vuex 的使用如下所述。

①使用 npm 安装 Vuex。

②在 src 目录下创建一个名为 store 的目录，在 store 目录下创建 index.js 文件。

③在 src/store/index.js 文件中使用 import 导入 Vue 和 Vuex 资源，使用 Vue.use()方法将 Vuex 安装到 Vue 中。

④实例化 Vuex.Store 对象，将 state、getters、mutations 和 actions 注册到对象中，通过 export default 命令暴露 Vuex.Store 对象。

⑤在 src/main.js 文件中把 Vuex.Store 对象注册到 Vue 实例中。

（3）在 src/router/index.js 文件中配置点餐系统首页和“订单列表”页面的路由规则。

（4）制作点餐系统首页。页面头部的内容可拆分为两个组件，分别是 userHeader 和 list，“点餐”按钮和“订单”按钮也可以单独作为一个组件，在跳转页面时，携带当前数据前往“订单列表”页面。

（5）制作“订单列表”页面。订单内容采用 table 表格制作，“结账”和“删除”按钮的逻辑则采用 data 数据操作。

16.4 实验实施（跟我做）

16.4.1 步骤一：创建项目和文件

（1）打开命令行工具，检查 Node.js 和 Vue 是否安装成功，如图 16-5 所示。

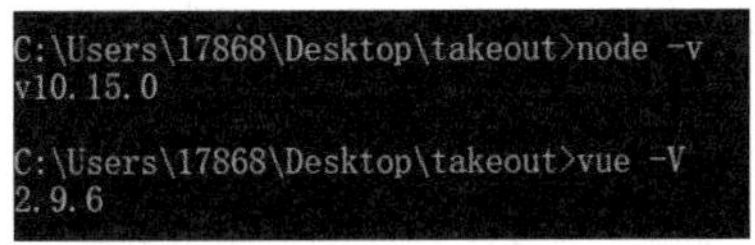

图 16-5

（2）执行 vue init webpack takeout 命令创建项目 takeout，如图 16-6 所示。

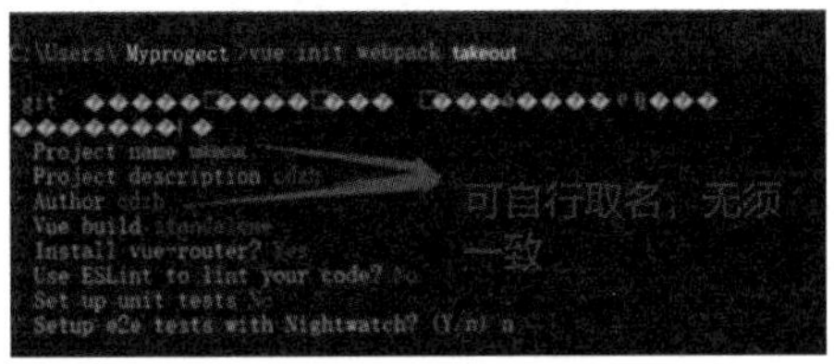

图 16-6

（3）在 src 目录下创建 pages 目录和 store 目录，目录结构如图 16-7 所示。

图 16-7

16.4.2 步骤二：配置路由规则

在 src/router/index.js 文件中配置点餐系统首页和“订单列表”页面的路由，先引入对应的文件路径，然后在 Router 的构造函数的 routes 数组中进行路由配置。代码如下：

```
import Vue from 'vue'
import Router from 'vue-router'
import Home from '@/pages/index/index'
import Order from '@/pages/order/order'
export default new Router({
  routes: [
        { path: '/',  component: Home},
        { path: '/order',component: Order}
  ]
})
```

16.4.3 步骤三：配置 Store

（1）在 src/store/index.js 文件中编写 Vuex 的配置信息，使用 import 导入 Vue 和 Vuex 资源，使用 Vue.use()方法将 Vuex 安装到 Vue 中。Store 配置结构为：state 用于存放状态管理数据；mutations 用于存放修改 state 内数据的方法，这些方法不能被直接访问，需要借助 actions 使用 context.commit()方法将要修改的数据提交到 mutations；getters 内存放获取 state 内数据的方法。使用 export default new Vue.Store 命令将 Store 配置信息实例化并导出。代码如下：

```
import Vue from 'vue'
import Vuex from "vuex";
Vue.use(Vuex)
const state = {
     tableData: [
          { name:'麻油泡面', num:1, price:4.5 },
          { name:'巴蒂气泡水', num:2, price:20 }
     ]
}
const mutations = {
     addTableData(state, n) {
          return state.tableData.push(n)
     }
}
export default new Vuex.Store({
     state,
     mutations
})
```

（2）在 src/main.js 文件中将 Vuex 的配置文件添加到 Vue 的实例中，使用 import 导入 Vuex 的 Store 配置文件，将导入的文件添加到 new Vue()中。代码如下：

```
//导入Vuex
import store from './store'
new Vue({
  el: '#app',
  router,
  store,
  components: { App },
  template: '<App/>'
})
```

16.4.4 步骤四：创建公共页头组件

编辑 src/pages/index/common/userHeader.vue 文件，包括商铺信息、商品头像、商品简介、促销信息。代码如下：

```
<template>
  <div id="box">
    <div class="shop-box">
      <div class="img-box">
        <img src="../../../assets/images/shopLogo.jpg" />
      </div>
      <div>
        <h4>美佳慧超市</h4>
        <p>
          <span>配送 30 分钟内</span>
          <span>月售 3799</span>
        </p>
      </div>
    </div>
  </div>
</template>
<style scoped>
#box {
  height: 95px;
  background: #ff8e6b;
  padding: 30px 0 0 20px;
  position: relative;
}
.shop-box {
  display: flex;
  align-items: center;
}
.shop-box>div:last-child p{
    font-size: 13px;
    margin-top: 10px;
}
.shop-box>div:last-child p>span:last-child{
    display: inline-block;
    margin-left: 10px;
    padding-left: 10px;
    border-left: 1px solid ;
}
.img-box {
    margin-right: 10px;
    width: 70px;
    height: 70px;
    border-radius: 6px;
    overflow: hidden;
}
.img-box img {
    display: block;
    width: 100%;
    height: 100%;
}
</style>
```

16.4.5 步骤五：创建点餐数据列表组件

编辑 src/pages/index/common/list.vue 文件，包括左侧导航栏和右侧商品列表布局，右侧的数据通过 props 属性获取。通过 v-for 指令进行循环遍历。当点击商品时，可以将选中商品加入订单列表。代码如下：

```
<template>
    <div class="goodsListNav">
        <div id="left" class="left">
            <span class="leftItem" :id="index + 'b'" @click="setIsAction
(item, index)"
                :style="isAction === index ? leftAction : ''" v-for="(item,
index) in list" :key="index">
                {{ item.name }}
            </span>
        </div>
        <div id="right">
            <div :id="index + 'a'" class="item" v-for="(item, index) in
list" :key="index">
                <p class="shop-title">
                    {{ item.name }}
                </p>
                <div class="items" v-for="(items, i) in item.ItemList" :key=
"i" @click="addCar(items)">
                    <div class="items-left">
                        <img :src="items.itemImg" alt="" />
                    </div>
                    <div class="items-right">
                        <h4>{{ items.itemName }}</h4>
                        <p>
                            <span v-for="(info, index) in items.itemInfo"
:key="index"> {{ info }}</span>
                        </p>
                        <div>
                            <p>¥{{ items.price }}</p>
                        </div>
                    </div>
                </div>
            </div>
        </div>
    </div>
</template>
<script>
    export default {
        name: "list",
        props: {
            list: {
                type: Array,
                default: [],
            },
        },
        data() {
            return {
                isAction: 0,
                isBottom: false,
                bottomNum: null,
                leftAction: {
```

```
                    background: "#fff",
                    fontWeight: "bold",
                },
            };
        },
        mounted() {
            this.init();
        },
        methods: {
            init() {
                let dom = document.getElementById("right");
                let domLeft = document.getElementById("left");
                dom.addEventListener("scroll", (res) => {
                    if (this.isBottom) {
                        this.isAction = this.bottomNum;
                        this.bottomNum = null;
                        this.isBottom = false;
                    }
                    let topDom = document.getElementById(this.isAction + "a");
                    let leftItem = document.getElementById(this.isAction + "b");
                    if (dom.scrollTop > topDom.scrollHeight + topDom.
offsetTop) {
                        this.isAction = this.isAction + 1;
                    } else if (dom.scrollTop + 1 < topDom.offsetTop &&
this.isAction != 0) {
                        this.isAction = this.isAction - 1;
                    }  else  if  (dom.scrollHeight<=Math.ceil(dom.scrollTop+
dom.offsetHeight)) {
                        this.bottomNum = this.isAction;
                        this.isAction = this.list.length - 1;
                        this.isBottom = true;
                        domLeft.scrollTo({
                          top: domLeft.scrollHeight - domLeft.clientHeight,
                        });
                    }
                    if (domLeft.clientHeight + domLeft.scrollTop <leftItem.
scrollHeight + leftItem.offsetTop) {
                        domLeft.scrollTo({
                            top: domLeft.scrollTop + leftItem.scrollHeight
                        });
                    } else if (domLeft.scrollTop > leftItem.offsetTop) {
                        domLeft.scrollTo({
                            top: domLeft.scrollTop - leftItem.scrollHeight
                        });
                    }
                });
            },
            setIsAction(item, index) {
                this.isAction = index;
                let dom = document.getElementById("right");
                let topDom = document.getElementById(this.isAction + "a");
                dom.scrollTo({
                    top: topDom.offsetTop
                });
            },
            addCar(e) {
                this.$emit("newCarNum", e)
```

```
            }
        },
    };
</script>
<style scoped>
    .goodsListNav {
        height: 70vh;
        width: 100vw;
        position: relative;
    }
    .goodsListNav .left {
        position: absolute;
        top: 0;
        left: 0;
        width: 25vw;
        height: 100%;
        display: flex;
        flex-direction: column;
        overflow: scroll;
        background: #eaeaea;
    }
    .goodsListNav .left .leftItem {
        cursor: pointer;
        padding: 10px 0;
        text-align: center;
        border-right: 2px solid transparent;
    }
    #right {
        width: 75vw;
        padding-left: 25vw;
        height: 100%;
        overflow: scroll;
    }
    #right .item {
        padding: 0 0 10px;
    }
    #right .items {
        padding: 5px 0;
    }
    .shop-title {
        line-height: 30px;
        font-size: 12px;
        margin: 0;
        padding: 0 0 0 10px;
        border-bottom: 1px solid #efefef;
        box-shadow: 0 2px 2px rgba(0, 0, 0, 0.05);
    }
    .items {
        display: flex;
        border-bottom: 1px solid #efefef;
        margin: 2px 0;
    }
    .items * {
        margin: 0;
        padding: 0;
    }
    .items-left {
```

```
        width: 40%;
        box-sizing: border-box;
        padding: 14px;
    }
    .items-left img {
        display: block;
        width: 100%;
        height: 100%;
    }
    .items-right {
        width: 60%;
        padding-left: 5px;
        position: relative;
    }
    .items-right>h4 {
        font-size: 20px;
        font-weight: normal;
        font-weight: 15px;
    }
    .items-right>p {
        margin: 4px 0;
        font-size: 13px;
        color: #777;
    }
    .items-right>p>span {
        display: inline-block;
        padding: 2px 8px;
        border-radius: 10px;
        border: 1px solid #efefef;
        margin-right: 5px;
    }
    .items-right>div {
        position: absolute;
        left: 0;
        right: 0;
        bottom: 0;
    }
    .items-right>div>p {
        font-size: 18px;
        color: #ff5621;
    }
</style>
```

16.4.6 步骤六：创建首页组件

编辑 src/pages/index/index.vue 文件。首页由 3 个组件组成，分别是 userHeader 公共页头组件和 list 点餐数据列表组件，底部的“点餐”和“订单”按钮也可以单独作为一个组件，点击“订单”按钮跳转到“订单列表”页面。代码如下：

```
<template>
  <div>
    <user-head></user-head>
    <list :list="list" @newCarNum="carList"></list>
    <tab-bar :selected="selected"></tab-bar>
  </div>
</template>
```

```
<script>
import TabBar from "@/components/tabbar.vue"
import List from "@/pages/index/common/list.vue"
import UserHead from "@/pages/index/common/userHeader.vue"
export default {
  data() {
    return {
      selected: "/",
      list: [{
          name: "泡面",
          id: 0,
          ItemList: [
            {
              itemName: "康师傅红烧牛肉面",
              itemInfo: ["康师傅", "225克"],
              price: 4.5,
              itemImg: "../../../../static/images/paomian01.png",
            },
            ......
          ],
        },
        {
          name: "矿泉水",
          id: 2,
          ItemList: [
            {
              itemName: "怡宝矿泉水",
              itemInfo: ["怡宝", "500ml"],
              price: 3,
              itemImg: "../../../../static/images/yibaokuangquanshui.jpeg",
            },
            ......
          ],
        }
      ],
    };
  },
  components: {
    TabBar,
    List,
    UserHead
  },
  methods: { carList(d) {  alert("商品加入成功");} },
};
</script>
```

16.4.7 步骤七：创建订单组件

编辑 src/pages/order/order.vue 文件，引入底部切换组件，在 data 中模拟订单数据，通过 v-for 指令进行渲染，“订单列表”页面以表格的形式进行布局，显示订单的名称。代码如下：

```
<template>
     <div>
         <h4 class="title">订单列表</h4>
             <div v-if="$store.state.tableData.length!=0">
```

```
                <table cellspacing="0" class="orderTable" >
                    <caption> 订单 </caption>
                    <tr class="tabTop">
                        <th>订单号</th>
                        <th>名称</th>
                        <th>单价</th>
                        <th>数量</th>
                        <th>操作</th>
                    </tr>
                    <tr class="items-row" v-for="(item, index) in tableData"
:key="index">
                        <td>{{ index + 1 }}</td>
                        <td>{{ item.name }}</td>
                        <td>￥{{ item.price }}</td>
                        <td>{{ item.num }}</td>
                        <td>
                            <button @click="payBtn()">结账</button>
                            <button @click="deleteBtn(index)">删除</button>
                        </td>
                    </tr>
                </table>
            </div>
            <div v-else class="noOrder">暂无订单</div>
            <tab-bar :selected='selected'></tab-bar>
        </div>
    </template>
    <script>
        import TabBar from '@/components/tabbar.vue'
        export default {
            name: 'order',
            components: {
                TabBar,
            },
            data() {
                return {
                    selected: '/order',
                    totalPrice:0,
                    tableData:this.$store.state.tableData
                }
            },
            methods:{
                payBtn(){ alert('结账成功') },
                deleteBtn(n){
                    alert("确定要删除当前订单吗？");
                    this.$store.state.tableData.splice(n,1);
                }
            }
        }
    </script>
    <style scoped>
    .title {
        height: 6vh;
        background: #ff5621;
        line-height: 6vh;
        margin: 0;
```

```
    padding: 0;
    text-align: center;
    color: #fff;
}
.orderTable{
    width: 95%;
    margin: 20px auto;
    text-align: center;
    border-bottom: 1.5px solid #ccc;
}
.orderTable th{
    border-bottom: 2px solid #FF6666;
    padding: 5px 0;
}
.orderTable td{
    padding: 5px 0;
}
.orderTable td button{
    color: #fff;
    border: none;
    padding: 5px;
}
.orderTable td button:first-child {
  background: #55aaff;
}
.orderTable td button:last-child {
  background: #f00;
}
</style>
```

运行效果如图 16-3 所示。

第 17 章 Node.js：拍卖网

17.1 实验目标

（1）掌握 CommonJS 规范。

（2）掌握 Node.js Web 模块，如 http 模块、url 模块，以及 Node.js fs 模块和 Node.js path 模块的使用方法。

（3）掌握 Node.js 文件系统。

（4）掌握 AJAX 技术和 JSON 数据格式。

（5）综合应用 Node.js 模块机制和异步 I/O，开发拍卖网。

知识地图如图 17-1 所示。

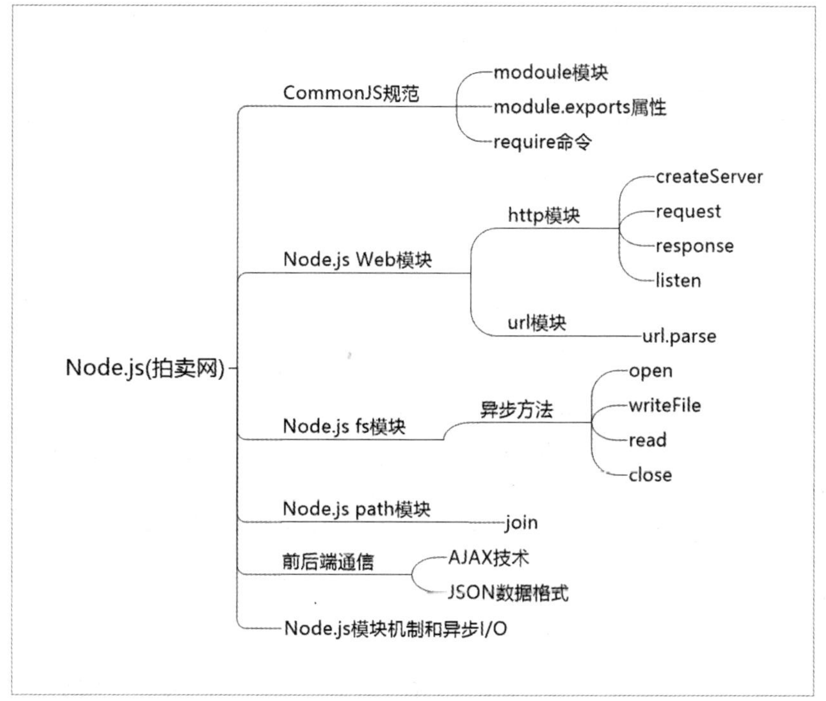

图 17-1

17.2 实验任务

访问 localhost:8080，显示拍卖网页面，如图 17-2 所示。

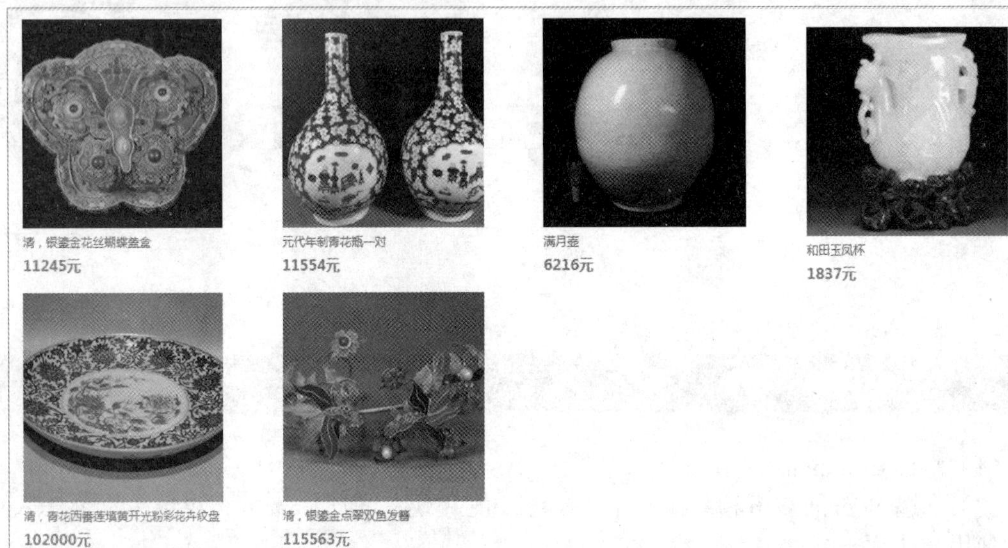

图 17-2

17.3 设计思路

（1）创建项目 auctionWebsite，在项目中创建 public 文件夹，存放 CSS 文件、JS 文件和图片等页面静态资源文件；创建 views 文件夹，存放 HTML 文件；创建 route 文件夹，存放路由处理文件 index.js；创建 model 文件夹，存放数据处理文件 db.js；创建 app.js 文件，作为服务器启动入口文件。如表 17-1 所示。

表 17-1

类　型	文　件	说　明
HTML 文件	views/home.html	主页面显示文件
CSS 文件	public/css/home.css	主页面样式文件
JS 文件	public/js/home.js	主页面逻辑处理文件
JPG 文件	public/image/img001.jpg 等	主页面图片文件
JS 文件	route/index.js	服务器路由处理文件
JS 文件	model/db.js	数据处理文件
JS 文件	app.js	服务器启动入口文件

（2）在页面中操作。

访问 localhost:8080，进入拍卖网页面。

（3）在 node 服务器端操作。

在 model/db.js 文件中定义数据 datas，使用 exports 对象将 datas 作为模块接口。

在 route/index.js 文件中引入模块，定义 start()方法，在 start()方法里创建服务器、处理请求、响应数据。使用 exports 对象将 start()方法作为模块接口。

17.4 实验实施（跟我做）

17.4.1 步骤一：创建项目和文件

创建项目 auctionWebsite，目录结构如图 17-3 所示。

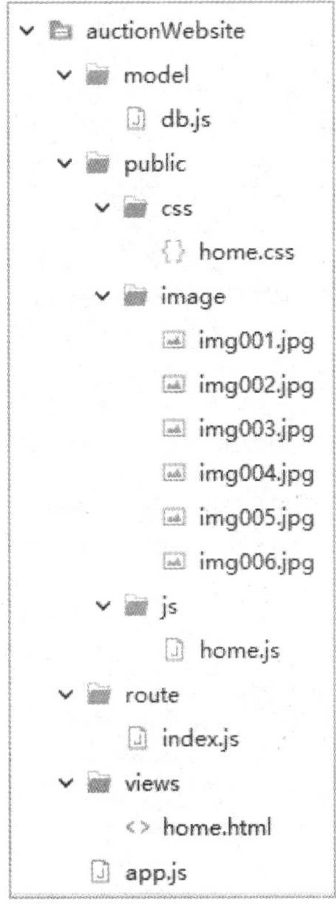

图 17-3

17.4.2 步骤二：完成页面显示

（1）在 views/home.html 文件中使用 HTML 完成页面显示，并引入 CSS 文件、JS 文件、图片。代码如下：

```
<!DOCTYPE html>
<html lang="zh">
    <head>
        <meta charset="UTF-8">
        <meta name="viewport" content="width=device width, initial-scale=1.0">
        <meta http-equiv="X-UA-Compatible" content="ie=edge">
        <title></title>
        <link rel="stylesheet" type="text/css" href="../public/css/home.css" />
    </head>
    <body>
        <section class="w">
            <div class="product_group">
                <div class="product_group_item">
                    <a href="javascript:void(0);" class="product_group_
item_img_wrap">
```

```
                        <img src="../public/image/img001.jpg" class=
"product_group_item_img">
                    </a>
                    <div class="product_group_item_text">
                        <div class="product_group_item_name">清，银鎏金花丝蝴蝶
盖盒</div>
                        <div class="product_group_item_price">11245 元</div>
                    </div>
                </div>
                <div class="product_group_item">
                    <a href="javascript:void(0);" class="product_group_
item_img_wrap">
                        <img src="../public/image/img002.jpg" class=
"product_group_item_img">
                    </a>
                    <div class="product_group_item_text">
                        <div class="product_group_item_name">元代年制青花瓶一对
</div>
                        <div class="product_group_item_price">11554 元</div>
                    </div>
                </div>
                <div class="product_group_item">
                    <a href="javascript:void(0);" class="product_group_
item_img_wrap">
                        <img src="../public/image/img003.jpg" class=
"product_group_item_img">
                    </a>
                    <div class="product_group_item_text">
                        <div class="product_group_item_name">满月壶</div>
                        <div class="product_group_item_price">6216 元</div>
                    </div>
                </div>
                <div class="product_group_item">
                    <a href="javascript:void(0);" class="product_group_
item_img_wrap">
                        <img src="../public/image/img004.jpg" class=
"product_group_item_img">
                    </a>
                    <div class="product_group_item_text">
                        <div class="product_group_item_name">和田玉凤杯</div>
                        <div class="product_group_item_price">1837 元</div>
                    </div>
                </div>
                <div class="product_group_item">
                    <a href="javascript:void(0);" class="product_group_
item_img_wrap">
                        <img src="../public/image/img005.jpg" class=
"product_group_item_img">
                    </a>
                    <div class="product_group_item_text">
                        <div class="product_group_item_name">清，青花西番莲填黄
开光粉彩花卉纹盘</div>
                        <div class="product_group_item_price">102000 元</div>
                    </div>
                </div>
```

```
                <div class="product_group_item">
                    <a href="javascript:void(0);" class="product_group_
item_img_wrap">
                        <img src="../public/image/img006.jpg" class=
"product_group_item_img">
                    </a>
                    <div class="product_group_item_text">
                        <div class="product_group_item_name">清，银鎏金点翠双鱼
发簪</div>
                        <div class="product_group_item_price">115563 元</div>
                    </div>
                </div>
            </div>
        </section>
        <script type="text/javascript" src="../public/js/home.js"></script>
    </body>
</html>
```

（2）在 public/css/home.css 样式文件中使用 CSS 美化样式。代码如下：

```
*{
    margin: 0;
    padding: 0;
    box-sizing: border-box;
}
.w{
    width: 1100px;
    margin: 0 auto;
}
.product_group{
    display: flex;
    flex-flow: row wrap;
    justify-content: flex-start;
    align-content: flex-start;
    padding: 10px 0;
}
.product_group_item{
    display: flex;
    flex-direction: column;
    width: 225px;
    margin-right: 66.6px;
}
.product_group_item:nth-child(n+4){
    margin-top: 10px;
}
.product_group_item:nth-child(4n){
    margin-right: 0;
}
.product_group_item_img_wrap{
    width: 225px;
    height: 225px;
}
.product_group_item_img{
    display: block;
    width: 100%;
    height: 100%;
object-fit: cover;
}
```

```
.product_group_item_name{
    margin: 5px 0;
    color: #6c6c6c;
    font-size: 13px;
    line-height: 1.5;
}
.product_group_item_price{
    color: #d9534f;
    font-size: 16px;
    font-weight: bold;
}
```

页面运行效果如图 17-4 所示。

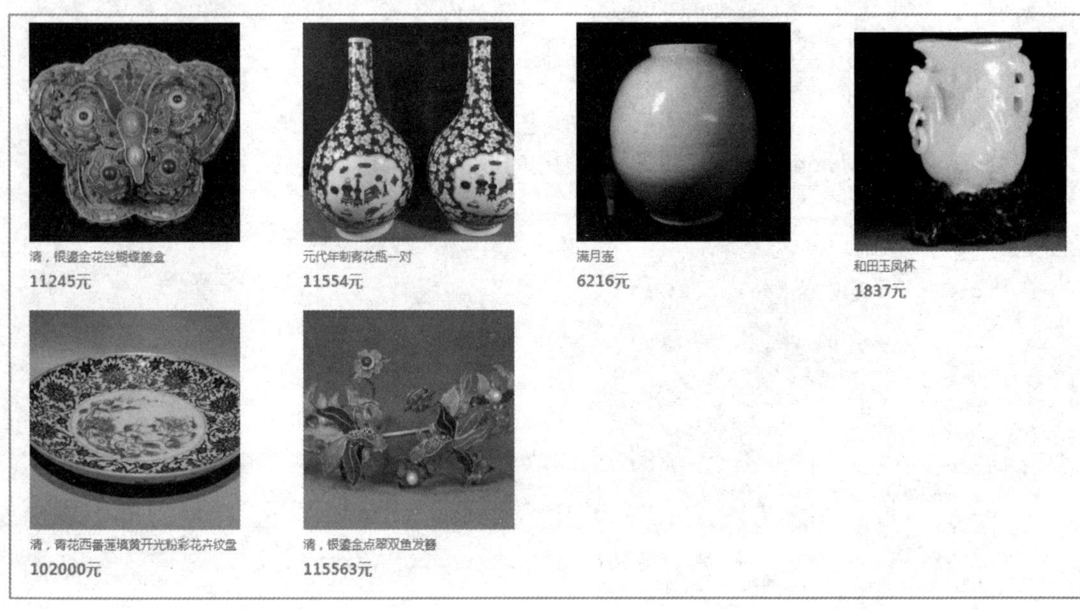

图 17-4

17.4.3　步骤三：实现请求处理

（1）在 route/index.js 文件中引入模块，在 start()方法中判断请求类型，如果是 GET 请求的（POST 请求没用到），请求地址是“/”，就读取首页的 HTML 文件并响应到页面上；如果请求地址是“/data”，就响应数据到页面上；如果请求地址是图片、CSS、JS，就读取对应的文件并响应到页面上。

（2）创建 8080 端口，并将 start()方法作为模块导出。

代码如下：

```
const http = require('http');
const url = require('url');
const fs = require('fs');
const path = require('path');
const datas = require('../model/db')

function start() {
    const server = http.createServer();
    server.on('request', (req, res) => {
        // 请求方式
```

```
        const method = req.method;
        //请求地址
        const {
            pathname
        } = url.parse(req.url);
        if (method == 'GET') {
            if (pathname == '/' || pathname == '/index') {
                //读取相应的页面
                fs.readFile(path.join(__dirname, '../', 'views/home.html'),
'utf-8', (err, doc) => {
                    if (err == null) {
                        res.end(doc)
                    } else {
                        console.log(err)
                    }
                });
            } else if (pathname == '/data') {
                //响应数据
                const newDatas = JSON.stringify(datas.datas);
                res.end(newDatas);
            } else {
                //读取页面需要的静态文件
                fs.readFile(path.join(__dirname, '../', pathname), function
(err, doc) {
                    res.end(doc);
                })
            }
        } else if (method == 'POST') {

        };
    })
    //创建 8080 端口服务器
    server.listen(8080, () => console.log('服务器已启动，输入 localhost:8080 访
问'))
};

exports.start = start
```

17.4.4　步骤四：准备数据

（1）用户的数据应该存放在数据库中，我们可以通过配置数据库来进行数据库操作。但本章没有用到数据库，因此将数据以 JSON 对象的形式存放在 model/db.js 文件中。在 model/db.js 文件中创建数组并导出。代码如下：

```
let datas=[{
    productName:'清，银鎏金花丝蝴蝶盖盒',
    productPrice:'11245 元',
    productImg:'../public/image/img001.jpg'
},{
    productName:'元代年制青花瓶一对',
    productPrice:'11554 元',
    productImg:'../public/image/img002.jpg'
},{
    productName:'满月壶',
```

```
        productPrice:'6216 元',
        productImg:'../public/image/img003.jpg'
    },{
        productName:'和田玉凤杯',
        productPrice:'1837 元',
        productImg:'../public/image/img004.jpg'
    },{
        productName:'清，青花西番莲填黄开光粉花卉纹盘',
        productPrice:'102000 元',
        productImg:'../public/image/img005.jpg'
    },{
        productName:'清，银鎏金点翠双鱼发簪',
        productPrice:'115563 元',
        productImg:'../public/image/img006.jpg'
    }];

    exports.datas=datas;
```

（2）在 app.js 文件中引入路由模块，打开命令行工具，运行 app.js 文件，在浏览器中打开 http://localhost:8080/data。代码如下：

```
const router = require('./route/index');
router.start()
```

运行效果如图 17-5 所示。

[{"productName":"娓呭紶闃堕叞闅戣姳涓嶈薄铦剁汿鏇�","productPrice":"11245鍏
�","productImg":"../public/image/img001.jpg"},{"productName":"鍏冧唬骞村抄闀挎姳鐡朵竴瀵
�","productPrice":"11554鍏�","productImg":"../public/image/img002.jpg"},{"productName":"姨℃湀滄
�","productPrice":"6216鍏�","productImg":"../public/image/img003.jpg"},{"productName":"鍜岀敯鐜夊嚖鏉
�","productPrice":"1837鍏�","productImg":"../public/image/img004.jpg"},{"productName":"娓呭紶闈掕姳瑗跨暘鑾插
～榛勫紑鍏夌矇鑺＋姳鍗夌汗鐩�","productPrice":"102000鍏�","productImg":"../public/image/img005.jpg"},
{"productName":"娓呭紶闃堕摱鎏剁偣缈犲弻楸煎彂绨�","productPrice":"115563鍏
�","productImg":"../public/image/img006.jpg"}]

图 17-5

17.4.5 步骤五：完成前后端交互

（1）在 public/js/home.js 文件中通过 AJAX 对象请求服务器端的数据。

（2）将请求到的数据遍历，以 HTML 的字符串格式插入到页面上类名为 product_group 的元素中。代码如下：

```
window.onload = function() {
    //创建 AJAX 对象
    const xhr = new XMLHttpRequest();
    //请求方式，请求地址
    xhr.open('get', 'http://localhost:8080/data');
    //发送请求
    xhr.send();
    //获取服务器端响应到客户端的数据
    xhr.onload = function() {
        // 请求的数据
        const datas = JSON.parse(xhr.responseText);
        //获取 DOM 节点
        const group = document.querySelector('.product_group');
```

```
            //准备插入的数据
            let insertData = ``;
            datas.forEach(item => {
                insertData += `
                <div class="product_group_item">
                    <a href="javascript:void(0);" class="product_group_item_img_
wrap">
                        <img src="${item.productImg}" class="product_group_item_
img">
                    </a>
                    <div class="product_group_item_text">
                       <div  class="product_group_item_name">${item.productName}
</div>
                        <div class="product_group_item_price">${item.productPrice}
</div>
                    </div>
                </div>
                `
            });
            // 将插入的数据放入获取的 DOM 节点里
            group.insertAdjacentHTML('beforeend', insertData);
        };
    }
```

17.4.6 步骤六：运行效果

（1）在 views/home.html 文件中删除类名为 product_group 的元素里的内容。

（2）在命令行中运行 node app.js，打开浏览器，在地址栏中输入“http://localhost:8080”，如图 17-6 所示。

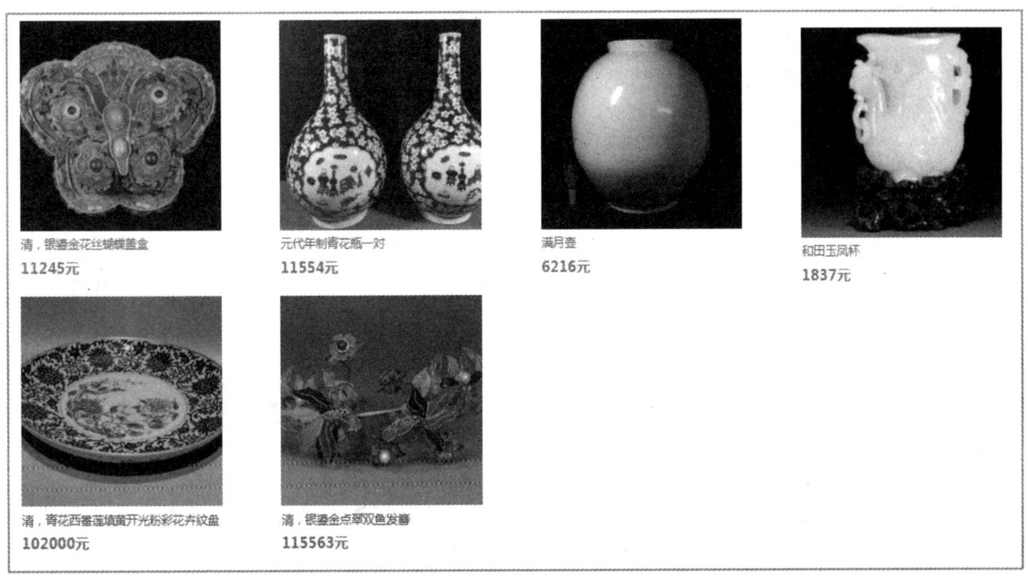

图 17-6

第 18 章

18.1 实验目标

（1）掌握使用 router 模块定义路由的方法。

（2）掌握使用 serve-static 模块读取静态资源的方法。

（3）综合运用 Node.js 内置模块、第三方模块和 AJAX，开发在线选课页面。

知识地图如图 18-1 所示。

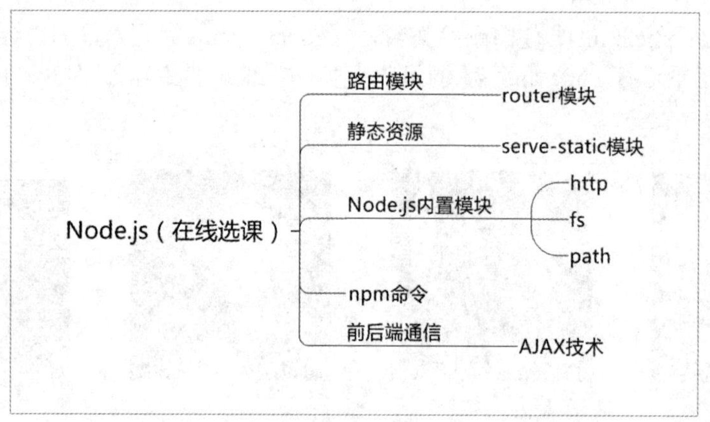

图 18-1

18.2 实验任务

构建在线选课页面，实现下述功能。

（1）选课功能需求。选课功能需求表现为在“选课课表”页面可以单击“选择课程”文字链接，将对应的课程添加到数据库并渲染到“我的课表”页面，如图 18-2 所示。

（2）删除课程功能需求。在“我的课表”页面单击“删除课程”文字链接，将对应的课程从数据库中删除并响应到页面上，如图 18-3 所示。

选课课表

课程	开课单位	上课时间	上课老师	操作
PHP	代码学院	周二18:00~21:00	张三	选择课程
Java	代码学院	周三18:00~21:00	王五	选择课程
Android	代码学院	周一8:00~12:00	赵六	选择课程
iOS	代码学院	周一18:00~21:00	李四	选择课程
C++	代码学院	周四18:00~21:00	孙七	选择课程
UI设计	设计学院	周五18:00~21:00	周八	选择课程

进入我的课表

图 18-2

我的课表

课程	开课单位	上课时间	上课老师	操作
Java	代码学院	周三18:00~21:00	王五	删除课程
Android	代码学院	周一8:00~12:00	赵六	删除课程

进入选课课表

图 18-3

18.3 设计思路

（1）创建项目 courseSelection（NoDb），在项目中创建 public 文件夹，存放 CSS 文件、JS 文件等页面静态资源文件；创建 views 文件夹，存放 HTML 文件；创建 route 文件夹，存放路由处理文件 index.js；创建 model 文件夹，存放数据处理文件 course.js；创建 app.js 文件，作为服务器启动入口文件。如表 18-1 所示。

表 18-1

类　　型	文　　件	说　　明
HTML 文件	views/index.html	“选课课表”页面显示文件
HTML 文件	views/my.html	“我的课表”页面显示文件
CSS 文件	public/css/index.css	页面样式文件
JS 文件	public/js/index.js	“选课课表”页面逻辑处理文件
JS 文件	public/js/my.js	“我的课表”页面逻辑处理文件
JS 文件	route/index.js	服务器路由处理文件
JS 文件	model/course.js	数据相关操作文件
JS 文件	app.js	服务器启动入口文件
JSON 文件	course.json	选课课表数据文件
JSON 文件	mycourse.json	我的课表数据文件

（2）在页面中操作。

访问 localhost:8080，进入“选课课表”页面。

单击“选择课程”文字链接，将对应的课程添加到“我的课表”页面。

单击“进入我的课表”文字链接，跳转到“我的课表”页面。

（3）在 node 服务端操作。

在 model/course.js 文件中仿造数据库，创建数据库集合，将方法导出。

在 route/index.js 文件中对页面发过来的请求进行渲染页面、查找数据、删除数据等操作。

18.4 实验实施（跟我做）

18.4.1 步骤一：创建项目和文件

创建项目 courseSelection（NoDb），先使用 npm init -y 命令初始化 npm，再使用 npm i 命令安装 router、serve-static 模块。目录结构如图 18-4 所示。

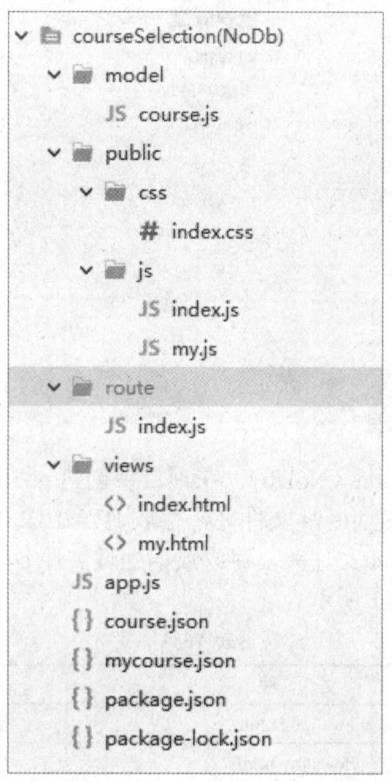

图 18-4

18.4.2 步骤二：准备数据

（1）准备好 JSON 数据，在 course.json 文件里添加以下代码：

```
[{
    "_id":"001",
    "courseName": "PHP",
    "courseUnits": "代码学院",
```

```
        "courseTime": "周二 18:00~21:00",
        "courseTeacher": "张三"
    }, {
        "_id":"002",
        "courseName": "Java",
        "courseUnits": "代码学院",
        "courseTime": "周三 18:00~21:00",
        "courseTeacher": "王五"
    }, {
        "_id":"003",
        "courseName": "Android",
        "courseUnits": "代码学院",
        "courseTime": "周一 8:00~12:00",
        "courseTeacher": "赵六"
    }, {
        "_id":"004",
        "courseName": "iOS",
        "courseUnits": "代码学院",
        "courseTime": "周一 18:00~21:00",
        "courseTeacher": "李四"
    }, {
        "_id":"005",
        "courseName": "C++",
        "courseUnits": "代码学院",
        "courseTime": "周四 18:00~21:00",
        "courseTeacher": "孙七"
    }, {
        "_id":"006",
        "courseName": "UI 设计",
        "courseUnits": "设计学院",
        "courseTime": "周五 18:00~21:00",
        "courseTeacher": "周八"
    }]
```

（2）mycourse.json 文件用来存储数据，现在没有数据，需要定义一个空数组。在 mycourse.json 文件里添加以下代码：

```
[]
```

18.4.3　步骤三：完成静态页面

（1）在 views/index.html 页面文件中使用 HTML 完成页面，并引入 CSS 文件、JS 文件（引入方法使用绝对路径并省略 public）。代码如下：

```
<!DOCTYPE html>
<html lang="zh">
    <head>
        <meta charset="UTF-8">
        <meta name="viewport" content="width=device-width, initial-scale=
1.0">
        <meta http-equiv="X-UA-Compatible" content="ie=edge">
        <title>选课课表</title>
        <link rel="stylesheet" type="text/css" href="/css/index.css" />
    </head>
```

```
    <body>
        <table class="course">
            <caption>选课课表</caption>
            <tr>
                <th>课程</th>
                <th>开课单位</th>
                <th>上课时间</th>
                <th>上课老师</th>
                <th>操作</th>
            </tr>
        </table>
        <a class="go" href="/my">进入我的课表</a>
        <script src="/js/index.js" type="text/javascript" charset="utf-8">
</script>
    </body>
</html>
```

在 public/css/index.css 样式文件中使用 CSS 美化样式。代码如下：

```
body {
    padding: 0;
    margin: 0;
}
.go{
    display: block;
    text-align: center;
}
table {
    border-collapse: collapse;
}

table, td, th {
    text-align: center;
    line-height: 30px;
    border: 1px solid #ccc;
}

caption {
    font-weight: 700;
    font-size: 24px;
    margin-bottom: 10px;
}

table {
    width: 960px;
    margin: 50px auto;
}

a {
    text-decoration: none;
    color: #00f;
}

a:hover {
    text-decoration: underline;
    color: #00f;
}
```

（2）在 views/my.html 页面文件中使用 HTML 完成页面，并引入 CSS 文件、JS 文件。代码如下：

```
<!DOCTYPE html>
<html>
    <head>
        <meta charset="utf-8">
        <title>作者界面</title>
        <link rel="stylesheet" type="text/css" href="../public/css/author.
css" />
        <script type="text/javascript" src="../public/js/author.js"></script>
    </head>
    <body>
        <div>
            <p><textarea id="article"></textarea></p>
            <p><button onclick="publish()">发布</button></p>
            <p><button onclick="logoutAut()">退出登录</button>
            </p>
        </div>
    </body>
</html>
<!DOCTYPE html>
<html>
    <head>
        <meta charset="utf-8">
        <title>我的课表</title>
        <link rel="stylesheet" type="text/css" href="/css/index.css" />
    </head>
    <body>
        <table class="my_course">
             <caption>我的课表</caption>
             <tr>
                  <th>课程</th>
                  <th>开课单位</th>
                  <th>上课时间</th>
                  <th>上课老师</th>
                  <th>操作</th>
             </tr>
        </table>
        <a class="go" href="/">进入选课课表</a>
        <script src="/js/my.js" type="text/javascript" charset="utf-8">
</script>
    </body>
</html>
```

18.4.4　步骤四：仿数据库处理数据

在 model/course.js 文件中仿造数据库，创建课表集合与我的课表集合，并将集合导出。代码如下：

```
const fs = require('fs');
const path = require('path');

//课表路径
```

```
const coursePath = path.join(__dirname, '../', 'course.json');
//我的课表路径
const mycoursePath = path.join(__dirname, '../', 'mycourse.json');

//创建类
class Database{
    constructor(myPath){
        this.path = myPath;
    }
    find() {
        let data = fs.readFileSync(this.path, 'utf-8');
        let jsonData = JSON.parse(data);
        return jsonData;
    }
    // 查找匹配的数据
    findOne(val) {
        let data = fs.readFileSync(this.path, 'utf-8');
        let jsonData = JSON.parse(data);
        let searchInfo = jsonData.filter(item => {
            return item._id == val._id
        });
        return searchInfo.length == 0 ? null : searchInfo[0]
    }
    //添加数据
    create(val) {
        let data = fs.readFileSync(this.path, 'utf-8');
        let jsonData = JSON.parse(data);
        jsonData.push(val);
        fs.writeFileSync(this.path, JSON.stringify(jsonData), 'utf-8');
    }
    //删除匹配的数据
    findOneAndDelete(val) {
        let data = fs.readFileSync(this.path, 'utf-8');
        let jsonData = JSON.parse(data);
        let searchInfo = jsonData.filter(item => {
            return item._id != val._id
        });
        fs.writeFileSync(this.path, JSON.stringify(searchInfo), 'utf-8');
    }
};

//实例化课表对象
let course = new Database(coursePath);
//实例化我的课表对象
let mycourse = new Database(mycoursePath);

// 导出实例化对象
module.exports.course = course;
module.exports.mycourse = mycourse;
```

18.4.5 步骤五：实现请求处理

在 route/index.js 文件中引入使用 npm 安装的 router 模块处理请求，引入刚刚写好的 model/course.js 操作数据。如果请求是“/”，就呈递“选课课表”页面；如果请求是“/my”，就呈递“我的课表”页面；如果请求是“/data”，就获取“选课课表”页面的数据；如果请求是“/mydata”，就获取“我的课表”页面的数据；如果请求是“/add”，就向“我的课表”页面添加数据；如果请求是“/delete”，就删除“我的课表”页面的数据。代码如下：

```
const fs=require('fs');
// 引入 router 模块
const getRouter = require('router');
// 获取路由对象
const router = getRouter();
// 引入数据库操作文件
const course=require('../model/course.js')

// 呈递“选课课表”页面
router.get('/', async (req, res) =>{
    const html = fs.readFileSync('./views/index.html', 'utf-8')
    res.end(html)
});
// 呈递“我的课表”页面
router.get('/my', async (req, res) =>{
    const html = fs.readFileSync('./views/my.html', 'utf-8')
    res.end(html)
});
//获取“选课课表”页面的数据
router.get('/data', async (req, res) =>{
    // 查询课表信息
    let datas = course.course.find();
    res.end(JSON.stringify(datas))
});
//获取“我的课表”页面的数据
router.get('/mydata', async (req, res) =>{
    // 查询我的课表信息
    let datas = course.mycourse.find();
    res.end(JSON.stringify(datas))
});
//获取选课课表发送过来的数据
router.post('/add', async (req, res) =>{
    let formData='';
    req.on('data',param=>{
        formData+=param
    });
    req.on('end', async () => {
        formData=JSON.parse(formData);
        // 查找我的课表数据里有没有对应的数据
        let dataFind=course.mycourse.findOne(formData);
        // console.log('测试',dataFind)
        //如果没有，就向数据库里添加
        if(dataFind===null){
            course.mycourse.create(formData);
            res.end('添加成功')
        }else{
            res.end('已经添加到我的课表了')
        }
    })
});
```

```
//获取我的课表发送过来的数据
router.post('/delete', async (req, res) =>{
    let formData='';
    req.on('data',param=>{
        formData+=param
    });
    req.on('end', async () => {
        formData=JSON.parse(formData);
        // 删除我的课表数据里对应的数据
        let dataDelete= course.mycourse.findOneAndDelete(formData);
        //返回是否成功删除
        if(dataDelete===null){
            res.end('课程删除失败')
        }else{
            res.end('课程删除成功')
        }
    })
});

module.exports = router;
```

18.4.6 步骤六：实现静态资源访问

在 app.js 文件中引入使用 npm 安装的 serve-static 模块，通过 path 模块拼接地址并定义 public 目录下的文件都可以访问。引入 route/index.js 文件，通过 http 模块创建端口编号为 8080 的服务器并启用路由与静态资源访问功能。代码如下：

```
const http = require('http');
const path = require('path');
// 引入 serve-static 模块
const serveStatic = require('serve-static');
const router = require('./route/index');

// 实现静态资源访问服务
const serve = serveStatic(path.join(__dirname, 'public'));
// 创建网站服务器
const app = http.createServer();
// 当客户端访问服务器端的时候
app.on('request', (req, res) => {
    //页面没有 favicon 图标
    if(req.url=='/favicon.ico'){
        return
    };
    // 启用路由功能
    router(req, res, () => {})
    // 启用静态资源访问功能
    serve(req, res, () => {})
});
// 端口监听
app.listen(8080,()=>console.log('服务器启动成功'));
```

18.4.7 步骤七：实现前后端交互

（1）在 public/js/index.js 文件中，通过 AJAX 发送“/data”请求，对请求的数据进行处理并显示在页面上；定义选择课程方法，当单击“选择课程”文字链接时，获取相应的信息并通过 AJAX 发送到“/add”请求里。代码如下：

```
// 创建 AJAX 对象
const xhr = new XMLHttpRequest();
//接收的数据
let datas = '';
window.onload = function() {
    //请求方式和请求地址
    xhr.open('get', 'http://localhost:8080/data');
    //发送请求
    xhr.send();
    //获取服务器端响应到客户端的数据
    xhr.onload = function() {
        //请求的数据
        datas = JSON.parse(xhr.responseText);
        //获取 DOM 节点
        const courseTable = document.querySelector('.course');
        //准备插入的数据
        let insertData = ``;
        datas.forEach(item => {
            insertData += `
            <tr data-id="${item._id}">
                <td>${item.courseName}</td>
                <td>${item.courseUnits}</td>
                <td>${item.courseTime}</td>
                <td>${item.courseTeacher}</td>
                <td><a href="javascript:;" onclick="addCourse(this)">选择课程
</a></td>
            </tr>
            `
        });
        //将插入的数据放入获取的 DOM 节点里
        courseTable.insertAdjacentHTML('beforeend', insertData);
    };
};

function addCourse(e) {
    //获取当前数据的 ID
    let currentDataId = e.parentNode.parentNode.dataset.id;
    //获取当前数据
    let currentData = datas.find(item => item._id == currentDataId)
    //请求方式和请求地址
    xhr.open('post', 'http://localhost:8080/add');
    //通过请求头设置请求参数的格式为 JSON
    xhr.setRequestHeader('Content-Type', 'application/json')
    //发送请求
    xhr.send(JSON.stringify(currentData));
    //获取服务器端响应到客户端的数据
    xhr.onload = function(){
```

```
        alert(xhr.responseText)
    }
}
```

（2）在 public/js/my.js 文件中，通过 AJAX 发送“/mydata”请求，对请求数据进行处理并放到页面上；定义“删除课程”方法，当单击“删除课程”文字链接时，获取相应的信息并通过 AJAX 发送到“/delete”请求里。代码如下：

```
//创建 AJAX 对象
const xhr = new XMLHttpRequest();
//接收的数据
let datas = '';
window.onload = function() {
    //请求方式和请求地址
    xhr.open('get', 'http://localhost:8080/mydata');
    //发送请求
    xhr.send();
    //获取服务器端响应到客户端的数据
    xhr.onload = function() {
        // 请求的数据
        datas = JSON.parse(xhr.responseText);
        //获取 DOM 节点
        const myCourseTable = document.querySelector('.my_course');
        //准备插入的数据
        let insertData = ``;
        datas.forEach(item => {
            insertData += `
            <tr data-id="${item._id}">
                <td>${item.courseName}</td>
                <td>${item.courseUnits}</td>
                <td>${item.courseTime}</td>
                <td>${item.courseTeacher}</td>
                <td><a href="javascript:;" onclick="cancelCourse(this)">删除
课程</a></td>
            </tr>
            `
        });
        //将插入的数据放入获取的 DOM 节点里
        myCourseTable.insertAdjacentHTML('beforeend', insertData);
    };
};

function cancelCourse(e) {
    //获取当前数据的 ID
    let currentDataId = e.parentNode.parentNode.dataset.id;
    //获取当前数据
    let currentData = datas.find(item => item._id == currentDataId)
    //请求方式和请求地址
    xhr.open('post', 'http://localhost:8080/delete');
    //通过请求头设置请求参数的格式为 JSON
    xhr.setRequestHeader('Content-Type', 'application/json')
    //发送请求
    xhr.send(JSON.stringify(currentData));
    //获取服务器端响应到客户端的数据
```

```
        xhr.onload = function(){
            if(xhr.responseText=='课程删除成功'){
                // 删除对应的课程
                e.parentNode.parentNode.remove();
                alert(xhr.responseText)
            }else{
                alert(xhr.responseText)
            }
        }
    }
```

18.4.8 步骤八：运行效果

（1）在命令行中运行 node app.js，打开浏览器，在地址栏中输入“http://localhost:8080”，运行效果如图 18-5 所示。

选课课表

课程	开课单位	上课时间	上课老师	操作
PHP	代码学院	周二18:00~21:00	张三	选择课程
Java	代码学院	周三18:00~21:00	王五	选择课程
Android	代码学院	周一8:00~12:00	赵六	选择课程
iOS	代码学院	周一18:00~21:00	李四	选择课程
C++	代码学院	周四18:00~21:00	孙七	选择课程
UI设计	设计学院	周五18:00~21:00	周八	选择课程

进入我的课表

图 18-5

（2）单击“选课课表”页面“张三”“王五”后面的“选择课程”文字链接，再单击“进入我的课表”文字链接，进入“我的课表”页面，如图 18-6 所示。

我的课表

课程	开课单位	上课时间	上课老师	操作
PHP	代码学院	周二18:00~21:00	张三	删除课程
Java	代码学院	周三18:00~21:00	王五	删除课程

进入选课课表

图 18-6

（3）单击“张三”后面的“删除课程”文字链接，结果如图 18-7 所示。

我的课表

课程	开课单位	上课时间	上课老师	操作
Java	代码学院	周三18:00~21:00	王五	删除课程

进入选课课表

图 18-7

第 19 章 Node.js：问卷调查网

19.1 实验目标

（1）掌握 Express 的基本用法。
（2）掌握 Express 路由。
（3）掌握 Express 中间件。
（4）综合应用 Express 技术，开发问卷调查网。
知识地图如图 19-1 所示。

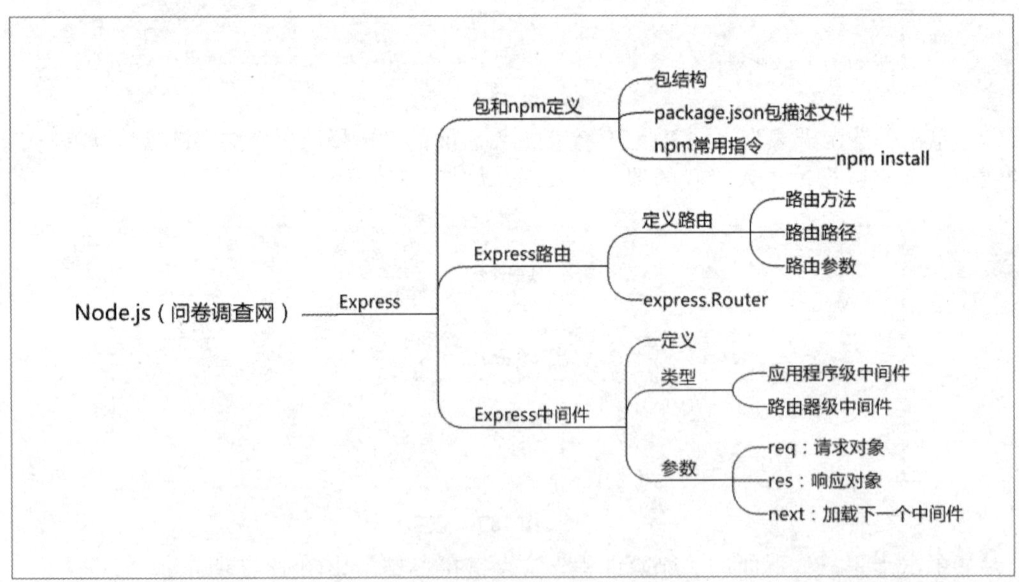

图 19-1

19.2 实验任务

构建问卷调查网，建立“问卷调查”页面和后台“问卷调查表”页面。
（1）创建“问卷调查”页面，如图 19-2 所示。

图 19-2

（2）创建后台“问卷调查表”页面，如图 19-3 所示。

图 19-3

19.3 设计思路

（1）创建项目 questionSurvey（NoDb），在项目中创建 public 文件夹，存放 CSS 文件、JS 文件等页面静态资源文件；创建 views 文件夹，存放 HTML 文件；创建 routes 文件夹，存放前台路由处理文件 home.js 与后台路由处理文件 admin.js；创建 model 文件夹，存放数据处理文件 survey.js；创建 app.js 文件，作为服务器启动入口文件。如表 19-1 所示。

表 19-1

类　　型	文　　件	说　　明
HTML 文件	views/home.html	“问卷调查”页面显示文件
HTML 文件	views/admin.html	“问卷调查表”页面显示文件
CSS 文件	public/css/home.css	“问卷调查”页面样式文件
CSS 文件	public/css/admin.css	“问卷调查表”页面样式文件
JS 文件	public/js/admin.js	“问卷调查表”页面逻辑处理文件
JS 文件	routes/home.js	前台路由处理文件
JS 文件	routes/admin.js	后台路由处理文件
JS 文件	model/survey.js	数据相关操作文件
JS 文件	app.js	服务器启动入口文件
JSON 文件	survey.json	问卷调查表数据文件

（2）在页面中操作。访问 localhost:8080/home，进入“问卷调查”页面。填写完成后，单击“提交”按钮。

访问 localhost:8080/admin，进入“问卷调查表”页面。

（3）在 node 服务端进行以下操作。

在 model/survey.js 文件中仿造数据库，创建数据库集合，将方法导出。

在 routes/home.js 文件中存入页面提交的数据。

在 routes/admin.js 文件中查找数据并响应到页面。

19.4 实验实施（跟我做）

19.4.1 步骤一：创建项目和文件

创建项目 questionSurvey（NoDb），先使用 npm init -y 命令初始化 npm，再使用 npm i 命令安装 express 和 body-parser 模块。目录结构如图 19-4 所示。

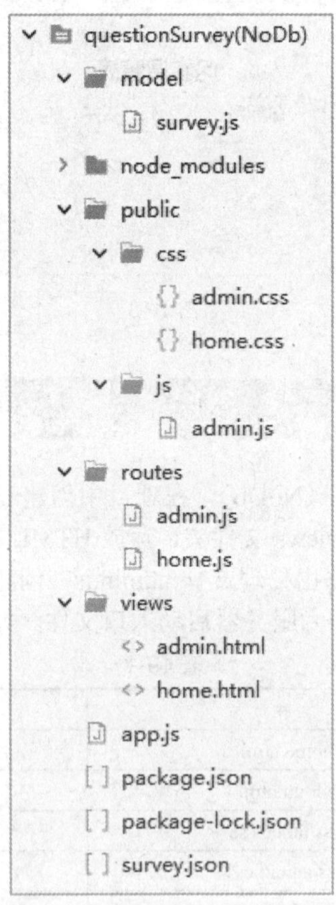

图 19-4

19.4.2 步骤二：完成静态页面

（1）在 views/home.html 页面文件中使用 HTML 完成页面，并引入 CSS 文件（引入方法使用绝对路径并省略 public）。代码如下：

```
<!DOCTYPE html>
<html lang="zh">
    <head>
        <meta charset="UTF-8">
        <meta name="viewport" content="width=device-width, initial-scale=
1.0">
        <meta http-equiv="X-UA-Compatible" content="ie=edge">
        <title>问卷调查</title>
        <link rel="stylesheet" type="text/css" href="/css/home.css" />
    </head>
    <body>
        <form action="/home/add" method="post">
            <fieldset>
                <legend>问卷调查</legend>
                <label>
                    姓名：<input class="normal" type="text" autofocus
placeholder="请输入姓名" name="name">
                </label>
                <label>
                    年龄：<input class="normal" type="text" placeholder="请输
入年龄" name="age">
                </label>
                <label>
                    性别：
                    <input type="radio" value="0" name="sex"> 男
                    <input type="radio" value="1" name="sex"> 女
                </label>
                <label>
                    邮箱地址：<input class="normal" type="text" placeholder="
请输入邮箱地址" name="email">
                </label>
                <label>
                    爱好：
                    <input type="checkbox" value="唱歌" name="hobbies"> 唱歌
                    <input type="checkbox" value="跳舞" name="hobbies"> 跳舞
                    <input type="checkbox" value="篮球" name="hobbies"> 篮球
                </label>
                <label>
                    学习偏好：
                    <select class="normal" name="study">
                        <option value="JavaScript">JavaScript</option>
                        <option value="PHP">PHP</option>
                        <option value="Java">Java</option>
                        <option value="Android">Android</option>
                        <option value="iOS">iOS</option>
                        <option value="UI 设计">UI 设计</option>
                        <option value="C++">C++</option>
                    </select>
                </label>
                <label class="btn">
                    <input type="submit" value="提交" class="normal">
                </label>
            </fieldset>
```

```
        </form>
    </body>
</html>
```

在 public/css/home.css 样式文件中使用 CSS 美化样式。代码如下：

```
body {
    padding: 0;
    margin: 0;
}

form {
    max-width: 640px;
    width: 100%;
    margin: 24px auto;
    font-size: 28px;
}

label {
    display: block;
    margin: 10px 10px 15px;
    font-size: 24px;
}

.normal {
    box-sizing: border-box;
    display: block;
    width: 100%;
    height: 40px;
    font-size: 22px;
    margin-top: 10px;
    padding: 6px 10px;
    color: #333;
    border: 1px solid #ccc;
}

.btn {
    margin-top: 30px;
}

.btn input {
    color: #fff;
    background-color: green;
    border: 0 none;
    outline: none;
    cursor: pointer;
}
```

（2）在 views/admin.html 页面文件中使用 HTML 完成页面，并引入 JS 文件、CSS 文件（引入方法使用绝对路径并省略 public）。代码如下：

```
<!DOCTYPE html>
<html lang="zh">
<head>
    <meta charset="UTF-8">
    <meta name="viewport" content="width=device-width, initial-scale=1.0">
    <meta http-equiv="X-UA-Compatible" content="ie=edge">
    <title>后台</title>
    <link rel="stylesheet" type="text/css" href="/css/admin.css"/>
```

```
    </head>
    <body>
        <table>
            <caption>问卷调查表</caption>
            <tr>
                <th>姓名</th>
                <th>年龄</th>
                <th>性别</th>
                <th>邮箱地址</th>
                <th>爱好</th>
                <th>学习偏好</th>
                <th>填写日期</th>
            </tr>
        </table>
        <script src="/js/admin.js" type="text/javascript" charset="utf-8">
</script>
    </body>
    </html>
```

在 public/css/admin.css 样式文件中使用 CSS 美化样式。代码如下：

```
    body {
        padding: 0;
        margin: 0;
    }

    table {
        border-collapse: collapse;
    }

    table, td, th {
        text-align: center;
        line-height: 30px;
        border: 1px solid #ccc;
    }

    caption {
        font-weight: 700;
        font-size: 24px;
        margin-bottom: 10px;
    }

    table {
        width: 960px;
        margin: 50px auto;
    }

    a {
        text-decoration: none;
        color: #00f;
    }

    a:hover {
        text-decoration: underline;
        color: #00f;
    }
```

19.4.3 步骤三：仿数据库处理数据

（1）在 model/survey.js 文件中仿造数据库操作创造集合，并将集合导出。代码如下：

```
const fs = require('fs');
const path = require('path');

//路径
const surveyPath = path.join(__dirname, '../', 'survey.json');

//创建类
class Database{
    constructor(myPath) {
        this.path = myPath;
    }
    //查找所有的数据
    find() {
        let data = fs.readFileSync(this.path, 'utf-8');
        let jsonData = JSON.parse(data);
        return jsonData;
    }
    //查找匹配的数据
    findOne(val) {
        let data = fs.readFileSync(this.path, 'utf-8');
        let jsonData = JSON.parse(data);
        let searchInfo = jsonData.filter(item => {
            return item._id == val._id
        });
        return searchInfo.length == 0 ? null : searchInfo[0]
    }
    //添加数据
    create(val) {
        //将提交时间戳作为 id 值添加
        val._id = Date.now();
        let data = fs.readFileSync(this.path, 'utf-8');
        let jsonData = JSON.parse(data);
        jsonData.push(val);
        fs.writeFileSync(this.path, JSON.stringify(jsonData), 'utf-8');
    }
    //删除匹配的数据
    findOneAndDelete(val) {
        let data = fs.readFileSync(this.path, 'utf-8');
        let jsonData = JSON.parse(data);
        let searchInfo = jsonData.filter(item => {
            return item._id != val._id
        });
        fs.writeFileSync(this.path, JSON.stringify(searchInfo), 'utf-8');
    }
};

//实例化
let survey = new Database(surveyPath);

//将集合导出
module.exports = survey;
```

（2）survey.json 文件用来存储数据，在 survey.json 文件中写一个空数组，将数据存储在这里。代码如下：

```
[]
```

19.4.4　步骤四：创建服务器

（1）在 app.js 文件中引入并使用 express 模块创建服务器。

（2）使用 express.static 实现静态资源访问服务。

（3）将路由分为两个二级路由，分别调用引入的 home.js 文件与 admin.js 文件。

代码如下：

```
const express = require('express');
const path=require('path');

// 创建服务器
const app = express();
const home = require('./routes/home.js');
const admin = require('./routes/admin.js');
// 实现静态资源访问服务
app.use(express.static(path.join(__dirname, 'public')));
app.use('/home', home);
app.use('/admin', admin)

app.listen(8080, () => console.log('服务器启动成功'));
```

19.4.5　步骤五：实现前台路由

（1）在 routes/home.js 文件中引入 body-parser 模块（此模块基于 express 模块，使用时必须要有 express 模块）解析 POST 请求。

（2）导入 survey.js 文件操作数据。

（3）创建路由，以实现请求处理。在浏览器的地址栏中输入“http://localhost:8080/home”时，读取 views/home.html 页面文件并响应到页面；在页面中提交时，将参数进行解析并存放到数据库中，重定向到完成页面。

代码如下：

```
const express = require('express');
const path = require('path');
// HTTP 请求体解析的中间件
const bodyParser=require("body-parser");
// 导入数据库集合
const survey=require('../model/survey.js');

// 创建“问卷调查”页面路由
const home = express.Router();
//  拦截所有请求。extended: false 方法内部使用 querystring 模块处理请求参数的格式。
extended: true 方法内部使用第三方模块 qs 处理请求参数的格式
home.use(bodyParser.urlencoded({extended: false}))

home.get('/', (req, res)=> {
  res.sendFile(path.join(__dirname, '../', 'views/home.html'))
});
```

```
home.post('/add', async (req, res)=> {
  // 接收 POST 请求参数，将参数添加到数据库中
  await survey.create(req.body);
  //页面重定向到“ok”页面
  res.redirect(301, '/home/ok');
});
home.get('/ok', (req, res)=> {
  res.send('提交成功')
});

module.exports = home;
```

19.4.6 步骤六：实现后台路由

（1）在 routes/admin.js 文件中实现请求处理。在浏览器的地址栏中输入“http://localhost:8080/admin”时，读取 views/admin.html 文件并响应到页面；当请求 data 数据时，在数据库中查询数据并返回页面。代码如下：

```
const express = require('express');
const path = require('path');
// 导入数据库集合
const survey = require('../model/survey.js');

// 创建“问卷调查表”页面路由
const admin = express.Router();

admin.get('/', (req, res) => {
    res.sendFile(path.join(__dirname, '../', 'views/admin.html'))
});
admin.get('/data', async (req, res) => {
    let datas = await survey.find();
    res.send(datas)
});
module.exports = admin;
```

（2）在 public/js/admin.js 文件中通过 AJAX 获取 data 请求的数据，对数据进行处理并渲染到页面上。代码如下：

```
// 创建 AJAX 对象
const xhr = new XMLHttpRequest();
//接收的数据
let datas = '';
window.onload = function() {
    //请求方式，请求地址
    xhr.open('get', 'http://localhost:8080/admin/data');
    //发送请求
    xhr.send();
    //获取服务器端响应到客户端的数据
    xhr.onload = function() {
        // 请求的数据
        datas = JSON.parse(xhr.responseText);
        //获取 DOM 节点
        const table = document.querySelector('table');
        //准备插入的数据
        let insertData = ``;
```

```
        datas.forEach(item => {
            // 将传递过来的时间进行格式处理
            item._id=formDate(new Date(item._id), "yyyy-MM-DD HH:mm:ss");
            insertData += `
            <tr>
                <td>${item.name}</td>
                <td>${item.age}</td>
                <td>${item.sex}</td>
                <td>${item.email}</td>
                <td>${item.hobbies}</td>
                <td>${item.study}</td>
                <td>${item._id}</td>
            </tr>
            `
        });
        // 将插入的数据放入获取的 DOM 节点
        table.insertAdjacentHTML('beforeend', insertData);
    };
};

//时间格式化
function formDate(data, format) {
    let time = {
        "M+": data.getMonth() + 1,
        "D+": data.getDate(),
        "H+": data.getHours(),
        "m+": data.getMinutes(),
        "s+": data.getSeconds(),
    };
    if (/(y+)/i.test(format)) {
        format = format.replace(
            RegExp.$1,
            (data.getFullYear() + "").substr(4 - RegExp.$1.length)
        );
    };
    for (let k in time) {
        if (new RegExp("(" + k + ")").test(format)) {
            format = format.replace(
                RegExp.$1,
                RegExp.$1.length === 1 ?
                time[k] :
                ("00" + time[k]).substr(("" + time[k]).length)
            );
        }
    };
    return format;
}
```

19.4.7　步骤七：运行效果

（1）在命令行中运行 node app.js，打开浏览器，在地址栏中输入“http://localhost:8080/home”，将表单填写完整，运行效果如图 19-5 和图 19-6 所示。

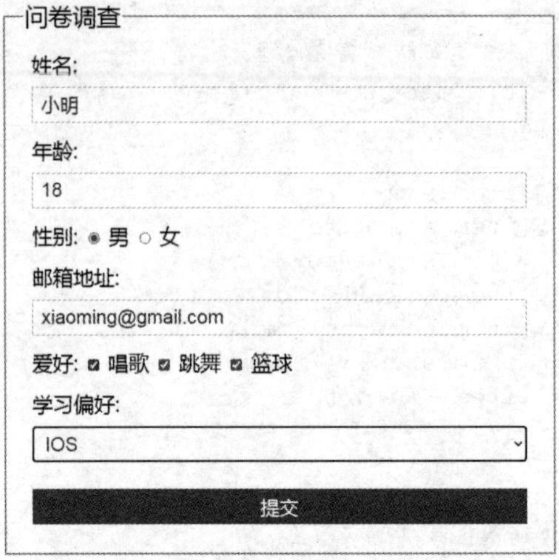

问卷调查

姓名:

小明

年龄:

18

性别: ◉ 男 ○ 女

邮箱地址:

xiaoming@gmail.com

爱好: ☑ 唱歌 ☑ 跳舞 ☑ 篮球

学习偏好:

IOS

提交

图 19-5

图 19-6

（2）打开新的浏览器窗口，在地址栏中输入“http://localhost:8080/admin”，可以看到刚刚提交的数据和填写日期，如图 19-7 所示。

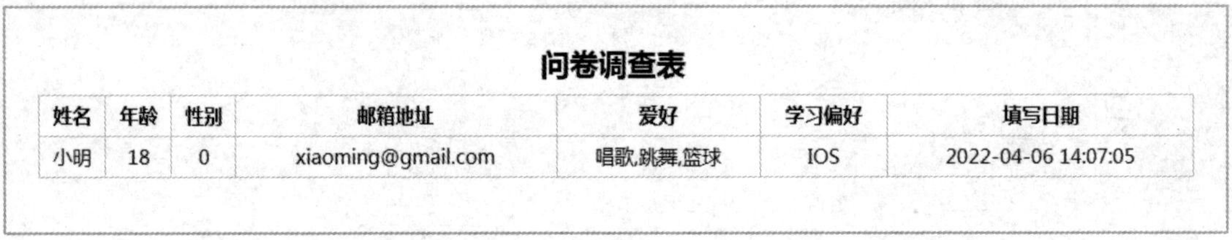

问卷调查表

姓名	年龄	性别	邮箱地址	爱好	学习偏好	填写日期
小明	18	0	xiaoming@gmail.com	唱歌,跳舞,篮球	IOS	2022-04-06 14:07:05

图 19-7

第 20 章 Node.js：用户注册/登录

20.1 实验目标

（1）掌握 Node.js 的下载和安装。

（2）掌握 Node.js 文件的运行。

（3）掌握 Node.js 的内置模块，如 http 模块、fs 模块、path 模块。

（4）掌握前后端之间的通信，如 AJAX 原理、JSON 数据格式等。

（5）综合应用 Node.js 路由、文件写入和读取等功能，开发用户注册/登录页面。

知识地图如图 20-1 所示。

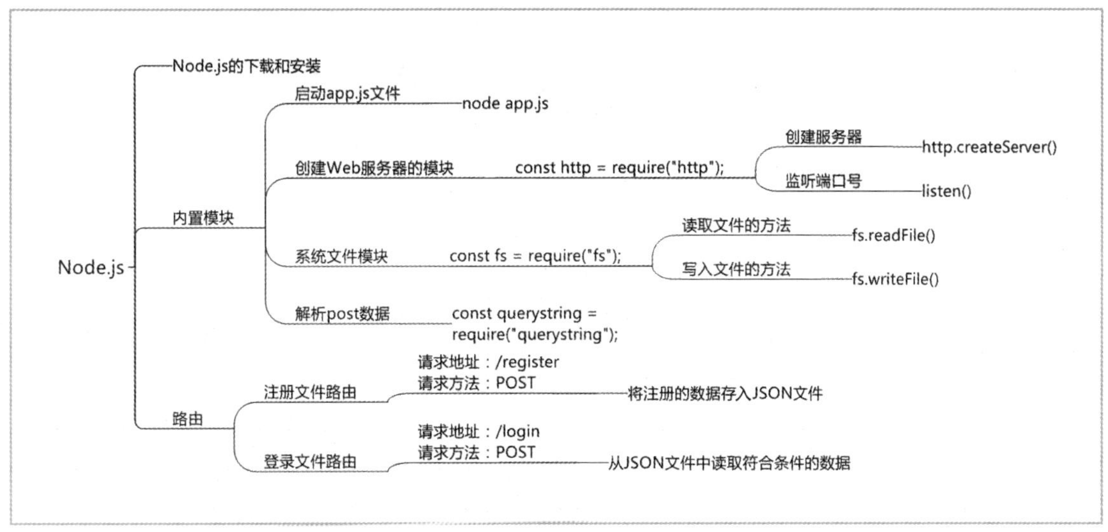

图 20-1

20.2 实验任务

完成 Node.js 的下载和安装，创建“用户注册”和“用户登录”页面，引入 Node.js 需要的模块，创建服务器并运行。

创建一个用户网站，网站由“用户注册”和“用户登录”两个页面组成。

（1）“用户注册”页面有两个<input>输入框标签和一个<button>按钮标签，分别表示“用户名”输入框、“密码”输入框和“用户注册”按钮。如图 20-2 所示。

（2）“用户登录”页面有两个<input>输入框标签和一个<button>按钮标签，分别表示“用户名”输入框、“密码”输入框和“用户登录”按钮。如图 20-3 所示。

图 20-2

图 20-3

（3）编辑 Node.js 逻辑文件，在项目中新建 app.js 文件，引入 http、fs、querystring 内置模块，创建本地服务器。

（4）通过 Node.js 官网下载 Node.js 对应版本的安装包并进行安装。

20.3 设计思路

（1）创建项目 userRegLog，项目中包含如表 20-1 所示的文件。

表 20-1

序　号	文　件	说　明
1	views/register.html	“用户注册”页面 HTML 文件
2	views/login.html	“用户登录”页面 HTML 文件
3	views/css/common.css	公共样式文件
4	views/js/jquery.js	jQuery 文件
5	data/data.json	数据存储文件
6	app.js	服务器启动配置文件

（2）实现登录/注册功能点文件，在 app.js 文件中引入功能需要的内置依赖模块，通过 http.createServer()异步方法创建服务器，通过 listen()方法监听端口，定义两个请求路由并指定对应的方法。

（3）在 HTML 页面的文本输入框中输入“用户名”和“密码”，单击“用户注册”按钮，用户的注册信息会写入 data.json 文件；在“用户登录”页面中输入用户名和密码，单击“用户登录”按钮，读取 data.json 文件的数据，进行用户输入数据的比较，实现登录功能。

20.4　实验实施（跟我做）

20.4.1　步骤一：下载与安装 Node.js

在 Node.js 官网中下载 Node.js 的 64 位安装包。

（1）双击下载的安装包，出现如图 20-4 所示的窗口，单击“Next”按钮。进入“End-User License Agreement”窗口，勾选“I accept the terms in the License Agreement”复选框，单击“Next”按钮，如图 20-5 所示。

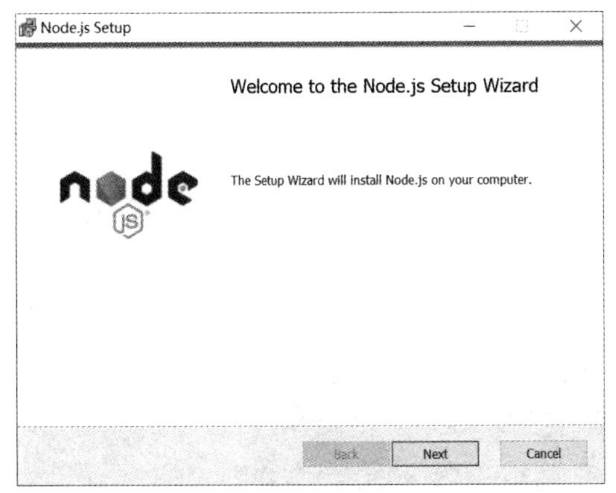

图 20-4

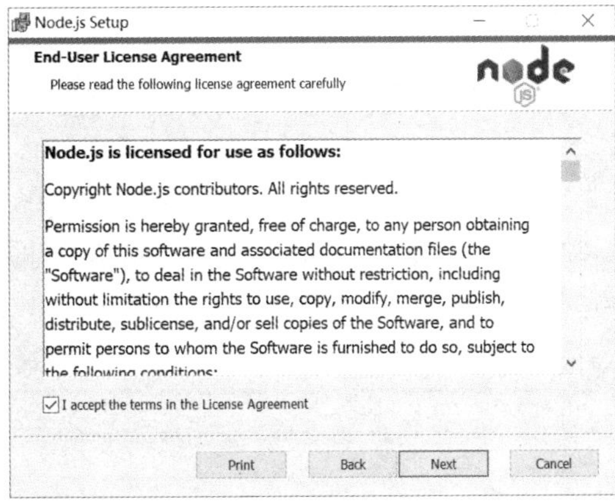

图 20-5

（2）进入“Destination Folder”窗口。Node.js 默认的安装目录为 C:\Program Files\nodejs，用户也可以修改目录，单击“Next”按钮，如图 20-6 所示。

（3）进入“Custom Setup”窗口，根据窗口中的树状结构图选择安装模式，树状结构图中包含 Node.js runtime、npm package manager、Add to PATH 等，建议选择默认方式进行安装。单击“Next”按钮，如图 20-7 所示。

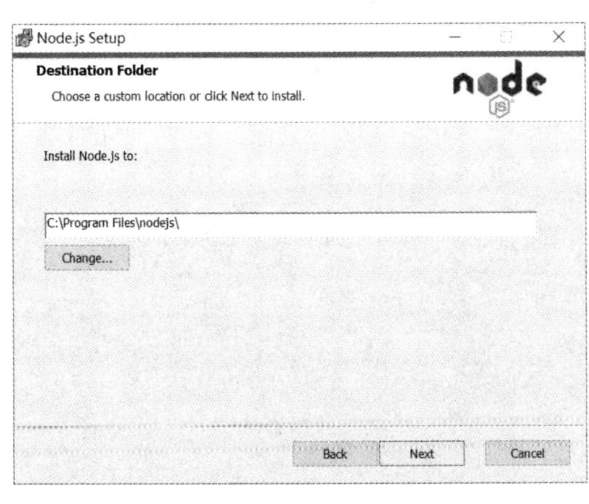

图 20-6

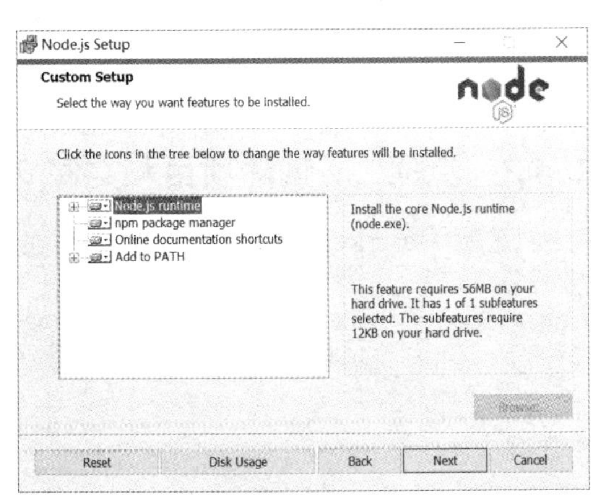

图 20-7

（4）进入“Tools for Native Modules”窗口，选择安装工具，建议选择默认选项，单击“Next”按钮，如图 20-8 所示。进入“Ready to install Node.js”窗口，单击“Install”按钮开始安装 Node.js，如图 20-9 所示。

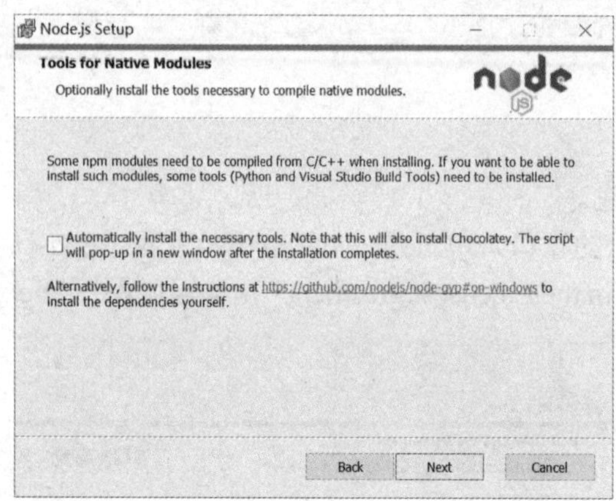

图 20-8

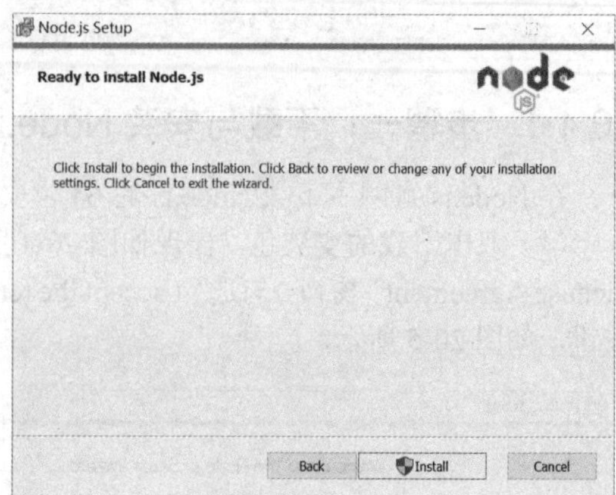

图 20-9

（5）安装完成后，单击“Finish”按钮，退出安装向导，如图 20-10 所示。检测 Node.js 的环境变量是否配置完成，在命令行窗口中输入“node -v”，可以看到命令行窗口出现 Node.js 版本信息，如图 20-11 所示。

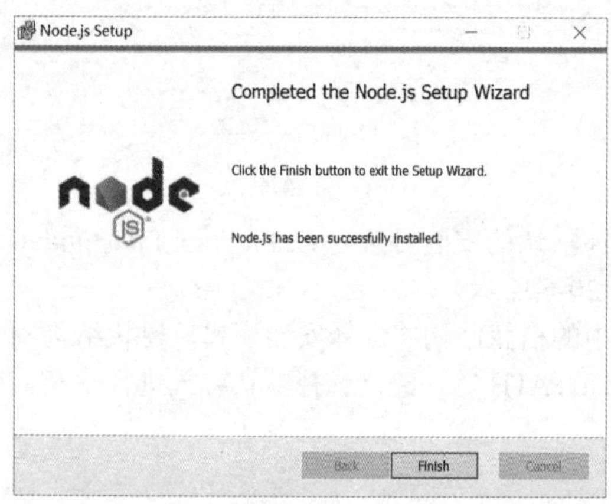

图 20-10

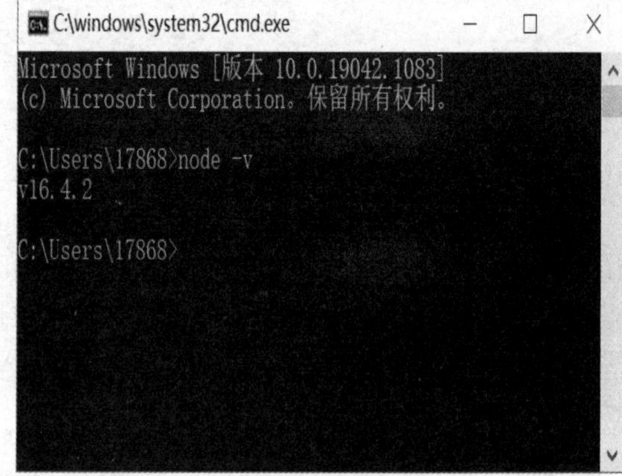

图 20-11

20.4.2 步骤二：创建项目和文件

创建项目 userRegLog，并在项目中创建文件和文件夹，目录结构如图 20-12 所示。

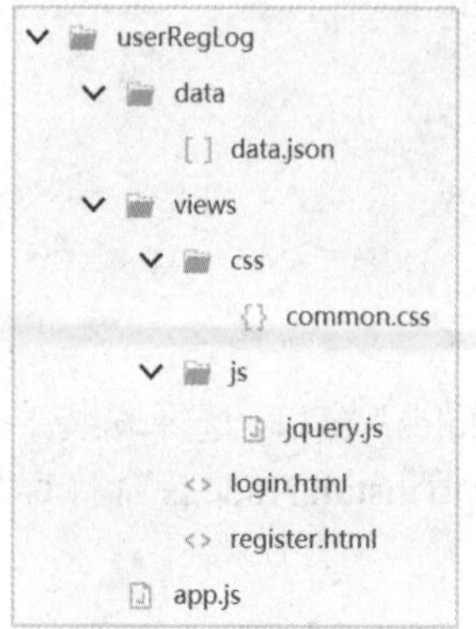

图 20-12

20.4.3 步骤三：实现“用户注册”和“用户登录”页面

（1）创建“用户注册”页面的 HTML 文件 register.html，在页面文件的<body>标签中定义<form>标签，存放“用户名”输入框、“密码”输入框和“用户注册”按钮的内容。代码如下：

```
<!DOCTYPE html>
<html>
    <head>
        <meta charset="utf-8">
        <title>用户注册</title>
    </head>
    <body>
        <div>
            <form class="registerForm">
                <p>
                    <label>用户名：</label>
                    <input type="text" id="username" value="" placeholder="
请输入用户名"/>
                </p>
                <p>
                    <label>密   码：</label>
                    <input type="text" id="pass" value="" placeholder="请输入
密码"/>
                </p>
                <input type="button" value="用户注册" class="register" id=
"register"/>
            </form>
        </div>
    </body>
</html>
```

（2）创建“用户登录”页面的 HTML 文件 login.html，在页面文件的<body>标签中定义<form>标签，存放“用户名”输入框、“密码”输入框和“用户登录”按钮的内容。代码如下：

```
<!DOCTYPE html>
<html>
    <head>
        <meta charset="utf-8">
        <title>用户登录</title>
        <link rel="shortcut icon" type="image/x-icon" href="https://www.
zhonghui.vip/wp-content/uploads/2018/08/cropped-icon_logo-32x32.png">
    </head>
    <body>
        <div>
            <form class="loginForm">
                <p>
                    <label>用户名：</label>
                    <input type="text" id="username" value="" placeholder="
请输入用户名"/>
                </p>
                <p>
                    <label>密   码：</label>
                    <input type="password" id="pass" value="" placeholder="
请输入密码"/>
                </p>
```

```
                <input type="button" value="用户登录" class="login" id="login"/>
            </form>
        </div>
    </body>
</html>
```

20.4.4 步骤四：添加“用户注册”和“用户登录”页面的 CSS 样式

（1）创建公共样式文件 common.css。代码如下：

```
* {
    padding: 0;
    margin: 0;
}
.registerForm {
    width: 300px;
    text-align: center;/* 文本居中 */
    margin: 100px auto;/* 表单水平居中 */
}
.registerForm>p {
    margin-bottom: 20px;
}
/* 为输入框添加样式 */
.registerForm>p>input {
    width: 220px;
    height: 35px;
    border: 1px solid #cfcfcf;
    border-radius: 5px;/* 为输入框添加圆角 */
    text-indent: 1em;/* 输入框缩进一个字符 */
}
/* 为按钮设置样式 */
.register {
    width: 80px;
    height: 35px;
    border-radius: 3px;
    background-color: green;
    color: #fff;
    border: none;
    font-size: 14px;
    cursor: pointer;/* 出现小手图标 */
}
```

（2）在 register.html 页面文件中，通过<link>标签引入 common.css 文件。代码如下：

```
<head>
    <meta charset="utf-8">
    <title>用户注册</title>
    <link rel="stylesheet" type="text/css" href="css/common.css"/>
</head>
```

（3）在 login.html 页面文件中，通过<link>标签引入 common.css 文件。代码如下：

```
<head>
    <meta charset="utf-8">
    <title>用户登录</title>
    <link rel="stylesheet" type="text/css" href="css/common.css"/>
</head>
```

20.4.5 步骤五：创建服务器

（1）在 app.js 文件中引入内置的 http 模块、fs 模块、querystring 模块。使用 http.createServer() 异步方法创建服务器，监听编号为 3000 的端口，设置头部请求，包括文本乱码、跨域。代码如下：

```
const http = require("http");// 引入 http 模块
const fs = require("fs"); // 引入 fs 模块
// 引入 querystring 模块（解析 post 请求数据）
var querystring = require('querystring');
// 创建服务器
http.createServer(function(req, res) {
// 解决文本乱码
    res.setHeader("Content-type", "text/html;charset=utf-8");
    res.setHeader("Access-Control-Allow-Origin", "*"); // 解决跨域问题
    // 屏蔽浏览器页面的显示图标
    if (req.url === '/favicon.ico') {
        return;
    }
    //监听编号为 3000 的端口
}).listen(3000, () => {
    console.log("服务器已启动...");
});
```

（2）设置注册的请求路径为“/register”，请求方法为 POST。

当用户在前端发送 AJAX 数据请求时，Node.js 通过 POST 方法、/register 路径接收数据，对传过来的数据进行处理、判断。通过系统文件读取 data.json 文件中的数据，并进行数据匹配。将符合条件的数据存储在 data.json 文件中。

新建 data.json 文件，对 data.json 数据进行初始化处理。代码如下：

```
[]
```

实现注册请求路径功能，通过 req.url 定义检测路径和 req.method 检测请求方式，接收“用户注册”页面传入的用户名和密码，读取 JSON 文件。

①将 JSON 字符串转换为对象，查询符合条件的数据。

②将注册的数据存储在 data.json 文件中，并且注册数据中的用户名不能重复。如果用户注册的用户名已存在，则返回“注册失败”提示信息，否则返回“注册成功”提示信息。

③因为 Node.js 的写入文件只认识字符串和二进制数，所以把 JSON 对象转换为字符串重新写入 JSON 文件。

```
http.createServer(function(req, res) {
    ......
    // 注册请求路径，请求方法为 POST
    if (req.url == "/register" && req.method === 'POST') {
        req.on('data', function(chunk) {
            var userinfo = querystring.parse(chunk + '');
            var username = userinfo.username;
            var password = userinfo.password;
            var addData = {
                username,
                password
            }
            // 读取 data.json 文件中的数据
```

```
            fs.readFile('./data/data.json', function(err, data) { //
                if (err) return console.error(err);
                var jsonData = JSON.parse(data); // 将 JSON 字符串转换为对象
                // 查询符合条件的数据
                var newObj = jsonData.find(item => {
                    return item.username === addData.username
                })
                if (newObj == undefined) {
                    jsonData.push(addData); // 将传来的对象 push 到数组对象中
                    var str = JSON.stringify(jsonData);
                    // 因为 Node.js 的写入文件只认识字符串或二进制数，所以把 JSON 对象
转换为字符串重新写入 JSON 文件
                    fs.writeFile('./data/data.json', str, function(err) {
                        if (err) throw err;
                    })
                    var result = {
                        code:0,
                        msg:'注册成功'
                    }
                } else {
                    var result = {
                        code:1,
                        msg:'注册失败'
                    }
                }
                res.end(JSON.stringify(result));
            })
        })
    }
}).listen(3000, () => {
    console.log("服务器已启动...");
});
```

（3）设置登录的请求路径为“/login”，请求方法为 POST。

实现登录功能要保证 data.json 文件中有数据存在，当用户提交登录数据时，先读取 data.json 文件中的数据，如果匹配成功，则返回“登录成功”提示信息；如果匹配不成功，则返回“该用户不存在”提示信息；如果“用户名”和在 data.json 文件中查询的数据一致，但密码不一致，则返回“密码错误”提示信息。代码如下：

```
// 创建服务
http.createServer(function(req, res) {
    res.setHeader("Content-type", "text/html;charset=utf-8");
    res.setHeader("Access-Control-Allow-Origin", "*"); // 解决跨域问题
     // 屏蔽浏览器页面的显示图标
    if (req.url === '/favicon.ico') {
        return;
    }
    // 登录请求路径，请求方法为 POST
    if (req.url == "/login" && req.method === 'POST') {
        var data = '';
        //注册 data 事件接收数据（每收到一段表单提交的数据，该方法会执行一次）
        req.on('data', function(chunk) {
            // chunk 默认是一个二进制数据，和 data 拼接会自动 toString
            data += chunk;
```

```
        });
        req.on('end', function() {
            var dataObject = querystring.parse(data);// 将 JSON 字符串转换为对象
            var username = dataObject.username;
            var password = dataObject.password;
            var addData = {
                "username": username,
                "password": password
            }
            // 读取 data.json 文件数据
            fs.readFile("./data/data.json", function(err, data) {
                if (err)  throw err;
                // 将 JSON 字符串转换为 JSON 对象
                var jsonData = JSON.parse(data);
                // 过滤符合条件的数据
                var searchInfo = jsonData.filter(item => {
                    return item.username == addData.username
                })
                // 对查询的数据进行处理
                if (searchInfo.length) {
                    if (searchInfo[0].password == addData.password) {
                        var result = {
                            "msg": "登录成功",
                            "code": 0
                        }
                    } else {
                        var result = {
                            "msg": "密码错误",
                            "code": -1
                        }
                    }
                } else {
                    var result = {
                        "msg": "该用户不存在",
                        "code": 1
                    }
                }
                // 将 result 对象转换为 string
                res.end(JSON.stringify(result));
            })
        });
    }
    //监听编号为 3000 的端口
}).listen(3000, () => {
    console.log("服务器已启动...");
});
```

20.4.6　步骤六：发送 AJAX 请求到服务器

（1）“用户注册”页面发送 AJAX 请求。

①编辑 register.html 页面文件。

②将 jquery.js 文件导入 register.html 文件。

代码如下：

```
<script src="js/login.js" type="text/javascript" charset="utf-8"></script>
```

（2）在 register.html 文件的<body>标签中，使用<script>标签添加“用户注册”按钮的单击事件，通过$.ajax()方法调用 register 接口设置 POST 请求方式，实现用户注册功能。

代码如下：

```
<script>
$("#register").click(function(){
    $.ajax({
        url:"http://localhost:3000/register",
        data:{
            username:$("#username").val(),
            password:$("#pass").val()
        },
        type:"post",
        success:function(data){
            var data = JSON.parse(data);
            console.log(data);
            if(data.code == 0){
                setTimeout(function(){
                    location.href = "./login.html";
                },1000);
            } else {
                alert("注册失败");
            }
        }
    })
})
</script>
```

（3）“用户登录”页面发送 AJAX 请求。

①编辑 login.html 页面文件。

②将 jquery.js 文件导入 login.html 文件。

代码如下：

```
<script src="js/login.js" type="text/javascript" charset="utf-8"></script>
```

③在 login.html 文件中通过<script>标签实现用户登录功能。通过<div id="login">标签添加单击事件。通过$.ajax()方法请求 http://localhost:3000/login 路径。

代码如下：

```
<script>
$("#login").click(function(){
    $.ajax({
        url: "http://localhost:3000/login",
        data: {
            username: $("#username").val(),
            password: $("#pass").val()
        },
        type: "post",
        success: function(data) {
            console.log(data)
        }
    })
})
</script>
```

（4）运行测试。

打开命令行窗口，进入项目所在的文件目录，在命令行窗口运行 node app.js，启动服务器，如图 20-13 所示。

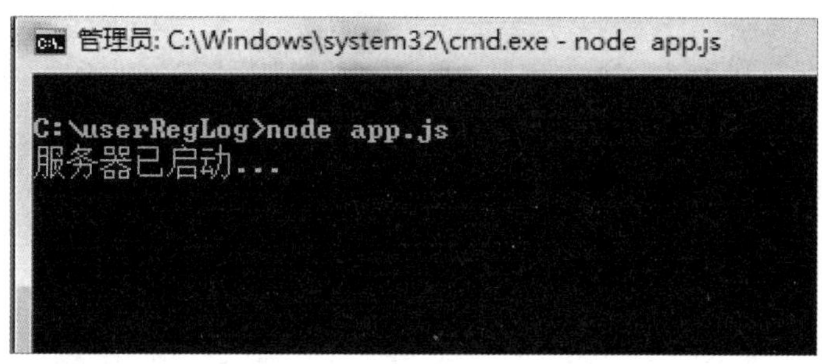

图 20-13

使用浏览器打开 views 文件夹中的 register.html 文件，在表单中输入注册信息，如图 20-14 所示。

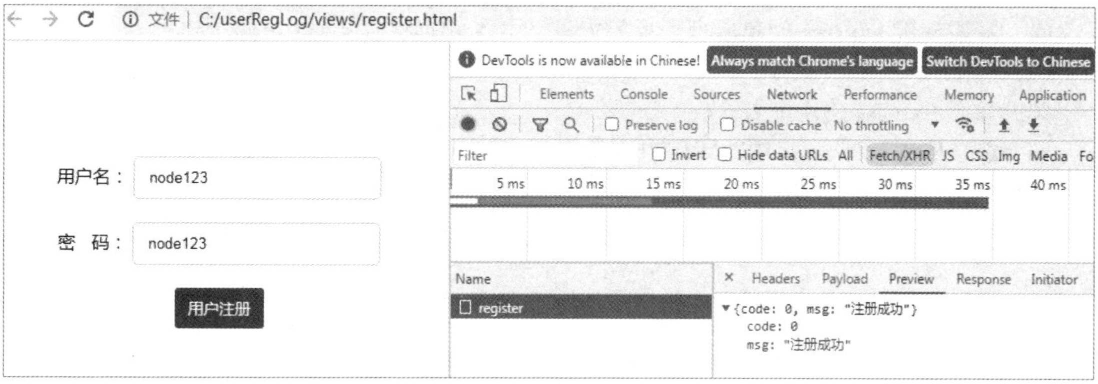

图 20-14

使用浏览器打开 views 文件夹中的 login.html 文件，在表单中输入登录信息。如图 20-15 所示。

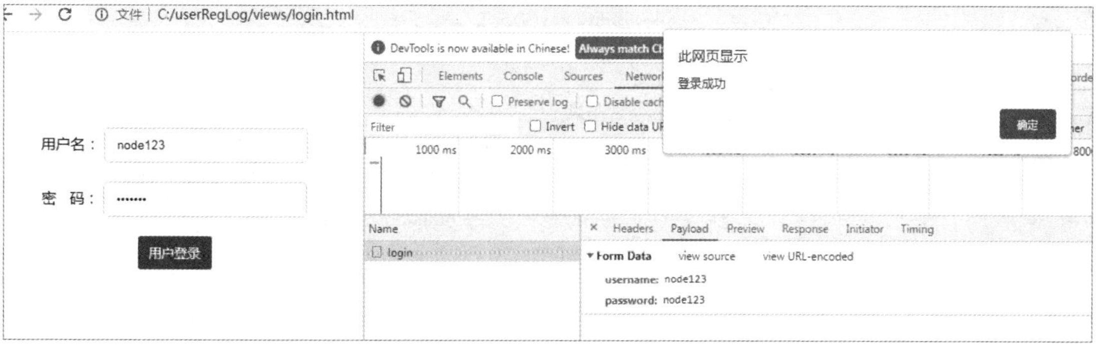

图 20-15

第 21 章 Node.js：用户信息管理

21.1 实验目标

（1）掌握使用 Express 创建后台项目的方法，并了解项目目录结构的构成。

（2）连接 MySQL 数据库。

（3）掌握 Express 路由配置。

（4）综合应用 Express，创建“用户信息管理”项目。

知识地图如图 21-1 所示。

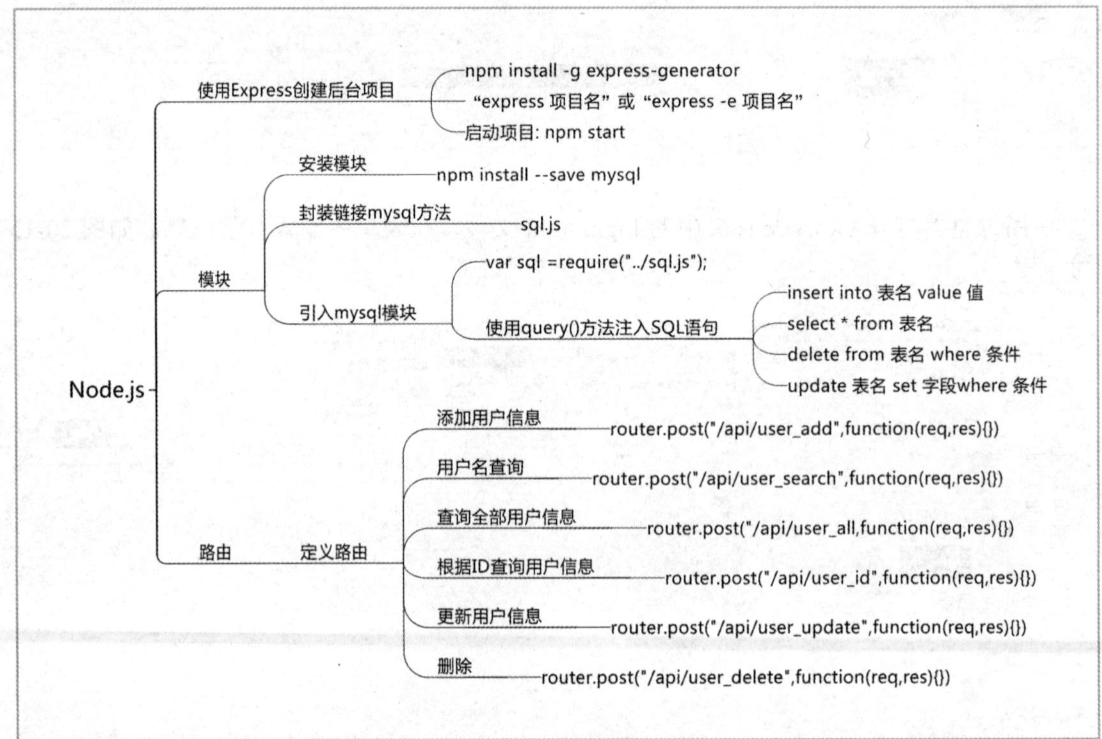

图 21-1

21.2 实验任务

本项目需要实现 6 个接口，分别表示用户信息的添加、查询（查询全部、根据 ID 查询、根据用户名查询）、更新、删除。每个测试接口对应的请求地址、请求方式、参数列表和返回实例如下所示。

（1）添加用户信息的接口如表 21-1 所示。

表 21-1

请求地址	http://localhost:3000/api/user_add			
请求方式	POST			
参数列表	名称	是否必填	类型	说明
	username	是	string	用户名
	user_card	是	string	密码
	phone	是	string	手机号
	age	是	string	年龄
	sex	是	string	性别
	job	否	string	职业
	marital_status	否	string	婚姻状况
返回实例	{ code:0,data:{ msg:"添加成功" } } { code:1,data:{ msg: "用户已添加" } } { code:-1,data:{ msg: "输入信息不能为空" }			

（2）查询全部用户信息的接口如表 21-2 所示。

表 21-2

请求地址	http://localhost:3000/api/search_all
请求方式	GET
参数列表	无
返回实例	{ code:0,msg: "登录成功",token:"zI1NiIsInR5cCI6IkIjo" } { code:1,msg: "密码输入错误", } { code:2, msg: "用户名不存在" } { code:-1, msg: "信息不能为空" }

（3）根据 ID 查询用户信息的接口如表 21-3 所示。

表 21-3

请求地址	http://localhost:3000/api/user_id			
请求方式	GET			
参数列表	名称	是否必填	类型	说明
	id	是	int	用户 id
返回实例	{code:0,data:{ msg: "登录成功",result:[{"id":2,"username":"小西","user_card":"123456789098765432","phone":"1532456987","age":20,"sex":"男","job":"前端讲师","marital_status":"未婚"}]} { code:1,data:{ msg: "查询失败"} }			

（4）根据用户名查询用户信息的接口如表 21-4 所示。

表 21-4

请求地址	http://localhost:3000/api/user_search			
请求方式	GET			
参数列表	名称	是否必填	类型	说明
	username	是	string	用户名
返回实例	{code:0,data:{ msg: "登录成功",result:[{"id":2,"username":"小西","user_card":"123456789098765432","phone":"1532456987","age":20,"sex":"男","job":"前端讲师","marital_status":"未婚"}]} { code:1,data:{ msg: "该用户不存在，请添加"} } { code:-1,data:{ msg: "用户名不能为空"} }			

（5）更新用户信息的接口如表 21-5 所示。

表 21-5

请求地址	http://localhost:3000/api/user_update			
请求方式	POST			
参数列表	名称	是否必填	类型	说明
	id	是	int	用户 id
	username	是	string	用户名
	user_card	是	string	密码
	phone	是	string	手机号
	age	是	string	年龄
	sex	是	string	性别
	job	否	string	职业
	marital_status	否	string	婚姻状况
返回实例	{ code:0,data:{ msg:"更新成功" } } { code:1,data:{ msg: "更新失败" } }			

（6）删除用户信息的接口如表 21-6 所示。

表 21-6

请求地址	http://localhost:3000/api/user_delete			
请求方式	GET			
参数列表	名称	是否必填	类型	说明
	id	是	int	用户 id
返回实例	{ code:0,data:{ msg: "删除成功"} } { code:1,data:{ msg: "删除失败"} }			

21.3 设计思路

（1）全局安装 Express 应用生成器，通过 express 命令生成项目 userManagement，在项目的根目录下新建一个 sql.js 文件，项目文件夹中包含的文件如表 21-7 所示。

表 21-7

序　号	文　件	说　明
1	bin/www	服务器启动命令配置文件

续表

序　号	文　件	说　明
2	node_modules	项目依赖文件包
3	public/images	存放图片资源
4	public/javascripts/userManage.js	用户信息列表 JS 文件
5	public/javascripts/userAdd.js	用户新增 JS 文件
6	public/stylesheets/userManage.css	用户信息列表 CSS 样式文件
7	public/stylesheets/userAdd.css	用户新增样式 CSS 文件
8	routes/index.js	路由文件
9	views/userManage.html	用户列表首页 HTML 文件
10	views/userAdd.html	用户新增页面 HTML 文件
11	.gitignore	Git 忽略文件
12	app.js	服务器启动文件
13	package.json	配置依赖模块和项目信息文件
14	sql.js	MySQL 数据库操作文件

（2）创建 userinfo 数据库并设计 user_manage 表结构。

①表结构需求分析。用户信息列表应具有 ID、姓名、身份证号、联系方式、年龄、性别、职业、婚姻状况等字段。

②表结构设计规则如表 21-8 所示。

表 21-8

字段内容	字　段　名	类　型	值　域	主　键	是否为 null
ID	id	int		主键	否
姓名	username	varchar			否
身份证号	user_card	varchar			否
联系方式	phone	varchar			否
年龄	age	varchar			否
性别	sex	varchar	男/女		否
职业	job	varchar			是
婚姻状况	marital_status	varchar	未婚/已婚		是

创建表结构和字段，代码如下：

```
CREATE TABLE `user_manage`  (
  `id` int(0) NOT NULL AUTO_INCREMENT,
  `username` varchar(255) NOT NULL COMMENT '用户名',
  `user_card` varchar(255) NOT NULL COMMENT '身份证号',
  `phone` varchar(255) NOT NULL COMMENT '联系方式',
  `age` int(0) NOT NULL COMMENT '年龄',
  `sex` varchar(255) NOT NULL COMMENT '性别',
  `job` varchar(255) NULL DEFAULT NULL COMMENT '职业',
  `marital_status` varchar(255) NULL DEFAULT NULL COMMENT '婚姻状态,
  PRIMARY KEY (`id`) USING BTREE
) ENGINE = InnoDB CHARACTER SET = utf8mb4
```

21.4 实验实施（跟我做）

21.4.1 步骤一：使用 Express 应用生成器创建项目

安装 Express 应用生成器的步骤如下。

（1）通过 Express 应用生成器工具 express-generator 可以快速创建一个应用的框架，使用 npm 将 Express 应用生成器安装到全局环境中，安装命令如下：

```
npm install -g express-generator
```

（2）安装成功后，使用 express 命令快速创建 userManagement 项目。代码如下：

```
express userManagement
```

（3）userManagement 项目的目录结构如图 21-2 所示，其中，sql.js 是配置 MySQL 的文件。

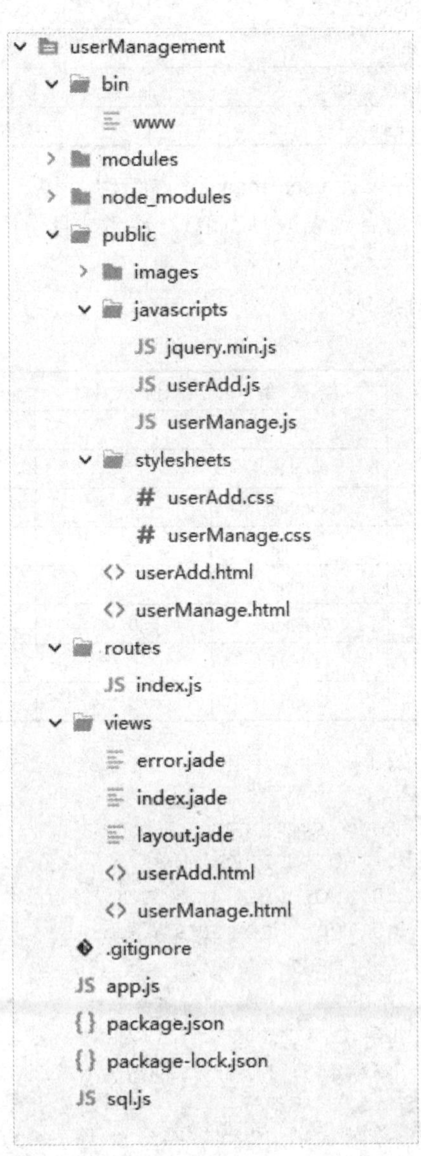

图 21-2

21.4.2 步骤二：使用 Express 连接 MySQL 数据库

（1）下载 MySQL 数据库模块。代码如下：

```
npm i mysql -S
```

（2）在项目的根目录下新建 sql.js 文件，用于连接 MySQL 数据库。创建一个连接池，配置连接 MySQL 需要的属性，包括主机、用户名、密码、数据库，并暴露 query()方法。代码如下：

```
var mysql = require("mysql");                         //引入 mysql 模块
// 创建连接池
var pool = mysql.createPool({
    host:"localhost",
    user:'root',
    password:'root',
    database:'userinfo'
})
exports.query = function(sql,arr,callback){     //暴露 query()方法
    pool.getConnection(function(err,connection){
        if(err){
            throw err;
            return;
        }
        // 执行 SQL 语句
        connection.query(sql,arr,function(error,results){
            connection.release();
            if(error){  throw error; }
            // 执行回调函数，将数据返回
            callback && callback(results)
        })
    })
}
```

21.4.3 步骤三：解决跨域问题

跨域是网页的同源策略导致的。URL 由协议、域名、端口和路径组成，任意一个不一致都会出现跨域问题。因为要有 HTML 文件在本地打开网页并请求数据接口，所以解决跨域问题的方法如下。

先在 app.js 配置文件中调用 express()方法，然后配置跨域。代码如下：

```
var app = express();
// 解决跨域问题
app.all('*', function(req, res, next) {
  //设为指定的域
  res.header('Access-Control-Allow-Origin', "*");
  res.header("Access-Control-Allow-Headers", "X-Requested-With");
  res.header('Access-Control-Allow-Headers', 'Content-Type');
  res.header("Access-Control-Allow-Methods", "PUT,POST,GET,DELETE,OPTIONS");
  res.header('Access-Control-Allow-Credentials', true);
  res.header("X-Powered-By", ' 3.2.1');
  next();
});
```

21.4.4 步骤四：设计路由接口

在 routes/index.js 文件中，先引入数据库连接文件 sql.js，使用 query()方法注入的 SQL 语句和参数操作数据库中的 user_manage 表。使用 router 的 express.Router()方法定义请求路由。

（1）添加用户信息。使用 router 的 get()方法，通过 req.query 对象接收前端提交的参数来实现表数据的添加功能，请求路径为“/user_add”，需要对前端传入的数据进行非空判断并对用户名是否重复进行判断，确保用户名在 user_manage 表中不重复。代码如下：

```
// 引入 SQL 文件
var sql = require("../sql.js");
// 添加用户信息
router.get("/user_add",function(req,res){
    // 前端提交的数据参数
    var username = req.query.username;
    var userCard = req.query.user_card;
    var phone = req.query.phone;
    var age = req.query.age;
    var sex = req.query.sex;
    var job = req.query.job;
    var maritalStatus = req.query.marital_status;
    if(username && userCard && phone && age && sex && job && maritalStatus){
        // 用户名不能重复
        var searchSql = "select * from user_manage where username = ?";
        sql.query(searchSql,[username],function(result){
            if(result.length){
                res.send({msg:'用户已添加',code:2})
            }else{// SQL 语句
             var addsql = "insert into user_manage (username,user_Card,
phone,age,sex,job,marital_status) values (?,?,?,?,?,?,?)";
             // SQL 语句对应的参数
            var sqlParams = [username,userCard,phone,age,sex,job,
maritalStatus];
              sql.query(addsql,sqlParams,function(result){
                res.send({"msg":"添加成功~","code":1})
              })
            }
        })
    }else{
        res.send({ msg:'输入信息不能为空', code:-1 })
    }
})
```

（2）实现数据的查询功能。根据项目需求，查询功能分为查询全部用户信息、根据 ID 查询用户信息、根据用户名查询用户信息。

①查询全部用户信息。使用 get()方法定义查询全部用户信息。使用 router.get()方法将请求路径定义为“/search_all”，在回调函数中执行查询全部用户信息的 SQL 语句 select * from user_manage，将查询的结果以 JSON 对象的格式返回。代码如下：

```
router.get("/search_all",function(req,res,next){
    sql.query("select * from user_manage",[],function(result){
        res.json({
            code:0,
            data:{
                msg:"查询成功",
```

```
                result,
            }
        });
    })
})
```

②根据用户名查询用户信息。使用 get()方法定义根据用户名查询的路由，使用 router.get()方法将请求路径定义为"/user_search"，在回调函数中通过 req.query.username 接收前端提交的参数，确保用户名不为空。通过 sql.query()方法执行 SQL 语句 select * from user_manage where username=?，将前端的 username 值传入，如果输入的结果长度不为空，则查询成功，否则输出"该用户不存在，请添加"。代码如下：

```
router.get("/user_search",function(req,res,next){
    // 接收前端传过来的参数
    var username = req.query.username;
    if(username){
      sql.query("select * from user_manage where username=?",
[username],function(result){
            if(result.length){
                res.json({
                    code:0,
                    data:{
                        msg:"查询成功~",
                        result
                    }
                })
            }else{
                res.json({
                    code:1,
                    data:{
                        msg:'该用户不存在，请添加',
                    }
                })
            }
        })
    }else{
        res.json({
            code:-1,
            data:{
                msg:'用户名不能为空',
            }
        })
    }
})
```

③根据 ID 查询用户信息（与根据用户名查询用户的信息的逻辑相同）。使用 router.get()方法将请求路径定义为"/user_id"，通过 req.query.id 接收前端提交的参数，对传入的 id 参数做非空处理，执行 SQL 语句 select * from user_manage where id = ?，传入 id 参数。代码如下：

```
router.get("/user_id",function(req,res,next){
    // 接收前端传过来的 id 参数
    var id = req.query.id;
    if(id){
        sql.query("select * from user_manage where id = ?",[id],function
(result){
            res.json({
```

```
                code:0,
                data:{
                    msg:"查询成功~",
                    result
                }
            })
        })
    }else{
        res.json({
            code:1,
            data:{
                msg:"查询失败",
            }
        })
    }
})
```

（3）实现更新用户信息的功能。设置 POST 请求方式，使用 router.post()方法将请求路径定义为“/user_update”，在回调函数中通过 req.body 接收前端提交的参数，需要传入当前用户的 id 参数，对传入的 id 参数做非空判断，然后执行 SQL 语句"update user_manage set username = ?,user_card=?,phone=?,age=?,sex=?,job=?,marital_status=? where id=?";，将前端的参数传入即可。代码如下：

```
router.post("/user_update",function(req,res,next){
    // 接收前端传过来的参数
    var username = req.body.username;
    var userCard = req.body.user_card;
    var phone = req.body.phone;
    var age = req.body.age;
    var sex = req.body.sex;
    var job = req.body.job;
    var maritalStatus = req.body.marital_status;
    var id = req.body.id;
    if(id){
        // 更新的 SQL 语句
        var updateSql = "update user_manage set username = ?,user_card=?,
phone=?,
age=?,sex=?,job=?,marital_status=? where id=?";
        var sqlParams = [username,userCard,phone,age,sex,job,maritalStatus,id];
        sql.query(updateSql,sqlParams,function(result){
            res.json({
                code:0,
                data:{
                    msg:"更新成功"
                }
            })
        })
    }else{
        res.json({
            code:1,
            data:{
                msg:"更新失败"
            }
        })
    }
})
```

（4）实现删除用户信息的功能。使用 router.get()方法将请求路径定义为“/user_delete”，通过 req.query.id 接收前端提交的 id 参数，对传入的 id 参数做非空处理，在回调函数中定义根据 ID 删除用户信息的 SQL 语句，实现删除用户信息的功能。代码如下：

```
//删除用户信息
router.get("/user_delete",function(req,res,next){
    // 接收前端传过来的 id 参数
    var id = req.query.id;
    if(id){
        sql.query("delete from user_manage where id = ?",[id],function(result){
        res.json({
            data:{
              msg:"删除成功",
            }
            code:0,
        })
    }else {
        res.json({
            data:{
              msg:"删除失败",
            }
            code:1,
        })
    }
})
```

（5）运行测试。

打开项目所在的文件目录，使用 cmd 命令打开命令行窗口，启动 Express 项目，输入并执行 npm start 命令。

第22章

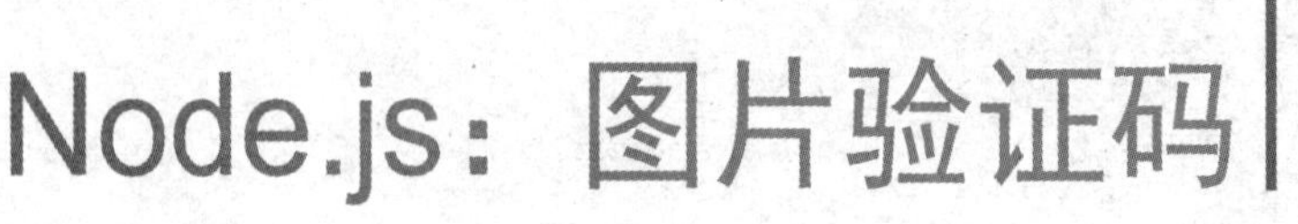

Node.js：图片验证码

22.1 实验目标

（1）掌握 Express 路由配置。
（2）掌握下载 svg-captcha 模块的方法。
（3）掌握 svgCaptcha.create()方法的配置和返回值。
（4）掌握 session 的存储。
（5）掌握<svg>标签的使用方法。
（6）综合应用 Express，完成图片验证码。
知识地图如图 22-1 所示。

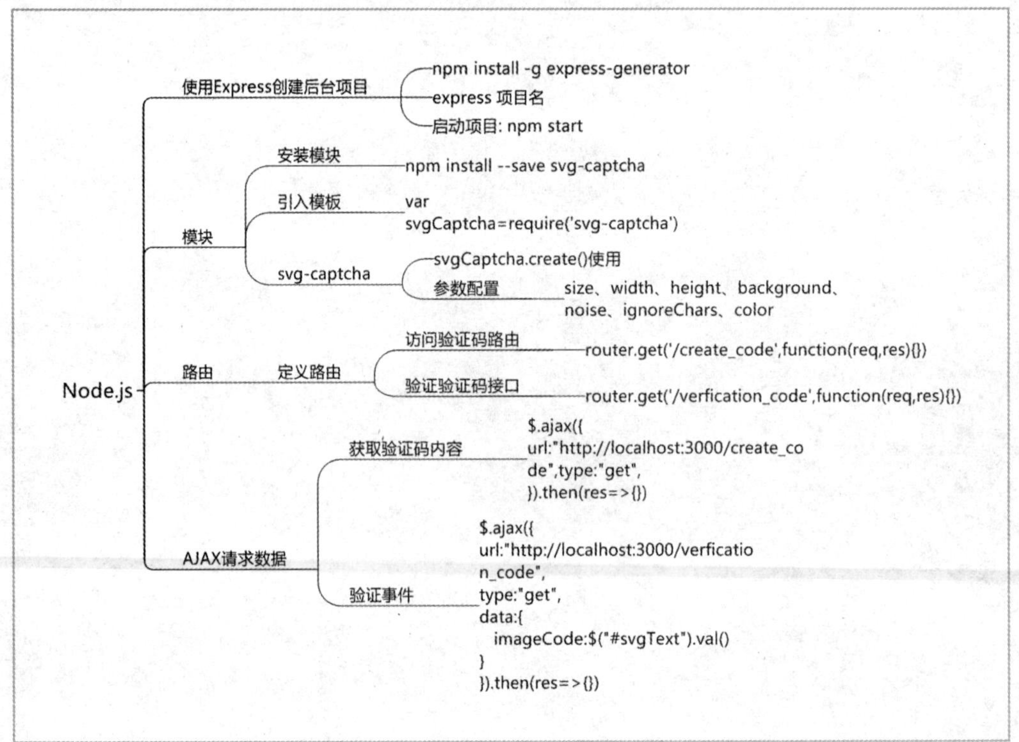

图 22-1

22.2 实验任务

使用 Express 创建验证码页面，页面由验证码输入框、验证码图片、“确定”按钮组成，如图 22-2 所示。将 Express 项目返回的验证码图片显示在网页上。

图 22-2

22.3 设计思路

本项目的名称为 verifyCode，项目中包含的文件如表 22-1 所示。

表 22-1

序　号	文　件	说　明
1	bin/www	服务器启动命令配置文件
2	node_modules	项目依赖文件包
3	public/images	存放图片资源
4	public/javascripts/verifyCode.js	验证码 JS 文件
5	public/stylesheets/verifyCode.css	验证码样式 CSS 文件
6	public/verifyCode.html	验证码 HTML 文件
7	routes/index.js	路由文件
8	views	视图文件
9	.gitignore	Git 忽略文件
10	app.js	服务器启动文件
11	package.json	配置依赖模块和项目信息文件

（1）使用 Exprcss 应用生成器创建项目。

（2）安装 svg-captcha 模块，svg-captcha 是一个制作图形验证码图片的模块，其常用的参数如表 22-2 所示。

表 22-2

参　数	类　型	描　述
size	Number	验证码的长度
width	Number	验证码图片的宽度

续表

参　数	类　型	描　述
height	Number	验证码图片的高度
background	String	背景颜色
noise	Number	干扰线条
ignoreChars	String	排除字符
color	Boolean	验证码的字符是否有颜色

（3）在路由中定义验证码请求路径，将请求方式设置为 GET。使用 svgCaptcha.create()方法返回一个对象类型的数据，包括验证码内容和对应的 SVG 图片数据。

（4）设置验证验证码接口，对用户输入的验证码进行校验，如果校验成功，则验证成功，否则验证失败。

22.4　实验实施（跟我做）

22.4.1　步骤一：使用 Express 应用生成器创建项目

（1）全局安装 Express 应用生成器工具 express-generator，创建项目 verifyCode。代码如下：

```
express verifyCode
```

（2）创建项目所需的文件和文件夹，目录结构如图 22-3 所示。

图 22-3

22.4.2　步骤二：实现验证码页面

（1）编辑 verifyCode.html 页面文件，初始化页面代码。代码如下：

```
<!DOCTYPE html>
<html>
    <head>
        <meta charset="utf-8">
        <title>验证码</title>
    </head>
    <body>
    </body>
</html>
```

（2）在页面文档的<body>标签中定义<div id="content">标签，用于展示验证码输入框、验证码图片、“确定”按钮等内容。代码如下：

```
<div id="content">
    <div class="box">
        <p class="leftText">
            <input type="text" name="" id="svgText" value="" class="svgText"
 placeholder="请输入验证码"/>
        </p>
        <div class="Codeconetnt">
            <div class="svgContent">
                <!-- 这里存放你的 svg 标签 -->
            </div>
            <p class="changeImg">
                <img src="./images/change.png" >
            </p>
        </div>
    </div>
    <div class="verifCode" onclick="verifCode()">确定</div>
</div>
```

22.4.3　步骤三：添加验证码页面的 CSS 样式

为验证码页面添加样式。

（1）创建 verifyCode.css 文件。

（2）在 verifyCode.html 页面文件中引入 verifyCode.css 文件。代码如下：

```
<head>
    <meta charset="utf-8">
    <title>验证码</title>
    <link rel="stylesheet" type="text/css" href="./stylesheets/verifyCode.css"/>
</head>
```

编辑 verifyCode.css 文件，为验证码页面添加样式。代码如下：

```
/* 覆盖浏览器默认样式 */
* {
    padding: 0;
    margin: 0;
}

/* 包含页面的内容 */
#content {
```

```
    width: 300px;
    height: 200px;
    padding: 20px;
    box-shadow: 0px 0px 5px #333;
    margin: 100px auto;
}

/* 设置输验证码部分 */
.box {
    margin-top: 50px;
    display: flex;
    justify-content: space-between;
    align-items: center;
}

/* 存放输入框标签 */
.leftText {
    width: 160px;
    height: 35px;
}

/* 设置输入框样式 */
.svgText {
    width: 160px;
    height: 33px;
    border: 1px solid #cfcfcf;
    border-radius: 3px;
    text-indent: 1em;
}

.Codeconetnt {
    display: flex;
    justify-content: flex-start;
}

/* 设置转换图片样式 */
.changeImg {
    width: 25px;
    height: 25px;
    padding: 5px;
    background-color: #efefef;
    cursor: pointer;
}

.changeImg>img {
    width: 25px;
}

/* 设置“确定”按钮 */
.verifCode {
    width: 80px;
    height: 35px;
    background-color: #008000;
    border-radius: 3px;
    text-align: center;
    line-height: 35px;
```

```
    font-size: 14px;
    color: #fff;
    margin: 40px auto;
    cursor: pointer;
}
```

22.4.4　步骤四：解决跨域问题

先在 app.js 配置文件中调用 express()方法，然后配置跨域，代码如下:

```
var app = express();
// 在项目中解决跨域问题
app.all('*', function(req, res, next) {
  //设为指定的域
  res.header('Access-Control-Allow-Origin', "*");
  res.header("Access-Control-Allow-Headers", "X-Requested-With");
  res.header('Access-Control-Allow-Headers', 'Content-Type');
  res.header("Access-Control-Allow-Methods",  "PUT,POST,GET,DELETE,OPTIONS");
  res.header('Access-Control-Allow-Credentials', true);
  res.header("X-Powered-By", ' 3.2.1');
  next();
});
```

22.4.5　步骤五：实现路由功能

（1）生成验证码图片需要下载 svg-captcha 模块，它提供 create()方法进行参数配置，随机生成对应的验证码和 SVG 图片，请求路径为“/create_code”，请求方法为 get()。当用户在客户端发送 AJAX 数据请求时，Express 项目通过 get()方法和“/create_code”路径进行处理、判断、响应，将符合条件的数据返回客户端。

①下载 svg-captcha 模块。代码如下：

```
npm i svg-captcha -S
```

②在路由文件中引入 svg-captcha 模块，使用 create()方法进行参数配置，实现注册生成随机验证码和图片，将生成的数据返回前端并进行页面显示处理。代码如下：

```
// 引入 svg-captcha 模块
var svgCaptcha = require('svg-captcha');
// 设置验证码访问路径，请求方法为 get()
router.get("/create_code",function(req,res){
    var option = {
        size: 6,  //验证码的长度
        width: 80,
        height: 35,
        background: "#f4f3f2",  //干扰线条的数量
        noise: 2,
        fontSize: 32,
        ignoreChars: '0o1i',    //在验证码字符中排除'0o1i'
        color: true // 验证码的字符是否有颜色，系统默认验证码的字符没有颜色，如果设定
了背景，则默认验证码的字符有颜色
    };
    // 验证码有两个属性，text 是字符，data 是 SVG 代码
    var code = svgCaptcha.create(option);
    // 保存到 session，忽略大小写
```

```
        sess=code.text.toLowerCase();
        var codeText = code.text.toLowerCase();
        req.session.randomcode = codeText;
        // 返回数据直接放入页面元素展示即可
        res.send({
            img: code.data,
            code:code.text
        });
    })
```

（2）将验证验证码接口的请求路径设置为“/verification_code”，请求方法为 get()。

所有的验证逻辑都要在服务端中进行，不然这个验证码就没什么用了。正确的逻辑应该是，当请求接口时，把客户端输入的验证码连同接口需要的参数一起传给 node，在 node 里判断用户输入的验证码和之前保存的验证码是否一致，如果不一致，则验证不通过；如果一致，则验证通过。再由 node 发起请求，去调用后台接口。代码如下：

```
// 验证验证码接口，请求方法为 get()
router.get('/verification_code', function (req, res) {
    console.log("sees",req.session)
    var imageCode = req.query.imageCode.toLowerCase();
   if (imageCode !== req.session.randomcode) {
          res.send({
               code: 1,
               msg:'验证失败'
          });
          return false;
   }else{
          res.send({
               code: 0,
               msg:'验证成功'
          });
   }
});
```

22.4.6 步骤六：发送 AJAX 请求到服务器

（1）验证码页面发送 AJAX 请求，先请求验证码图片接口数据，根据用户输入的验证码内容和接收的验证码图片信息，将数据提交到 node 进行校验。

①创建 verifyCode.js 文件。

②在 verifyCode.html 页面文件中导入 jquery.js 和 verifyCode.js 文件。代码如下：

```
<script src="./javascripts/jquery.min.js" type="text/javascript" charset=
"utf-8"></script>
<script src="./javascripts/verifyCode.js" type="text/javascript" charset=
"utf-8"></script>
```

③编辑 verifyCode.js 文件，实现验证码功能。代码如下：

```
getSvg()
// 获取验证码的内容
function getSvg() {
    $.ajax({
        url: "http://localhost:3000/create_code",
        type: "get",
        success: function(res) {
            $(".svgContent").html(res.img);
```

```
            $(".changeImg").off("click").on("click", function() {
                getSvg()
            })
        }
    })
}
// 验证事件
function verifCode() {
    $.ajax({
        url: "http://localhost:3000/verification-code",
        data: {
            imageCode: $("#svgText").val()
        }
    }).then(res => {
        if (res.code == 0) {
            alert("验证成功");
            window.load();
        } else if (res.code == 1) {
            alert("验证失败");
        }
    })
}
```

（2）运行测试。在 verifyCode.html 文件上右击，使用浏览器打开文件。

打开项目所在的文件目录，使用 cmd 命令打开命令行窗口，在窗口中执行 npm start 命令，启动服务。

第 23 章 Node.js：电商首页

23.1 实验目标

（1）掌握 Vue.js 的生命周期钩子函数。
（2）掌握 Vue.js 组件传值。
（3）掌握 Vue.js 的路由。
（4）掌握 Axios 的使用方法。
（5）掌握 Element UI 的使用方法。
（6）综合运用 Vue 知识点，开发电商首页。

知识地图如图 23-1 所示。

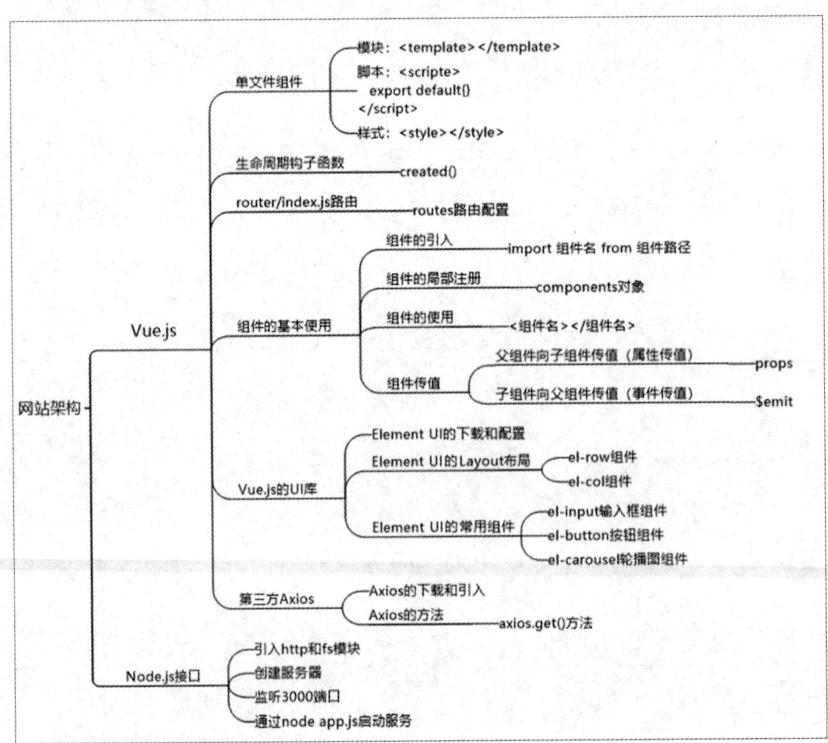

图 23-1

23.2　实验任务

前端采用 Vue CLI 构建。后端数据采用 Node.js 读取 JSON 文件。

（1）前端页面显示电商首页头部、分类导航、电商轮播图、分类专区。

①电商首页头部使用弹性布局，如图 23-2 所示。

图 23-2

②将分类导航封装为一个独立的组件，通过组件传值渲染数据。分类导航使用栅格布局，每个选项占据两列。当鼠标指针经过选项时，选项的文字会变色（本书为单色印刷，选项文字的变色效果请在软件中观察）。如图 23-3 所示。

男装	女装	鞋包	母婴	首饰	食品	家纺	电器	医疗	男鞋	护肤	饮品

图 23-3

③将电商轮播图封装为一个独立的组件，显示 4 张图片，当鼠标指针移动到轮播图上时，轮播图上会显示左右切换按钮，单击左右切换按钮或指示点可以切换图片。如图 23-4 所示。

图 23-4

④将分类专区封装为一个独立的组件，一行排列 3 个模块，每个模块由标题、描述、图片组成，如图 23-5 所示。

图 23-5

图 23-5（续）

（2）前端在初始化数据时，会向后端请求列表数据，请求地址为 http://localhost:3000/goods。

23.3 设计思路

（1）创建项目 shopProj，在项目中创建如表 23-1 所示的文件。

表 23-1

类　型	文　件	说　明
Vue 文件	src/components/banner.vue	轮播图组件
	src/components/sort.vue	分类导航组件
	src/components/sortArea.vue	分类专区组件
	src/views/home.vue	电商首页组件

（2）Vue 的单页面应用是基于路由和组件的，路由用于设定访问路径，并将路径和组件映射起来。在 src/router/index.js 文件中编写路由组件，在 route 数组中编写路由规则，每一个链接都是一个对象，path 属性为链接路径，component 属性为组件模板，name 属性为路由名称，redirect 属性为重定向。配置首页路由。

在<body>标签中设置<script>标签来编写页面逻辑。

（3）在 Vue 项目中，使用官方推荐的第三方 Axios 访问后端服务器，使用 Element UI 进行首页布局。

①使用 npm 安装 Axios 和 Element UI：

```
npm install axios -S
npm install element-ui -S
```

②在 main.js 文件中引入 Axios、Element UI 和对应的 CSS 模块：

```
import ElementUI from 'element-ui';
import 'element-ui/lib/theme-chalk/index.css';
import axios from "axios"
```

③将 Axios 设置为 Vue 的全局属性，并通过 Vue.use()方法使用 Element UI：

```
Vue.prototype.$http = axios;
Vue.use(ElementUI);
```

（4）Vue 的单页面组件由<template>标签、<script>标签、<style>标签组成。

①在<template>标签中编写 HTML 代码。

②在<script>标签中编写 JS 脚本，使用 export default{}导出模块。

③在<style>标签中编写 CSS 样式，使用 scoped 属性表示只在当前组件生效。

23.4　实验实施（跟我做）

23.4.1　步骤一：创建项目和文件

（1）在 shopProj 文件夹下使用 Vue CLI 创建 Vue 工程项目 shop。

（2）在 shopProj 文件夹下创建 Node.js 项目 shopServe。

（3）在 src 目录下创建表 23-1 中的文件和文件夹。

（4）初始化 App.vue 组件的内容，删除多余的标签和图片，删除 app 样式，将全局默认样式设置为 padding:0;margin:0，删除 helloWord.vue 文件，删除 router/index.js 文件中对应的内容，引入电商首页组件并配置对应的路由，设置访问项目直接请求 home 组件内容。代码如下：

```
import Vue from 'vue'
import Router from 'vue-router'
import Home from '@/views/home'
Vue.use(Router)
export default new Router({
  routes: [
      {
            path: '/',
            redirect:'/home'
      },
      {
            path:'/home',
            name:'home',
            component:Home
      }
  ]
})
```

（5）项目的目录结构如图 23-6 所示。

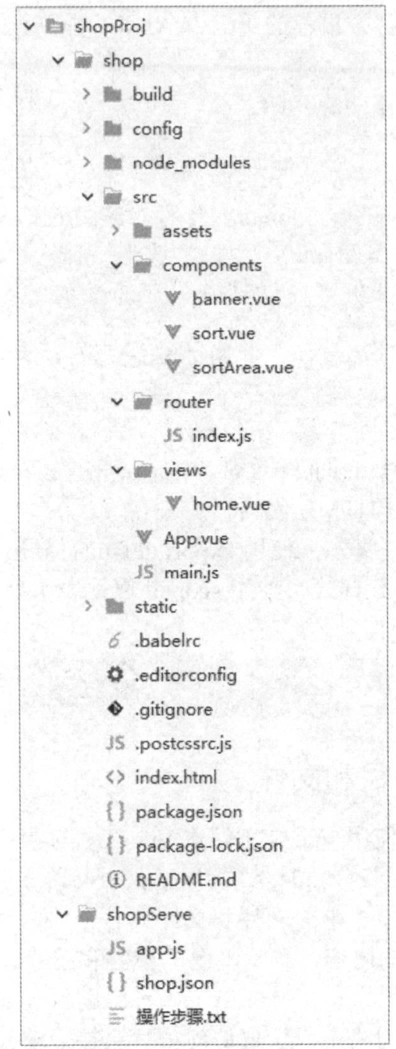

图 23-6

23.4.2　步骤二：安装和引入第三方模块

（1）安装 Axios 和 Element UI，代码如下：

```
npm install axios -S
npm install element-ui -S
```

（2）在 main.js 文件中引入模块并配置，代码如下：

```
import ElementUI from 'element-ui';
import 'element-ui/lib/theme-chalk/index.css';
import axios from "axios"
Vue.prototype.$http = axios
Vue.config.productionTip = false
Vue.use(ElementUI);
```

23.4.3　步骤三：请求首页数据

在 src/views/home.vue 组件的<template>标签中定义一个空的<div>标签。

（1）设置电商首页头部布局。在空的<div>标签中定义<div>标签，设置 home-top 类名，头部标题通过<h3>标签进行设置。右侧使用 Element UI 中的输入框组件标签<el-input>进行布局，在<script>标签中设置头部样式。代码如下：

```
<template>
    <div>
        <div class="home-top">
            <h3 class="title"> <font>首选优购</font> </h3>
            <div class="top-search">
                <el-input v-model="content" placeholder="请输入内容" class=
"oInput"></el-input>
                <el-button type="primary" class="btn">搜索</el-button>
            </div>
        </div>
    </div>
</template>
<script>
export default {}
</script>
<style scoped>
    .home-top{
        width: 80%;
        height: 100px;
        margin: auto;
        display: flex;
        justify-content: space-around;
        align-items: center;
    }
    .home-top .title{
        color: #f94897;
        font-size: 36px;
    }
    .top-search{
        display: flex;
        justify-content: flex-start;
    }
    .btn{
        background-color: #f94897;
        outline: none;
        border: none;
    }
</style>
```

（2）在生命周期钩子函数 created()中通过 this.$http.get()方法请求首页所需的数据，访问路径为 http://localhost:3000/goods。在 data()方法的 return 中定义两个数组，存放轮播图数据和分类导航数据，引入新建的组件模块并进行组件传值。代码如下：

```
<template>
    <div>
     // 头部内容
        ......
        <sort :sortData="sortList"></sort>
        <banner :bannerData="bannList"></banner>
        <sort-area :sortAreaData="sortList"></sort-area>
    </div>
</template>
```

```
<script>
import banner from "@/components/banner"
    import sort from "@/components/sort"
    import sortArea from "@/components/sortArea"
    export default {
components:{
            banner,
            sort,
            sortArea
        },
        data(){
            return {
                content:'',
                bannList:[],
                sortList:[]
            }
        },
      created(){
            this.$http.get("http://localhost:3000/goods").then(res => {
                this.bannList = res.data.jsonData.bannerImage;
                this.sortList = res.data.jsonData.sortImage;
            })
        }
    }
</script>
```

23.4.4 步骤四：编写分类导航组件、轮播图组件、分类专区组件

（1）分类导航组件。在 src/component/sort.vue 组件中定义<div>标签，将类名设置为 goods-sort，使用 Element UI 中的栅格布局，每个选项占据 2 列，共 12 列。分类导航组件的数据通过父组件传值，在子组件引入的位置绑定一个 sortData 属性，在分类导航组件中通过 props 属性接收父组件传过来的值，进行数据循环渲染。代码如下：

```
<template>
    <div class="goods-sort">
        <el-row style="width: 80%;" class="sort-list">
          <el-col  :span="2"  v-for="(item,index)  in  sortData"  :key="index"
class="sort-item"> {{item.name}} </el-col>
        </el-row>
    </div>
</template>
<script>
    export default {
        data(){
            return {
                sortList:[]
            }
        },
        props:{
            sortData:{
                required:true,
                type:Array
            }
        }
    }
</script>
```

```
<style scoped>
    .goods-sort{
        width: 100%;
        height: 60px;
        border-bottom: 1px solid #eee;
    }
    .sort-list{
        width: 80%;
        line-height: 60px;
        margin: auto;
    }
    .sort-item{
        cursor: pointer;
    }
    .sort-item:hover{
        color:#f94897;
    }
</style>
```

（2）轮播图组件。在 src/component/banner.vue 组件中定义<div>标签，将类名设置为 bannerImg，使用 Element UI 中的轮播图组件添加轮播图效果。通过 props 属性接收父组件传入的轮播图数据并进行循环遍历。代码如下：

```
<template>
    <div class="bannerImg">
        <el-carousel trigger="click" height="330px">
            <el-carousel-item v-for="(bann,index) in bannerData" :key="index">
                <img :src="require('../assets/images/'+bann.url)" height=
"100%">
            </el-carousel-item>
        </el-carousel>
    </div>
</template>
<script>
    export default {
        props:{
            bannerData:{
                required:true,
                type:Array
            }
        },
    }
</script>
<style scoped>
    .bannerImg{
        width: 80%;
        height: 350px;
        margin: auto;
    }
    .bannerImg img{
        width: 100%;
    }
</style>
```

（3）分类专区组件。在 src/components/sortArea.vue 组件中定义<div>标签，将类名设置为 sort-content。其中，“天天专区”布局通过<fieldset>和<legend>标签设置对应样式。分类专区的布局使用 Element UI 中的栅格布局，每个选项占据 7 列。在<el-row>标签中添加弹性布局属性

type="flex" justify="space-between"，设置行类样式 style="flex-wrap: wrap;"让其换行。将每个选项的上、下外边距设置为 20px。通过 props 属性接收父组件传入的数据，进行循环遍历，每个选项由两部分组成，上半部分显示标题、描述和“更多”文字链接，下半部分显示对应的图片。代码如下：

```
<template>
    <div class="sort-content">
        <fieldset>
           <legend align="center">   天天专区   </legend>
        </fieldset>
         <el-row type="flex" justify="space-between" style="flex-wrap: wrap;">
            <el-col :span="7" style="margin: 20px 0px;" v-for="(list,index)
in sortAreaData" :key="index">
                <div class="grid-content">
                    <div class="col-title">
                        <h3>
                            <span>{{list.title}}  </span>
                            <span>{{list.desc}}</span>
                        </h3>
                        <a href="#" class="more">
                            更多 <img src="../assets/eq.png" style="margin:
2px 0 0 3px;">
                        </a>
                    </div>
                    <div class="list-img">
                        <img :src="require('../assets/images/sort/'+list.
pic)" width="100%" height="310px">
                    </div>
                </div>
            </el-col>
        </el-row>
    </div>
</template>
<script>
    export default {
        props:{
            sortAreaData:{
                required:true,
                type:Array
            }
        }
    }
</script>
<style scoped>
    .sort-content{
        width: 80%;
        margin: 20px auto;
    }
    .sort-content fieldset{
        margin: 0 8px;
        border: none;
        border-top: 1px solid #e5e5e5;
        font-size: 32px;
        font-weight: bold;
        color: #f94897;
    }
```

```
    .grid-content{
        height: 350px;
        border: 1px solid #efefef;
        border-radius: 5px;
    }
    .col-title{
        height: 40px;
        display: flex;
        justify-content: space-between;
        align-items: center;
        padding: 0 10px;
    }
    .col-title span:nth-child(1){
        color: #f94897;
    }
    .col-title a{
        text-decoration: none;
        color: #000;
    }
    .more{
        display: flex;
        justify-content: flex-start;
        align-items: center;
    }
</style>
```

23.4.5 步骤五：Node.js 接口

在 shopProj 文件夹下创建 shopServe 文件夹，存放服务器端数据。新建 app.js 文件，引入 http 模块、fs 模块。通过 http 模块创建服务器，设置编码格式和跨域的头部请求，由接收前端请求的路由进行判断。通过 fs 模块的 readFile()方法读取 JSON 文件，并将 JSON 文件转换为 JSON 对象并输出。通过 listen()方法监听编号为 3000 的端口。代码如下：

```
const http = require("http");//引入 http 模块
const fs = require("fs"); //引入 fs 模块
// 创建服务器
http.createServer(function(req, res) {
    res.setHeader("Content-type", "text/html;charset=utf-8");
    res.setHeader("Access-Control-Allow-Origin", "*");
    if (req.url === '/favicon.ico') {
        return;
    }
    if(req.url==="/goods"){
        fs.readFile("./shop.json",function(err,data){
            if (err)  throw err;
            // console.log(data);
            // 将 JSON 字符串转换为 JSON 对象
            var jsonData = JSON.parse(data);
            let result = {
                code:0,
                jsonData,
                msg:"success"
            }
            res.end(JSON.stringify(result));
        })
```

```
    }
}).listen(3000, () => {//监听编号为 3000 的端口
    console.log("服务器已启动...");
});
```

启动 app.js 文件，在当前文件目录下输入“node app.js”即可启动服务器。

启动项目，在浏览器的地址栏中输入“http://localhost:8080”即可查看对应的效果。

第 24 章 网站架构设计：智能公交

24.1 实验目标

（1）掌握 RESTful API URL 设计规范。
（2）掌握 RESTful API HTTP 动词。
（3）掌握 RESTful API 服务器响应格式。
（4）综合应用 RESTful API 设计原则，开发智能公交。
知识地图如图 24-1 所示。

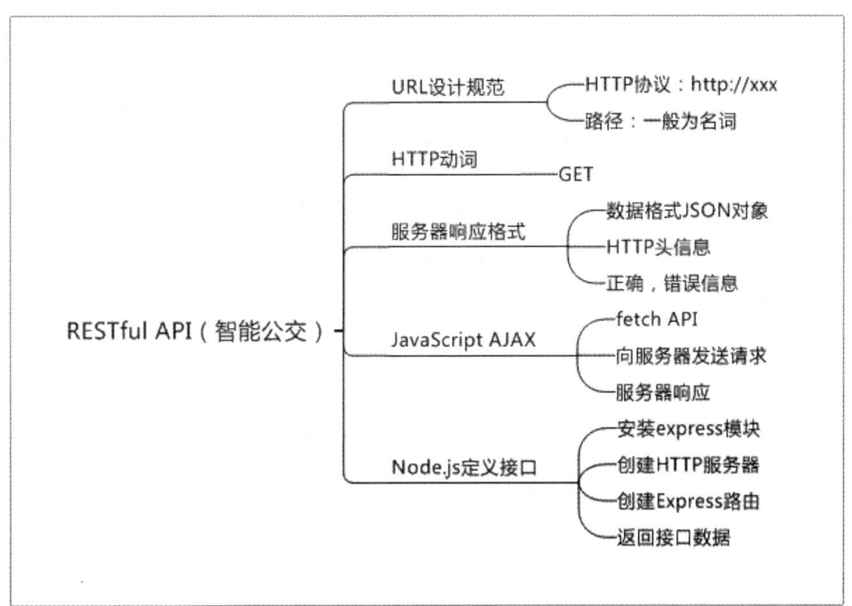

图 24-1

24.2 实验任务

构建一个智能公交查询页面，实现以下功能。
（1）智能公交首页显示输入框与“查找”按钮，如图 24-2 所示。

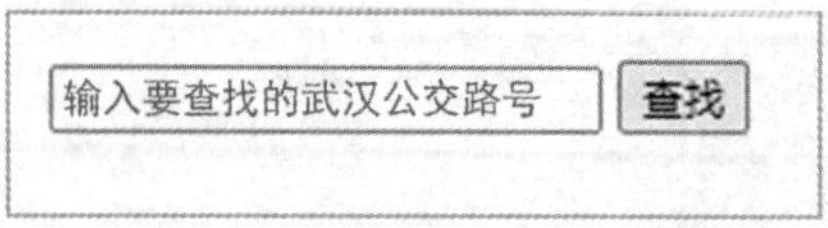

输入要查找的武汉公交路号 查找

图 24-2

（2）输入公交路号，单击“查找”按钮，查看对应公交车的信息，如图 24-3 所示。

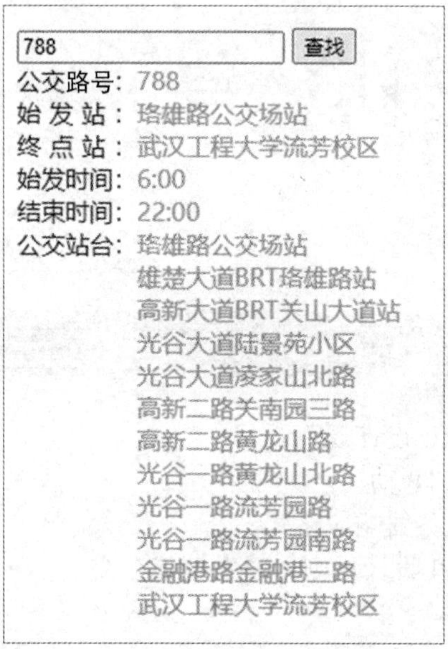

788 查找
公交路号：788
始 发 站：珞雄路公交场站
终 点 站：武汉工程大学流芳校区
始发时间：6:00
结束时间：22:00
公交站台：珞雄路公交场站
雄楚大道BRT珞雄路站
高新大道BRT关山大道站
光谷大道陆景苑小区
光谷大道凌家山北路
高新二路关南园三路
高新二路黄龙山路
光谷一路黄龙山北路
光谷一路流芳园路
光谷一路流芳园南路
金融港路金融港三路
武汉工程大学流芳校区

图 24-3

24.3 设计思路

（1）创建项目 intelligentBus，在项目中创建 public 文件夹，存放 CSS 文件、JS 文件等页面静态资源文件；创建 views 文件夹，存放 HTML 文件；创建 routes 文件夹，存放路由处理文件 index.js；创建 model 文件夹，存放数据处理文件 bus.js；创建 app.js 文件，作为服务器启动入口文件。如表 24-1 所示

表 24-1

类　型	文　件	说　明
HTML 文件	views/index.html	智能公交页面显示文件
CSS 文件	public/CSS/index.css	智能公交页面样式文件
JS 文件	public/js/index.js	智能公交页面逻辑处理文件
JS 文件	routes/index.js	服务器路由处理文件
JS 文件	model/bus.js	数据处理文件
JS 文件	app.js	服务器启动入口文件

（2）公交查询 API 设计。

查询公交车。

请求类型：GET。

URL：/bus/{busNum}。

返回数据：{data:"{}"}。

（3）构建前端页面，在单击“查找”按钮后，提交公交路号，调用 findBus()方法，发送 GET 请求，API 要遵循 RESTful API 的标准。

（4）后台在收到请求后，会将数据处理成 RESTful API 的标准，然后使用 res.json()方法返回响应信息。前端在收到响应信息后，将数据进行处理并显示在页面上。

24.4 实验实施（跟我做）

24.4.1 步骤一：创建项目和文件

创建项目 intelligentBus。先使用 npm init -y 命令初始化 npm，再使用 npm i 命令安装 express 模块。目录结构如图 24-4 所示。

图 24-4

24.4.2 步骤二：设计并完成前端页面

（1）在 views/index.html 页面文件中使用 HTML 完成界面，并引入 CSS（引入方法使用绝对路径并省略 public）。代码如下：

```
<!DOCTYPE html>
<html lang="zh">
    <head>
        <meta charset="UTF-8">
        <meta name="viewport" content="width=device-width, initial-scale=1.0">
        <meta http-equiv="X-UA-Compatible" content="ie=edge">
        <title>智能公交</title>
        <link rel="stylesheet" type="text/css" href="/css/index.css" />
    </head>
    <body>
        <div>
            <input type="text" placeholder="输入要查找的武汉公交路号">
```

```
                <button onclick="findBus()">查找</button>
                <div class="busCon"></div>
            </div>
            <script src="/js/index.js" type="text/javascript" charset="utf-8">
</script>
        </body>
    </html>
```

（2）在 public/css/index.css 样式文件中使用 CSS 美化样式。代码如下：

```
body {
    padding: 20px;
    margin: 0;
}

.busCon>div {
    display: flex;
    color: #aaa;
}

.busCon>div>span:first-of-type {
    width: 5em;
    color: #333;
    text-align: justify;
    text-align-last: justify;
}

.stops {
    display: flex;
    flex-direction: column;
}
```

24.4.3 步骤三：创建服务器

（1）在 app.js 文件中引入并使用 express 模块创建服务器。

（2）使用 express.static 完成静态资源访问。

（3）准备 JSON 数据（一般可以使用第三方接口），在 bus.json 文件里添加以下代码：

```
[
  {
    "lineName": "758",
    "lineId": "027-758-0",
    "lineNo": "758",
    "direction": 0,
    "startStopName": "栗庙南路美院南门",
    "endStopName": "民族大道光谷广场",
    "firstTime": "6:00",
    "lastTime": "21:00",
    "price": "普通 1 元/空调 2 元",
    "stops": [
      {
        "stopId": "027-91945",
        "stopName": "栗庙南路美院南门"
      },
      {
        "stopId": "027-91946",
```

```
    "stopName": "栗庙南路栗庙新村"
  },
  {
    "stopId": "027-91947",
    "stopName": "栗庙南路栗庙路"
  },
  {
    "stopId": "027-563",
    "stopName": "栗庙路美院藏龙岛校区"
  },
  {
    "stopId": "027-91207",
    "stopName": "栗庙路西海岸南"
  },
  {
    "stopId": "027-694",
    "stopName": "栗庙路阳光 100"
  },
  {
    "stopId": "027-9115",
    "stopName": "杨桥湖大道西海岸"
  },
  {
    "stopId": "027-1670",
    "stopName": "杨桥湖大道藏龙大道口"
  },
  {
    "stopId": "027-521",
    "stopName": "杨桥湖大道程杨湾"
  },
  {
    "stopId": "4201001169637940780077056",
    "stopName": "光谷一路光谷大道"
  },
  {
    "stopId": "027-5698",
    "stopName": "光谷一路康魅路"
  },
  {
    "stopId": "027-5699",
    "stopName": "光谷一路梁山头社区"
  },
  {
    "stopId": "027-91931",
    "stopName": "高新六路省人民医院东院"
  },
  {
    "stopId": "027-1222",
    "stopName": "高新六路佛祖岭"
  },
  {
    "stopId": "027-1707",
    "stopName": "高新六路长咀社区"
  },
```

```
{
  "stopId": "4201001100403516838776832",
  "stopName": "高新六路藏龙东街"
},
{
  "stopId": "4201001100403516876525568",
  "stopName": "高新六路光谷大道"
},
{
  "stopId": "027-361",
  "stopName": "光谷大道刘张湾"
},
{
  "stopId": "027-1381",
  "stopName": "光谷大道吴李湾"
},
{
  "stopId": "4201001100404034172620800",
  "stopName": "光谷大道秀湖"
},
{
  "stopId": "027-830",
  "stopName": "光谷大道金融港"
},
{
  "stopId": "027-1403",
  "stopName": "光谷大道当代国际花园"
},
{
  "stopId": "4201001190407318697938944",
  "stopName": "光谷大道关南园一路"
},
{
  "stopId": "027-91443",
  "stopName": "光谷大道现代世贸中心"
},
{
  "stopId": "027-91739",
  "stopName": "高新二路关南村"
},
{
  "stopId": "027-91740",
  "stopName": "高新二路大彭村"
},
{
  "stopId": "027-44",
  "stopName": "南湖大道刘家村"
},
{
  "stopId": "027-1005",
  "stopName": "南湖大道东山头"
},
{
  "stopId": "027-1705",
```

```
          "stopName": "民族大道纺织大学"
        },
        {
          "stopId": "027-276",
          "stopName": "民族大道中南民族大学"
        },
        {
          "stopId": "42010011029673979l8445568",
          "stopName": "民族大道学生公寓"
        },
        {
          "stopId": "027-1721",
          "stopName": "民族大道上钱村"
        },
        {
          "stopId": "420100116963962312799436 8",
          "stopName": "民族大道光谷广场"
        }
      ]
    },
    {
      "lineName": "788",
      "lineId": "027-788-0",
      "lineNo": "788",
      "direction": 0,
      "startStopName": "珞雄路公交场站",
      "endStopName": "武汉工程大学流芳校区",
      "firstTime": "6:00",
      "lastTime": "22:00",
      "price": "普通 1 元/空调 2 元",
      "stops": [
        {
          "stopId": "027-91214",
          "stopName": "珞雄路公交场站"
        },
        {
          "stopId": "027-91625",
          "stopName": "雄楚大道 BRT 珞雄路站"
        },
        {
          "stopId": "027-91626",
          "stopName": "高新大道 BRT 关山大道站"
        },
        {
          "stopId": "027-1302",
          "stopName": "光谷大道陆景苑小区"
        },
        {
          "stopId": "027-429",
          "stopName": "光谷大道凌家山北路"
        },
        {
          "stopId": "027-91834",
          "stopName": "高新二路关南园三路"
```

```
    },
    {
      "stopId": "420100110040446139184 3328",
      "stopName": "高新二路黄龙山路"
    },
    {
      "stopId": "027-972",
      "stopName": "光谷一路黄龙山北路"
    },
    {
      "stopId": "027-588",
      "stopName": "光谷一路流芳园路"
    },
    {
      "stopId": "027-704",
      "stopName": "光谷一路流芳园南路"
    },
    {
      "stopId": "027-I-4423",
      "stopName": "金融港路金融港三路"
    },
    {
      "stopId": "027-I-3668",
      "stopName": "武汉工程大学流芳校区"
    }
  ]
},
{
  "lineName": "732",
  "lineId": "027-732-0",
  "lineNo": "732",
  "direction": 0,
  "startStopName": "金龙大街藏龙二桥",
  "endStopName": "民族大道光谷广场",
  "firstTime": "6:00",
  "lastTime": "21:00",
  "price": "普通 1 元/空调 2 元",
  "stops": [
    {
      "stopId": "027-92421",
      "stopName": "金龙大街藏龙二桥"
    },
    {
      "stopId": "027-9115",
      "stopName": "杨桥湖大道西海岸"
    },
    {
      "stopId": "027-2129",
      "stopName": "藏龙大道杨桥湖大道口"
    },
    {
      "stopId": "027-2716",
      "stopName": "藏龙大道宜家龙城"
    },
```

```
{
  "stopId": "027-92445",
  "stopName": "藏龙大道谭湖路"
},
{
  "stopId": "027-2043",
  "stopName": "藏龙大道谭家咀"
},
{
  "stopId": "027-1060",
  "stopName": "藏龙大道前舒湾"
},
{
  "stopId": "42010011064680496593367424",
  "stopName": "藏龙大道后舒湾"
},
{
  "stopId": "027-91287",
  "stopName": "藏龙大道滨湖路"
},
{
  "stopId": "027-91288",
  "stopName": "汤逊湖北路青龙嘴"
},
{
  "stopId": "027-1733",
  "stopName": "大学园路罗友村"
},
{
  "stopId": "027-1710",
  "stopName": "华师园路大学园路口"
},
{
  "stopId": "027-144",
  "stopName": "华师园路华师一附中"
},
{
  "stopId": "88",
  "stopName": "江夏大道顾庄村"
},
{
  "stopId": "027-1331",
  "stopName": "民族大道冯徐村"
},
{
  "stopId": "027-1484",
  "stopName": "民族大道山北杨"
},
{
  "stopId": "027-417",
  "stopName": "民族大道东山头"
},
{
  "stopId": "027-1705",
```

```
        "stopName": "民族大道纺织大学"
      },
      {
        "stopId": "027-276",
        "stopName": "民族大道中南民族大学"
      },
      {
        "stopId": "4201001102967397918445568",
        "stopName": "民族大道学生公寓"
      },
      {
        "stopId": "027-1721",
        "stopName": "民族大道上钱村"
      },
      {
        "stopId": "4201001169639623127994368",
        "stopName": "民族大道光谷广场"
      }
    ]
  }
]
```

（4）在 model/bus.js 文件中进行数据处理并导出。代码如下：

```
const fs = require('fs');
const path = require('path');

// 数据所在的路径
const dataPath = path.join(__dirname, '../', 'bus.json');

// 创建数据操作的类
class Database {
    constructor(myPath) {
        this.path = myPath
    }
    // 查找匹配的数据
    findOne(val) {
        let data = fs.readFileSync(this.path, 'utf-8');
        let jsonData = JSON.parse(data);
        let searchInfo = jsonData.filter(item => {
              return item.lineId == val
        });
        return searchInfo.length == 0 ? null : searchInfo[0]
    }
}

//实例化类
let bus = new Database(dataPath);
// 将集合导出
module.exports = bus;
```

（5）在 routes/index.js 文件中实现路由处理。后台收到请求后展示页面。

（6）实现/bus 的 URL 请求处理，根据 RESTful API 标准，URL 不能含有动词，必须使用名词。

（7）API 返回的数据格式不是纯文本格式，而是一个 JSON 对象，因为这样才能返回标准的结构化数据。

代码如下：

```
const express = require('express');
const path = require('path');
// 导入数据库集合
const bus = require('../model/bus.js');

// 创建一个路由
const router = express.Router();

router.get('/', (req, res) => {
    res.sendFile(path.join(__dirname, '../', 'views/index.html'))
});

//根据 RESTful API 标准，URL 不能含有动词，必须使用名词（在 URL 中，要使用小写、数字及下画
线来区分多个单词）。GET 请求使用“/bus/001”的方式查询某辆车的信息
router.get('/bus/:busNum', async (req, res) => {
    const busNum = '027-'+req.params.busNum+'-0'
    const data = await bus.findOne(busNum)
    if (!data) {
        res.json({
            code: 500,
            msg: '查询失败',
        })
    } else {
        //根据 RESTfulAPI 标准返回 JSON 对象，包括 code、msg、data
        res.json({
            code: 200,
            msg: '公交查询成功',
            data
        })
    }
});

// 导出
module.exports = router
```

24.4.4　步骤四：实现前端功能

（1）在 public/js/index.js 文件中编写代码，当单击“查找”按钮时，调用 findBus()方法。

（2）在 findBus()方法中使用 fetch 的方式将 AJAX 请求发送到后台，将后台返回的数据进行处理并显示在页面上。代码如下：

```
//查找公交
async function findBus() {
    // 获取需要插入数据的节点
    const busCon = document.querySelector('.busCon');
    // 获取需要查询的公交路号
    let busNum = document.querySelector('input').value.trim();
    console.log('busNum', busNum)
    if (!busNum) {
        busCon.innerHTML = '';
```

```
            busCon.insertAdjacentHTML('beforeend', '<div class="find">请输入公交
路号</div>');
            return
        } else if (!(/(^[1-9]\d*$)/).test(+busNum)) {
            busCon.innerHTML = '';
            busCon.insertAdjacentHTML('beforeend', '<div class="find">请输入正确
的公交路号</div>');
            return
        }

        //后台未返回结果前提示"查询中"
        busCon.innerHTML = '';
        busCon.insertAdjacentHTML("beforeend", '<div class="find">查询中</div>');

        const busData = await fetch('bus/' + busNum).then(res => res.json()).
catch(err => err);
        const datas = busData.data;
        // 后台返回结果后删除提示"查询中"
        document.querySelector('.find').remove();
        //准备插入的数据
        let insertData = ``;
        if (datas) {
            insertData += `
            <div><span>公交路号: </span>${datas.lineName}</div>
            <div><span>始发站: </span>${datas.startStopName}</div>
            <div><span>终点站: </span>${datas.endStopName}</div>
            <div><span>始发时间: </span>${datas.firstTime}</div>
            <div><span>结束时间: </span>${datas.lastTime}</div>
            <div>
                <span>公交站台: </span>
                <div class="stops">
            `;
            datas.stops.forEach(item => {
                insertData += `<span>${item.stopName}</span>`;
            });
            insertData += `</div>
            </div>
            `;
        } else {
            insertData += `<div>没有该公交信息</div>`
        };
        // 清空之前查询的内容
        busCon.innerHTML = '';
        //将查询后处理的内容插入页面的节点
        busCon.insertAdjacentHTML('beforeend', insertData);
    }
```

24.4.5 步骤五：运行效果

（1）在命令行窗口中执行 node app.js 命令，打开浏览器，在地址栏中输入“http://localhost:8080”，将表单填写完整，运行效果如图 24-5 所示。

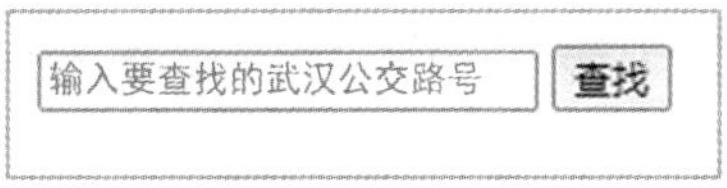

输入要查找的武汉公交路号 查找

图 24-5

（2）输入错误的公交路号如图 24-6 所示。

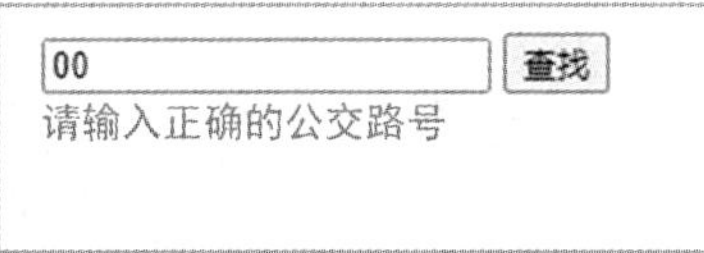

图 24-6

（3）输入不存在的公交路号如图 24-7 所示。

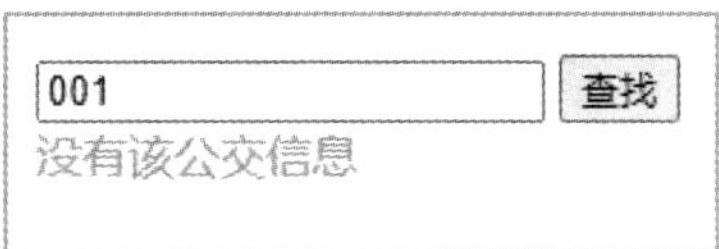

图 24-7

（4）输入存在的公交信息如图 24-8 所示。

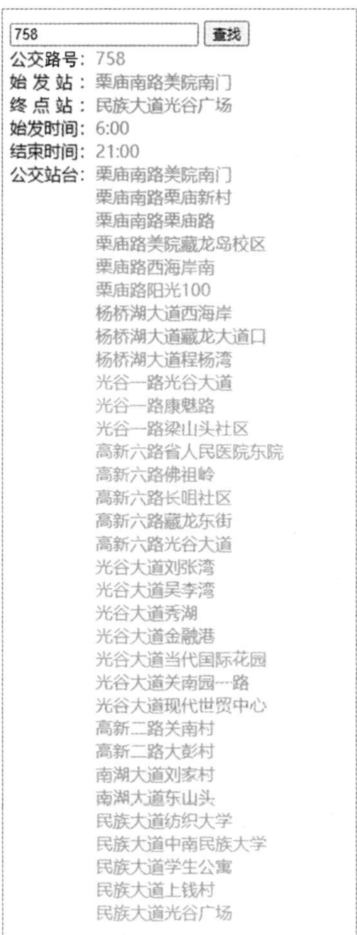

图 24-8

第 25 章 网站架构设计：职位发布系统

25.1 实验目标

（1）掌握 Vue.js 的基本语法。
（2）掌握 Vue.js UI（Element UI）库。
（3）掌握 Vue.js 路由。
（4）掌握使用 Axios 处理 AJAX 请求的方法。
（5）掌握 Express 的基本用法。
（6）掌握 Express 路由。
（7）掌握 Express 中间件。
（8）综合应用 Vue.js 和 Express，开发职位发布系统。
知识地图如图 25-1 所示。

25.2 实验任务

使用 Vue.js 和 Express 开发职位发布系统。
（1）“职位管理”页面如图 25-2 所示。

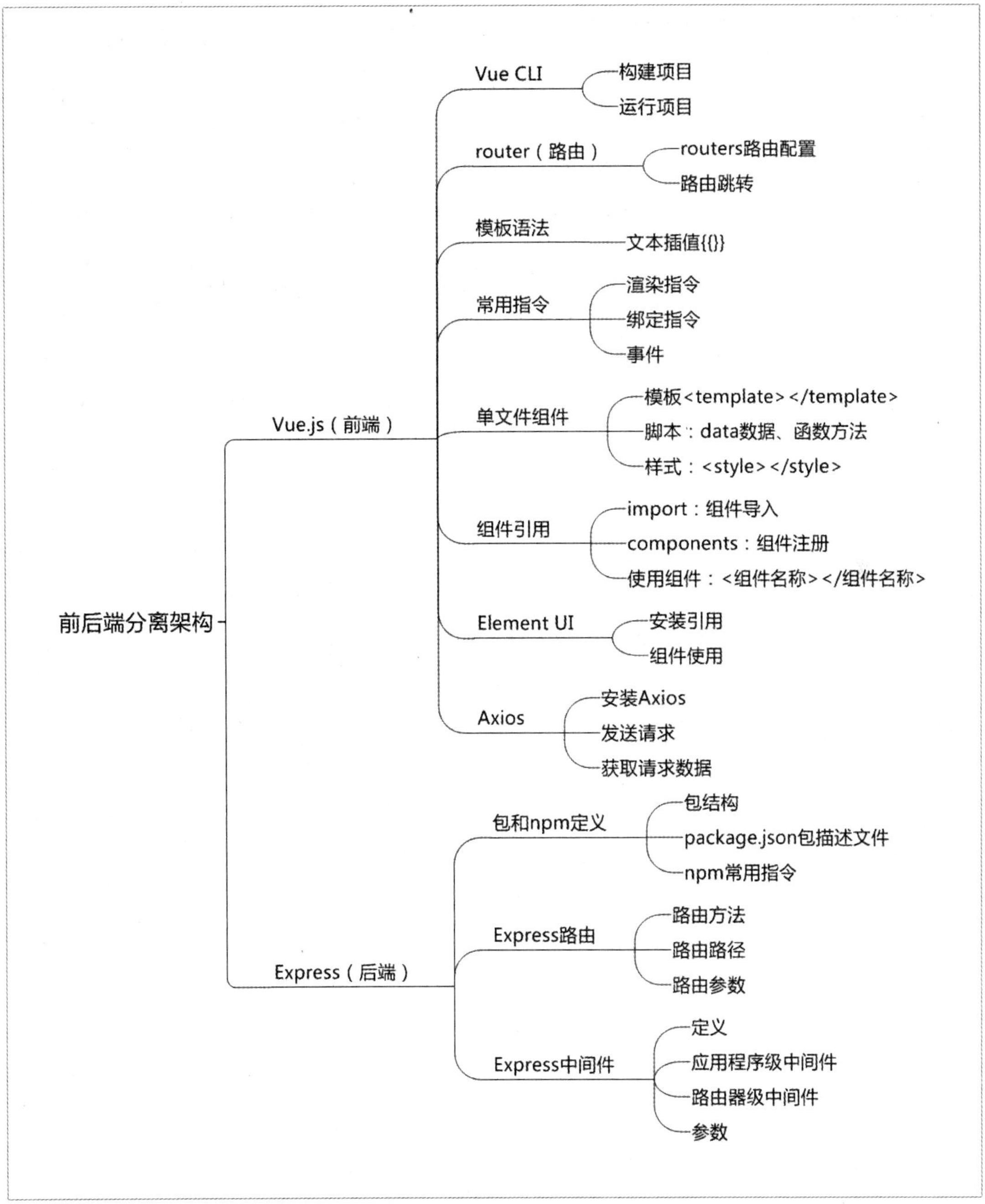

- 前后端分离架构
  - Vue.js（前端）
    - Vue CLI
      - 构建项目
      - 运行项目
    - router（路由）
      - routers路由配置
      - 路由跳转
    - 模板语法
      - 文本插值{{}}
    - 常用指令
      - 渲染指令
      - 绑定指令
      - 事件
    - 单文件组件
      - 模板<template></template>
      - 脚本：data数据、函数方法
      - 样式：<style></style>
    - 组件引用
      - import：组件导入
      - components：组件注册
      - 使用组件：<组件名称></组件名称>
    - Element UI
      - 安装引用
      - 组件使用
    - Axios
      - 安装Axios
      - 发送请求
      - 获取请求数据
  - Express（后端）
    - 包和npm定义
      - 包结构
      - package.json包描述文件
      - npm常用指令
    - Express路由
      - 路由方法
      - 路由路径
      - 路由参数
    - Express中间件
      - 定义
      - 应用程序级中间件
      - 路由器级中间件
      - 参数

图 25-1

JOB

XXX招聘

职位管理

职位发布

招聘管理

公司管理

欢迎你管理员

招聘岗位	薪资待遇	工作城市	工作经验	招聘人数	是否发布	发布日期	操作
数据标注员	3000元~6000元/月	湖北省黄冈市	3年	100人		2022-10-12	编辑 删除
前端开发	5000元~10000元/月	湖北省武汉市	2年	1~3人		2022-05-23	编辑 删除
数据标注员	3000元~9000元/月	湖北省武汉市	3年	99人		2022-05-24	编辑 删除
数据工程师	5000元~10000元/月	湖南省岳阳市	1年	2人		2022-05-23	编辑 删除
数据标注项目经理	面议	山西省太原市	5年	4人		2022-05-23	编辑 删除
数据分析师	2500元~5000元/月	湖北省荆州市	1年	3人		2022-05-23	编辑 删除
运营工程师	5000元~8000元/月	湖北省武汉市	5年	1~3人		2022-05-23	编辑 删除
安卓开发	5000元~8000元/月	湖北省武汉市	2年	1~3人		2022-05-23	编辑 删除
前端开发	5000元~10000元/月	湖北省武汉市	2年	1~3人		2022-05-23	编辑 删除

共9条 10条/页 1 前往 1 页

图 25-2

（2）单击职位前的小箭头可查看职位详情，如图 25-3 所示。

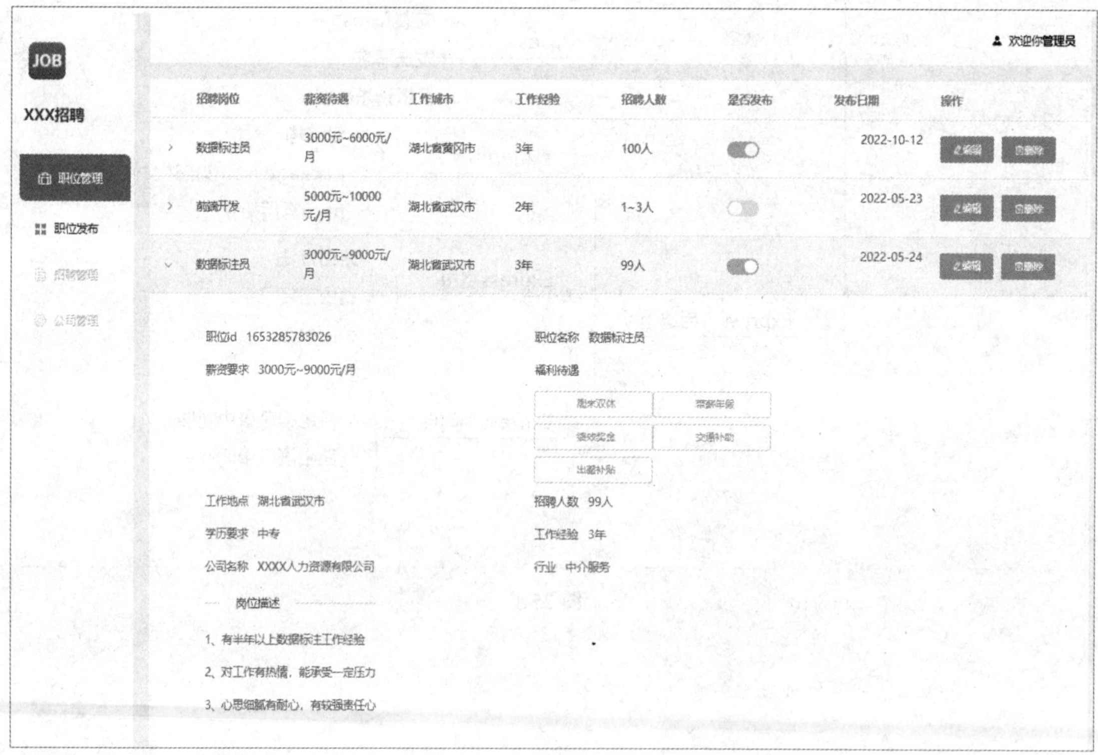

图 25-3

（3）单击“编辑”按钮可以修改职位发布内容，如图 25-4 所示。

（4）单击“删除”按钮可以删除当前职位，如图 25-5 所示。

（5）选择导航栏的“职位发布”选项，可以添加新的职位，如图 25-6 和图 25-7 所示。

JOB

XXX招聘

职位管理

职位发布

招聘管理

公司管理

修改职位

*招聘职位 数据工程师

薪资 5000元~10000元/月

*工作地点 湖南省岳阳市

福利待遇 周末双休 × 奖金丰厚 × 专业培训 × 交通补助 × 定期体检 × 员工旅游 × + 添加关键字

*招聘人数 2人

学历要求 本科

*经验要求 1年

*职位描述 1、计算机、通信或电子工程相关专业本科以上学历；2、有3年以上大数据开发工作经验；

*公司名称 XXXX科技有限公司 服务/咨询（会计/审计/法律/人力资

是否发布

立即修改 重置

图 25-4

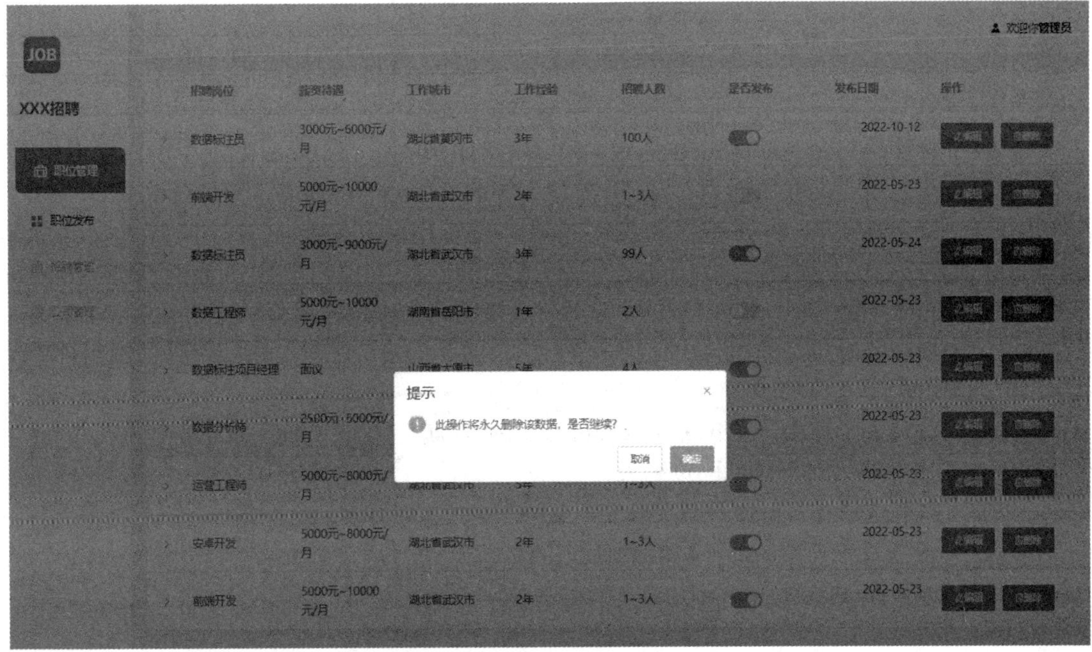

图 25-5

图 25-6

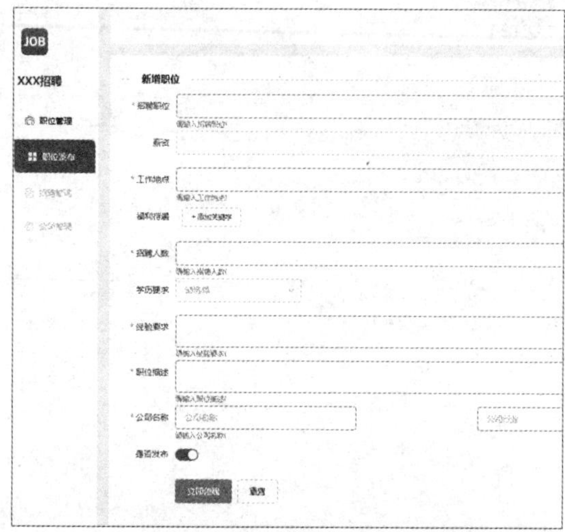

图 25-7

25.3 设计思路

（1）前端使用 Vue CLI 创建项目 jobsystem，在项目的 src/components 目录中新建 home.vue 文件、jobList.vue 文件和 addJob.vue 文件，如表 25-1 所示。

表 25-1

类　型	文　件	说　明
Vue 文件	src/components/home.vue	职位发布系统首页组件
	src/components/jobList.vue	职位列表组件
	src/components/addJob.vue	职位发布组件
图片素材	src/assets	Logo 图片文件
路由文件	src/router/index.js	路由配置文件

（2）路由配置，在 src/router/index.js 文件中编写路由组件。在 routes 数组中编写路由规则。

①配置首页路由，path 属性为/，name 属性为 home，component 属性为 home。

②职位发布系统首页由导航栏和组件组成，这里用到了路由嵌套，配置好父路由的 component 属性后，在父路由下添加 children 属性来配置子路由，路由参数 routes 配置的 children 层级关系和<router-view />出口是对应的，即第一层级的路由出口在组件的根组件中使用，第二层级的路由出口在第一层级的组件中使用，第三层级的路由出口在第二层级组件的根组件中使用，以此类推。

③添加职位列表子路由，path 属性为/jobList，name 属性为 jobList。将父路由的 redirect 属性设置为/jobList，首页默认显示职位列表。

④添加编辑职位路由，path 属性为/add，name 属性为 addJob。

（3）在 Vue 项目中使用 Axios 访问后端服务器。

①使用 npm 安装 Axios：npm install axios --save。

②在 src/main.js 文件中引入 Axios：import axios from 'axios'。

③将 Axios 设置为 Vue 的全局属性：Vue.prototype.$axios = axios。

④将默认路由前缀设置为 Vue.prototype.$host = 'http://localhost:3000'。

⑤Axios 请求方法：axios.get()方法用于发送 GET 请求；axios.post()方法用于发送 POST 请求。

（4）如果在 Vue 项目中遇到跨域的问题，那么可以在 vue.config.js 里配置 proxyTable 内容，通过 target 属性设置代理地址，通过 changeOrigin 属性设置是否允许跨域请求，通过 pathRewrite 属性设置代理地址关键字替换。

（5）在 Vue 项目中使用 Element UI。

①使用 npm 安装 Element UI。

②在 src/main.js 文件中引入'。

③使用 Element UI 中的 Container 布局容器布局页面。

④使用 Element UI 中的组件制作页面。

（6）后端使用 express 模块创建服务器，配置路由。

①创建文件夹 jobServer，初始化项目。

②在 jobServer 文件夹下创建表 25-2 中的文件。

表 25-2

类　型	文　件	说　明
JS 文件	route/index.js	后台路由处理文件
	model/job.js	数据相关操作文件
	app.js	服务器启动入口文件
JSON 文件	job.json	职位信息 JSON 文件

③安装 express、body-parser 模块。

④在 app.js 中引入 express 模块，并使用 express 模块创建服务器。

⑤导入路由文件。

（7）使用 job.json 文件模拟数据库操作。

①引入 fs 模块，改写 JSON 文件，引入 path 模块拼接路径。

②创建 Database 类，在类的构造函数里接收路径传参，创建数据处理集合（查找数据、添加数据、删除数据、获取数据）。

③实例化对象，将集合导出。

（8）使用 Express 中间件，实现后台路由。

①在 route/index.js 文件中处理前端发送过来的请求。

②引入 express 模块，使用 Express 中间件实现路由模块化。

（9）在 jobsystem 项目中，使用 Axios 请求后台接口数据。

25.4 实验实施（跟我做）

25.4.1 步骤一：创建项目和文件

（1）使用 Vue CLI 创建项目 jobsystem。创建项目的详细步骤请参考第 12 章。

初始化项目，执行如下命令：

```
vue create jobsystem
```

安装完成后，进入文件目录，命令如下：

```
cd  jobsystem
```

运行项目，命令如下：

```
npm run serve
```

（2）在 src/components 目录中创建以下文件。

home.vue：职位发布系统首页组件。

jobList.vue：职位列表组件。

addJob.vue：职位发布组件。

（3）删除 src/components/HelloWorld.vue 组件。

（4）修改 src/App.vue 根组件，

①在 src/App.vue 根组件的<template>标签中删除默认图片<img src="./assets/logo.png">

②删除组件中其他多余的内容。

代码如下：

```
<template>
  <div id="app">
  Hello,vue!
  </div>
</template>
<script>
export default {
  name: 'App',

}
</script>
<style>
</style>
```

（5）替换 Logo 图片文件。

（6）项目的目录结构如图 25-8 所示。

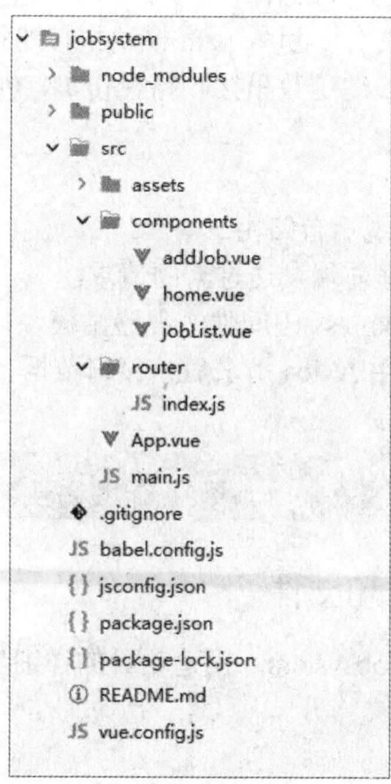

图 25-8

如果在运行过程中出现 ESLint 语法错误，请修改 vue.config.js 文件，添加关闭提示代码。代码如下：

```
const { defineConfig } = require('@vue/cli-service')
module.exports = defineConfig({
  transpileDependencies: true,
   lintOnSave: false,//关闭 ESLint
})
```

25.4.2　步骤二：配置路由规则

（1）安装路由。根据当前的 Vue 版本，安装合适的 router 版本，使用 npm install vue-router 命令会直接安装最新版本，在 vue-router 后使用@备注版本号。代码如下：

```
npm install vue-router@3
```

（2）配置路由规则。在 src 目录中创建 router 文件夹，在文件夹中创建 index.js 文件。编辑 index.js 文件。配置首页路由和子路由（职位列表、职位发布）。代码如下：

```
import Vue from 'vue'
import Router from 'vue-router'
import home from '@/components/home'
import jobList from '@/components/jobList'
import addJob from '@/components/addJob'
Vue.use(Router)
export default new Router({
  routes: [
    {
      path: '/',
      name: 'home',
      component: home,
       // 重定向到职位列表
       redirect:'/jobList',
      children:[
        {
          path:'/jobList',
          component:jobList
        },
        {
          path:'/add',
          component:addJob
        },
      ]
    }
  ]
})
```

（3）在 main.js 文件中引入 router 文件，在实例中挂载。代码如下：

```
//代码省略
import router from "./router";

Vue.config.productionTip = false

new Vue({
  router,
  render: h => h(App),
}).$mount('#app')
```

（4）编辑 App.vue 文件，添加<router-view />标签，使用 router-view 组件（也叫路由占位符）实现不同页面组件的切换。代码如下：

```
<template>
  <div id="app">
   <router-view />
  </div>
</template>
```

25.4.3 步骤三：安装和引入 Axios

（1）安装 Axios。代码如下：

```
npm install axios --save
```

（2）在 src/main.js 文件中引入 Axios。代码如下：

```
import axios from  "axios";
```

（3）在 src/main.js 文件中将 Axios 设置为 Vue 的全局属性。代码如下：

```
Vue.prototype.$axios = axios;
```

（4）在 src/main.js 文件中设置默认路由前缀。代码如下：

```
Vue.prototype.$host = 'http://localhost:3000';
```

（5）配置跨域请求代理。如果在接口调试过程中出现了跨域问题，那么可以在 vue.config.js 文件中添加以下代码：

```
,const { defineConfig } = require('@vue/cli-service')
module.exports = defineConfig({
  transpileDependencies: true,
   lintOnSave: false,
    // 添加跨域配置
    devServer: {
       proxy: { //配置跨域
         '/api': {
           target: 'http://localhost:3000', //填写请求的目标地址
           // ws: true,
           changOrigin: true, //允许跨域
           pathRewrite: {
             '^/api': '' //请求的时候使用这个 API 就可以
           }
         }
       },
 }
 })
```

/api：路径匹配项，表示凡是以/api 开头的请求都要走代理。

target 表示当识别到以/api 开头的请求后访问的目标域名。

changOrigin：ture 表示开启代理。

pathRewrite 表示路径重写。

25.4.4 步骤四：安装 Element UI

（1）使用 npm 安装 Element UI。代码如下：

```
npm i element-ui -S;
```

（2）在 src/main.js 文件中全局引用 Element UI。代码如下：

```
import ElementUI from 'element-ui';
import 'element-ui/lib/theme-chalk/index.css';

Vue.use(ElementUI);
```

25.4.5　步骤五：编写职位发布系统首页组件

（1）在 home.vue 组件的<template>标签中编写首页内容。

①使用 Element UI 中的 Container 布局容器布局首页，将页面设置为“上左右”结构，顶部为用户信息，左侧为 Logo 和导航栏，右侧为嵌入的子路由页面（职位列表）。

②使用 Element UI 中的 NavMenu 导航菜单组件设置导航栏，默认高亮导航栏的第一个选项。

使用<router-link>标签添加路由跳转，通过<router-link>标签的 to 属性指定目标地址。

代码如下：

```
<template>
    <div class="container">
    <el-container>
    <el-aside width="150px">
      <div class="logo">
        <span> <img src="../assets/logo.png"/></span>
        <h3>XXX 招聘</h3>
      </div>
    <el-menu  default-active="1" class="el-menu-vertical-demo">
      <el-menu-item index="1">
        <template slot="title">
          <i class="el-icon-suitcase-1"></i>
           <router-link to="/">职位管理</router-link>
        </template>
      </el-menu-item>
      <el-menu-item index="2">
        <i class="el-icon-menu"></i>
        <router-link to="/add">职位发布</router-link>
      </el-menu-item>
      <el-menu-item index="3" disabled>
        <i class="el-icon-document"></i>
        <span slot="title">招聘管理</span>
      </el-menu-item>
      <el-menu-item index="4" disabled>
        <i class="el-icon-setting"></i>
        <span slot="title">公司管理</span>
      </el-menu-item>
    </el-menu>
  </el-aside>
  <el-container>
    <el-header>
 <span> <i class="el-icon-s-custom"></i>欢迎你<b>管理员</b></span>
  </el-header>
    <el-main><router-view></router-view>
 </el-main>
  </el-container>
</el-container>
```

```
    </div>
</template>
```

（2）在<style></style>标签中添加样式。代码如下：

```
<style scoped>
a{color: #000; text-decoration: none;}
.container{background-color: #f3f4f8; height: 100vh;}
.el-aside { height: 100vh; background-color: #fff;}
.el-header{background-color: #fff; display: flex; justify-content: flex-end;align-items: center; margin: 0px 20px;}
.el-menu-item.is-active{background: #6b6cff; color: #fff; border-radius: 0px 8px;margin: 5px;}
.el-menu-item.is-active a{color: #fff;}
.el-header span{font-size: 14px; }
.el-header span i{padding-right: 8px; color: rgb(4, 0, 255);}
.el-aside .logo{ color: #4945ec;padding: 10px; height: 12vh; margin-top: 2vh;}
.el-menu{border-right: 0px;}
</style>
```

25.4.6 步骤六：编写职位列表组件

打开 src/jobList.vue 文件，编写职位列表组件。

（1）准备职位列表数据，在 jobList.vue 组件实例的 data()方法中准备 jobData 列表临时数据，并使用硬编码方式的数据。代码如下：

```
  <script >
export default {
   data() {
      return {
               jobData:[
                 {
               "jobName": "前端开发工程师",
               "salary": "15000 元~20000 元/月",
               "workCity": "湖北省武汉市",
               "jobInfo": "1、熟悉基本架构和开发技术，包括 SDK、控件、界面、多线程、网络通信、SQLite 数据库等；
               \n2、熟悉 Android 界面开发规范，对现有 Android 设备，有多屏适配经验，熟悉移动设备的开发特点，性能调优；\n3、精通面向对象编程和常用的设计模式。",
               "welfare": [  "双休","五险一金", "旅游"],
               "numbers": "15 人",
               "education": "专科",
               "experience": "3 年以上",
               "companyName": "软酷网",
               "industry": "",
               "pubdate": 1653371259491,
               "jobRecruit": false,
               "id": 1653370791559},
               {
               "id": 1653285783026,
               "jobName": "数据标注员",
               "salary": "3000 元~9000 元/月",
               "workCity": "湖北省武汉市",
               "jobInfo": "1、有半年以上数据标注工作经验；\n2、对工作有热情，能承受
```

```
一定压力\n3、心思细腻有耐心，有较强责任心。",
                    "welfare": ["周末双休","带薪年假", "绩效奖金","交通补助","出差补贴"],
                    "numbers": "99 人",
                    "education": "中专",
                    "experience": "3 年",
                    "companyName": "XXXX 人力资源有限公司",
                    "industry": "中介服务",
                    "jobRecruit": true,
                    "pubdate": 1653356361035
                     }],
                }
                }
    }
    </script>
```

（2）在 jobList.vue 组件的<template>标签中编写职位列表内容。

①使用 Element UI 的 table 组件构建职位列表（设置为带斑马纹表格）。

②在 el-table 元素中注入 data 对象数组 jobData。

③在 el-table-column 中使用 prop 属性来对应对象中的键名，将默认显示字段设置为招聘岗位、薪资待遇、工作城市、工作经验、招聘人数、是否发布、发布日期、职位操作。

④发布日期的日期时间戳使用 Vue 中的 filters 自定义局部过滤器处理日期格式。

⑤是否发布列和职位操作列使用自定义列模板。

通过 Scoped slot 可以获取 row、column、$index 和 store（table 内部的状态管理）的数据。

是否发布列使用 Element UI 中的 switch 开关，显示职位的发布状态。

职位操作列使用 button 按钮组件，显示“编辑”和“删除”按钮。

⑥由于行内容过多，这里使用了 table 展开行功能，单击行中的箭头显示详细内容。

设置 type="expand"和 Scoped slot 可以开启展开行功能，el-table-column 的模板会被渲染成为展开行的内容，展开行可访问的属性与使用自定义列模板时的 Scoped slot 的属性相同。

⑦在表格末尾使用 Pagination 分页，显示分页内容。

代码如下：

```
   <template>
      <div>
       <el-table  :data="jobData" style="width: 100%" stripe >
         <el-table-column type="expand">
         <template slot-scope="props">
           <el-form label-position="left" inline class="demo-table-expand">
             <el-form-item label="职位 ID"> <span>{{ props.row.id }}</span>
</el-form-item>
             <el-form-item label="职位名称"> <span>{{ props.row.jobName }}</span>
</el-form-item>
             <el-form-item label="薪资要求">  <span>{{ props.row.salary }}</span>
</el-form-item>
             <el-form-item label="福利待遇">
               <div class="tag-group">
               <el-tag
               v-for="item in props.row.welfare"
               :key="item"
               effect="plain">
               {{ item }}
```

```
            </el-tag>
              </div>
            </el-form-item>
            <el-form-item label="工作地点"> <span>{{ props.row.workCity }}</span>
</el-form-item>
            <el-form-item label="招聘人数"> <span>{{ props.row.numbers }}</span>
</el-form-item>
            <el-form-item label="学历要求"><span>{{ props.row.education }}
</span> </el-form-item>
            <el-form-item label="工作经验"><span>{{ props.row.experience}}</span>
</el-form-item>
            <el-form-item label="公司名称"> <span>{{ props.row.companyName }}
</span> </el-form-item>
              <el-form-item  label="行业"><span>{{  props.row.industry  }}</span>
</el-form-item>
            <el-form-item  style="width:100%">
              <el-divider content-position="left">岗位描述</el-divider>
             <span style="white-space: pre-wrap;"  v-html="props.row.jobInfo">
</span>
            </el-form-item>
          </el-form>
        </template>
      </el-table-column>
          <el-table-column prop="jobName" label="招聘岗位" ></el-table-column>
          <el-table-column prop="salary"   label="薪资待遇"></el-table-column>
          <el-table-column  prop="workCity"   label="工作城市"> </el-table-
column>
          <el-table-column prop="experience"  label="工作经验"> </el-table-
column>
          <el-table-column prop="numbers"   label="招聘人数"> </el-table-column>
        <el-table-column label="是否发布"  >
        <template slot-scope="scope" >
          <el-switch  v-model="scope.row.jobRecruit"    disabled></el-switch>
        </template>
      </el-table-column>
      <el-table-column label="发布日期"  >
        <template slot-scope="scope" >
          {{scope.row.pubdate|formatTime }}
          </template>
      </el-table-column>
      <el-table-column label="操作"  width="200">
        <template slot-scope="scope">
          <el-button size="small" type="success" @click="edit(scope.row)" > <i
class="el-icon-edit"></i>编辑</el-button>
          <el-button size="small" type="danger"  @click="delData(scope.$index,
scope.row)"> <i class="el-icon-delete"></i>删除</el-button>
        </template>
      </el-table-column>
    </el-table>
    <div class="page">
    <el-pagination
    background
    @size-change="handleSizeChange"
    @current-change="handleCurrentChange"
```

```
    :current-page="currentPage"
    :page-sizes="[5, 10]"
    :page-size="pagesize"
    layout="total, sizes, prev, pager, next, jumper"
    :total="total">
  </el-pagination>
  </div>
  </div>
  </template>
```

（3）在 jobList.vue 组件实例的 data()方法后添加 filters 属性，在 filters 对象中添加 formatTime()方法，将时间戳格式设置为“年-月-日”。代码如下：

```
<script >
export default {
data() {
//此处代码省略
},
 filters:{
     formatTime:(time)=>{
     var date = new Date(time);//如果时间戳为 10 位，则需要乘 1000；如果时间戳为 13 位，则无须乘 1000
     var year = date.getFullYear(),
         month = ("0" + (date.getMonth() + 1)).slice(-2),
         sdate = ("0" + date.getDate()).slice(-2);
     return year + "-"+ month +"-"+ sdate; //拼接
   }
  },
}
</script>
```

（4）在 filters 属性后添加 methods 对象，在 methods 对象中添加 edit()方法，在单击每行的“编辑”按钮时调用该方法，单击后路由跳转至编辑页面（将职位 ID 作为参数，使用路由传参的形式传过去）。代码如下：

```
methods:{
    edit(row){ // 编辑
        this.$router.push({path:'/add',query:{id:row.id,type:'edit'}},)
    },
}
```

（5）在 jobList.vue 组件的<style>标签中添加自定义样式。代码如下：

```
<style scoped>
.demo-table-expand { padding: 20px;  width: 88%; margin: auto;}
.demo-table-expand .el-form-item { margin-right: 0; margin-bottom: 0; width: 40%;}
.page{padding: 20px; width: 90%; text-align: right;}
</style>
```

运行结果如图 25-9 所示。

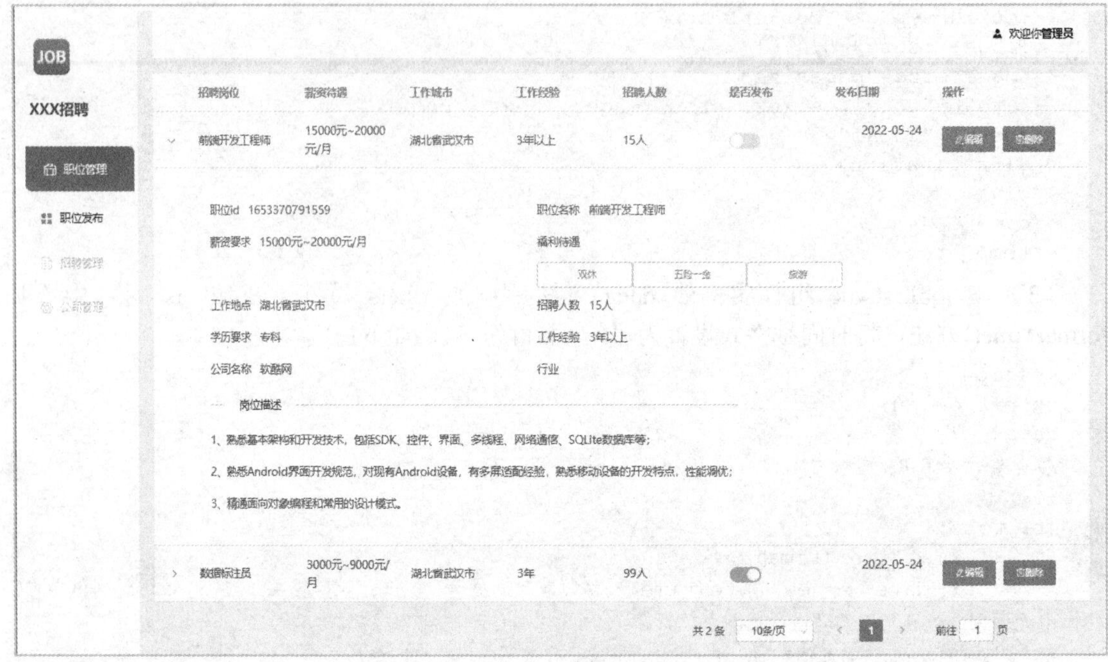

图 25-9

25.4.7 步骤七：编写职位发布组件

打开 src/addJob.vue 文件，编写职位发布组件。

（1）在 addJob.vue 组件实例的 data()方法中准备需要的变量和数据。

①定义表单数据 form 对象，在 form 对象中准备“职位发布”页面中显示的字段。

②定义 inputVisible 属性，福利待遇使用 Tag 自定义标签，inputVisible 属性用于控制是否显示输入框，inputValue 属性用于定义输入内容。

③定义 type 属性，判断当前职位状态是新增还是修改。

④定义 jobId 属性，表示职位 ID。

代码如下：

```
<script >
export default {
    data() {
        return {
          form: {
           jobName: '',
           salary: '',
           workCity: '',
           jobInfo: '',
           welfare: [],
           numbers:"",
           education:"",
           experience:"",
           companyName:"",
           industry:"",
```

```
            pubdate:"",
            jobRecruit:""
          },
    inputVisible: false,
          inputValue: '',
          type :'',
          jobId:"",

          }
      }
    }
    </script>
```

（2）在 addJob.vue 组件的<template>标签中编写职位发布内容。

①使用 Divider 分割线设置页面标题部分。

②使用 Element UI 中 form 组件的输入框、选择器、开关等表单项创建“职位发布”页面的内容。

③福利待遇使用动态编辑 tag 标签组件，添加待遇内容。

④招聘人数使用下拉表单，选项内容包含初中、高中、大专、本科、研究生以上。

⑤开启 form 组件中的表单验证功能，将招聘职位、工作地点、招聘人数、经验要求、职位描述、公司名称设置为必填字段。

代码如下：

```
<template>
    <div class="form">
        <el-divider content-position="left">
          <h3 v-if="type!='edit'">新增职位</h3>
           <h3 v-else-if="type=='edit'">修改职位</h3>
        </el-divider>
  <el-form ref="form" :model="form"    label-width="100px" >
<el-form-item label="招聘职位" prop="jobName"
:rules="{required:true,message:'请输入招聘职位!', trigger:'blur'}">
    <el-input v-model="form.jobName"></el-input>
  </el-form-item>
 <el-form-item label="薪资">
    <el-input v-model="form.salary"></el-input>
 </el-form-item>

<el-form-item label="工作地点"  prop="workCity"
 :rules="{required:true,message:'请输入工作地点!', trigger:'blur'}">
    <el-input v-model="form.workCity"></el-input>
  </el-form-item>
 <el-form-item label="福利待遇">
  <el-tag :key="tag" v-for="tag in form.welfare" closable
  :disable-transitions="false"
  @close="handleClose(tag)"> {{tag}}</el-tag>
 <el-input
  class="input-new-tag"
  v-if="inputVisible"
  v-model="inputValue"
  ref="saveTagInput"
  size="small"
  @keyup.enter.native="handleInputConfirm"
  @blur="handleInputConfirm"
```

```
    ></el-input>
    <el-button v-else class="button-new-tag" size="small" @click="showInput">+
添加关键字</el-button>
     </el-form-item>
    <el-form-item label="招聘人数"  prop="numbers"
    :rules="{required:true,message:'请输入招聘人数!', trigger:'blur'}">
        <el-input v-model="form.numbers" ></el-input>
      </el-form-item>
        <el-form-item label="学历要求">
          <el-select v-model="form.education" >
          <el-option label="初中" value="0"></el-option>
          <el-option label="高中" value="1"></el-option>
          <el-option label="大专" value="2"></el-option>
          <el-option label="本科" value="3"></el-option>
           <el-option label="研究生以上" value="4"></el-option>
        </el-select>
      </el-form-item>
    <el-form-item label="经验要求"  prop="experience"
    :rules="{required:true,message:'请输入经验要求!', trigger:'blur'}" >
        <el-input type="textarea" v-model="form.experience"></el-input>
      </el-form-item>
    <el-form-item label="职位描述" prop="jobInfo"
    :rules="{required:true,message:'请输入职位描述!', trigger:'blur'}" >
         <el-input type="textarea" v-model="form.jobInfo"></el-input>
      </el-form-item>
    <el-form-item label="公司名称"  prop="companyName"
    :rules="{required:true,message:'请输入公司名称!', trigger:'blur'}">
     <el-col class="line" :span="8"> <el-input  v-model="form.companyName"
placeholder="公司名称"></el-input></el-col>
     <el-col class="line" :span="8"> <el-input  v-model="form.industry"
placeholder="公司行业"></el-input></el-col>
      </el-form-item>
        <el-form-item label="是否发布">
        <el-col :span="11">
      <el-switch v-model="form.jobRecruit"></el-switch>
        </el-col>
      </el-form-item>
      <el-form-item>
        <el-button v-if="type!='edit'" type="primary" @click="onSubmit('form')">
立即创建</el-button>
    <el-button v-else-if="type=='edit'" type="primary" @click="onSubmit('form')">
立即修改</el-button>
        <el-button  @click="resetForm('form')">重置</el-button>
      </el-form-item>
    </el-form>
        </div>
    </template>
```

（3）在 addJob.vue 组件实例的 methods 对象中添加 showInput()方法，动态编辑标签，单击“添加关键字”按钮显示输入表单，输入新增字段。代码如下：

```
    methods:{
        showInput() {
            this.inputVisible = true;
```

```
            this.$nextTick(_ => {
                this.$refs.saveTagInput.$refs.input.focus();
            });
        },
    }
```

（4）在 addJob.vue 组件实例的 methods 对象中添加 handleInputConfirm()方法，获取输入的新增字段，添加到 welfare（薪资待遇）中。代码如下：

```
    handleInputConfirm() {
        let inputValue = this.inputValue;
        if (inputValue) {
            this.form.welfare.push(inputValue);
        }
        this.inputVisible = false;
        this.inputValue = '';
    },
```

（5）在 addJob.vue 组件实例的 methods 对象中添加 handleClose()方法，从 welfare 中删除当前选择的字段。代码如下：

```
    handleClose(tag) {
        this.form.welfare.splice( this.form.welfare.indexOf(tag), 1);
    },
```

（6）在 addJob.vue 组件的<style>标签中添加自定义样式。代码如下：

```
   <style scoped>
   .form{background-color: #fff; padding: 15px; text-align:left;}
   .form .el-textarea{width: 60%;}
   .form .el-input{width: 60%;}
   .el-tag + .el-tag {  margin-left: 10px; }
   .button-new-tag { margin-left: 10px;  height: 32px;  line-height: 30px;
padding-top: 0;  padding-bottom: 0;}
   .input-new-tag { width: 90px !important; margin-left: 10px; vertical-align:
bottom; }
   </style>
```

25.4.8　步骤八：创建服务器

（1）创建 jobServer 文件夹，并进行初始化操作。

使用命令进入该目录，执行如下命令，进行初始化操作，对包进行管理：

```
npm init -y
```

-y 是 yes 的意思，在 init 的时候省去了按 Enter 键的步骤，生成默认的 package.json 文件。

（2）在文件夹目录中创建 route 文件夹，存放后台路由处理文件 index.js；创建 model 文件夹，存放数据处理文件 job.js；创建 app.js 文件，作为服务器启动入口文件；创建职位信息列表数据文件 job.json。

（3）安装 express、body-parser 模块，执行如下命令：

```
npm i express body parser
```

安装完成后，目录结构如图 25-10 所示。

（4）在 app.js 文件中引入并使用 express 模块创建服务器。

（5）导入路由文件。

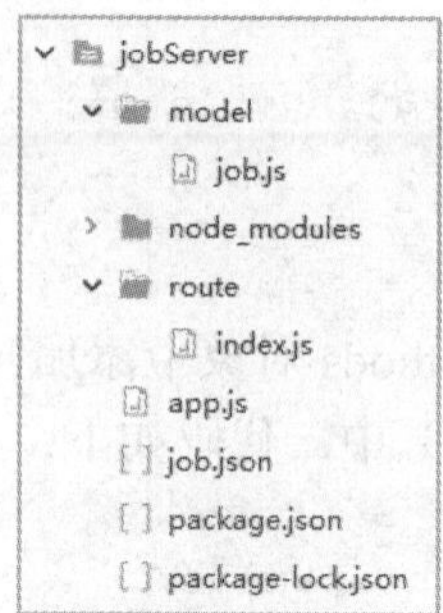

图 25-10

代码如下：

```
// 引入 express 模块
const express = require('express');
// 创建服务器
const app = express();
// 全局中间件，设置跨域访问（设置在所有的请求前面）
app.all("*", function (req, res, next) {
    //设置允许跨域的域名，*代表允许任意域名跨域
    res.header("Access-Control-Allow-Origin", "*");
    //允许的 header 类型
    res.header("Access-Control-Allow-Headers", "content-type");
    //跨域允许的请求方式
    res.header("Access-Control-Allow-Methods", "DELETE,PUT,POST,GET,OPTIONS");
    if (req.method == 'OPTIONS')
        res.sendStatus(200); //让 options 尝试请求快速结束
    else
        next();
});

// 导入路由
const router = require('./route/index.js');
app.use(router);
//监听编号 3000 的端口
app.listen(3000, () => {
    console.log('服务器启动成功')
})
```

25.4.9 步骤九：实现数据库操作

（1）这里没有使用数据库，而是使用 JSON 数据仿造数据库操作。job.json 文件在素材里。

（2）在 model/job.js 文件中仿造数据库操作创建集合，将集合导出。

（3）引入 fs 模块读取、改写 JSON 文件，引入 path 模块拼接路径。

（4）定义 Database 的类，在类的构造函数里接收路径传参，定义 find()方法查找所有数据；定义 findOne()方法根据 ID 查找单一数据；定义 create()方法添加数据；定义 findOneAndDelete()方法根据 ID 删除对应的数据；定义 findOneAndUpdate()方法根据 ID 修改对应的数据。

（5）将类实例化，并将实例化的对象导出。

代码如下：

```
const fs = require('fs');
const path = require('path');
```

```
//读取数据路径
const jobPath = path.join(__dirname, '../', 'job.json');
//创建类
class Database {
    constructor(myPath) {
        this.path = myPath;
    }
    //查找所有的数据
    find() {
        let data = fs.readFileSync(this.path, 'utf-8');
        let jsonData = JSON.parse(data);
        return jsonData;
    }
    //查找匹配的数据
    findOne(val) {
        let data = fs.readFileSync(this.path, 'utf-8');
        let jsonData = JSON.parse(data);
        let searchInfo = jsonData.filter(item => {
            return item.id == val.id
        });
        return searchInfo.length == 0 ? null : searchInfo[0]
    }
    //添加数据
    create(val) {
        //将提交时间戳作为 id 值进行添加
        val.id = Date.now();
        val.pubdate = val.id;
        let data = fs.readFileSync(this.path, 'utf-8');
        let jsonData = JSON.parse(data);
        jsonData.unshift(val);
        fs.writeFileSync(this.path, JSON.stringify(jsonData), 'utf-8');
        return {
            executingState: '添加成功'
        }
    }
    //删除匹配的数据
    findOneAndDelete(val) {
        let data = fs.readFileSync(this.path, 'utf-8');
        let jsonData = JSON.parse(data);
        let searchInfo = jsonData.filter(item => {
            return item.id != val.id
        });
        fs.writeFileSync(this.path, JSON.stringify(searchInfo), 'utf-8');
        return {
            executingState: '删除成功'
        }
    }
    //修改匹配的数据
    findOneAndUpdate(val) {
        //将提交时间戳作为发布时间值进行添加
        val.pubdate = Date.now();
        let data = fs.readFileSync(this.path, 'utf-8');
        let jsonData = JSON.parse(data);
        let searchInfo = jsonData.map(item => {
            return item.id == val.id ? val : item
```

```
            });
            fs.writeFileSync(this.path, JSON.stringify(searchInfo), 'utf-8');
            return {
                executingState: '修改成功'
            }
        }
    };
    //实例化对象
    let job = new Database(jobPath);
    //将集合导出
    module.exports = job;
```

25.4.10 步骤十：实现后台路由

（1）在 route/index.js 文件中处理前端发送过来的请求。

（2）引入 express 模块，使用 Express 中间件实现路由模块化。

（3）引入 body-parser 模块，目的是处理 POST 请求，可以通过 req.body 获取 POST 请求参数。

（4）引入写好的数据操作文件，根据请求的接口，调用不同的方法。

（5）将路由模块导出。

代码如下：

```
    // 引入express模块，使用Express中间件实现路由模块化
    const express = require('express');
    const router = express.Router();
    // 引入HTTP请求体解析的中间件
    const bodyParser = require("body-parser");
    // 导入数据库集合
    const job = require('../model/job.js');

    // 拦截所有请求。extended: false 表示方法内部使用querystring模块处理请求参数的格式。
extended: true 表示方法内部使用第三方模块qs处理请求参数的格式
    router.use(bodyParser.urlencoded({
        extended: false
    }));
    router.use(bodyParser.json())

    router.get('/', (req, res) => {
        res.send('职业发布后台')
    });
    // 获取全部数据
    router.get('/job', (req, res) => {
        let datas = job.find();
        let total=datas.length;
        let newData={};
        newData.total=total;
        newData.data=datas;
        res.send(newData)
    });
    // 增加数据
    router.post('/job/add', (req, res) => {
        let formData=req.body;
        console.log('增加的数据',formData);
```

```
    let datas = job.create(formData);
    res.send(datas)
});
// 删除数据
router.post('/job/del', (req, res) => {
    let formData=req.body;
    console.log('删除的数据 id',formData);
    let datas = job.findOneAndDelete(formData);
    res.send(datas)
});
// 查找数据
router.post('/job/find', (req, res) => {
    let formData=req.body;
    console.log('查找的数据 id',formData);
    let datas = job.findOne(formData);
    res.send(datas)
});
// 修改数据
router.post('/job/update', (req, res) => {
    let formData=req.body;
    console.log('修改的数据',formData);
    let datas = job.findOneAndUpdate(formData);
    res.send(datas)
});

// 导出
module.exports = router
```

（6）启动服务器。代码如下：

```
npm  app.js
```

25.4.11　步骤十一：请求后台接口

（1）打开 jobsystem 文件夹中的 jobList.vue 文件，编写职位列表组件。

①删除 jobList 实例中 data()方法的 jobData 的硬编码数据。

②在 methods 对象中创建 getData()方法。在该方法中使用 this.$axios.get()向后台发送列表请求，请求地址为“/job”，当请求成功后，将响应结果写入 jobData 中。

③获取数据后，调用 calcPageData()方法设置表格分页。

④在 Vue 的生命周期钩子函数 created()中调用 getData()方法。

代码如下：

```
<script>
export default {
   data() {
      return {
         jobData: []
      }
   },
   created() {
      // 获取职位列表请求
      this.getData()
   },
   methods: {
```

```
        // 请求列表，获取数据
        getData() {
            this.$axios.get(this.$host+"/job").then(res => {
                this.jobData = res.data.data; //表格数据
                this.total = res.data.total;
                this.calcPageData();          //设置表格分页
            }).catch(error => {
                console.log(error)
            })
        },
    }
}
</script>
```

（2）处理页面分页效果。

①在 data()方法中添加 discData 属性，保存每页切割后的数据，看起来格式是这样的[[{},{},{}],[{},{},{}]]，数组内嵌套数组。

②设置分页属性。totalPageData：每个数组就是一页数据。pageNum：共有几页。pageSize：每页显示的数量。currentPage：当前显示的页码。total：共有多少条数据。

③设置 dataShow：当前要显示的数据，也就是 table 组件中的 data 数据。

代码如下：

```
data() {
    return {
        jobData:[],
        discData:"",
        totalPageData: [],
        pageNum:1,       // 共有几页
        pageSize:10,     // 每页显示的数量
        currentPage:1,   // 当前显示的页码
        total:1,         // 共有多少条数据
        dataShow:[]      // 当前要显示的数据
    }
},
```

④修改 template 中 el-table 元素的 data 对象数组为 dataShow，如图 25-11 所示。

```
<el-table  :data="dataShow" style="width: 100%" stripe >
  <el-table-column type="expand">
  <template slot-scope="props">
    <el-form label-position="left" inline class="demo-table-expa
      <el-form-item label="职位ID"> <span>{{ props.row.id }}</spa
```

图 25-11

⑤在 methods 对象中创建 calcPageData()方法，用来计算页码（根据后台数据的条数和每页显示的数量算出共有几页，结果为 0 时设为 1），将数据分组，根据每页显示的数量，将后台的数据分割到每一页，如 pageSize 为 5，即 slice(0,5)。获取数据后显示第一页的内容，数组下标从 0 开始。代码如下：

```
calcPageData(){
        //根据后台数据的条数和每页显示的数量计算共有几页，结果为 0 时设为 1
        if(this.jobData.length > 1){
            this.pageNum = Math.ceil(this.jobData.length / this.pageSize) || 1;
        }
```

```
        // 数据分组
        for (let i = 0; i < this.pageNum; i++) {
            // 每一页都是一个数组，形如 [['第一页的数据'],['第二页的数据'],['第三页的数据
']]
           // 根据每页显示的数量将后台的数据分割到每一页，如果 pageSize 为 5，则第一页是
1~5 条，即 slice(0,5)，第二页是 6~10 条，即 slice(5,10)，以此类推
            this.totalPageData[i] = this.jobData.slice(this.pageSize * i,
this.pageSize * (i + 1));
        }
        // 获取数据后显示第一页的内容，数组下标从 0 开始，这里一定要减去 1，不然会丢失一组数据
        this.dataShow = this.totalPageData[this.currentPage - 1];
    },
```

⑥ 在 methods 对象中创建 handleSizeChange()方法，用来响应每页条数发生变化。代码如下：

```
    handleSizeChange(newPageSize) { // 每页条数发生变化
        this.pageSize = newPageSize;
        this.calcPageData();// 重新计算页数并分组
    },
```

⑦ 在 methods 对象中创建 handleCurrentChange()方法，用来响应当前页码发生变化。代码如下：

```
    handleCurrentChange(newPageNum) {// 当前页码发生变化
        this.currentPage = newPageNum;
        this.dataShow = this.totalPageData[newPageNum - 1]; // 这里仍然不要忘记减 1
    },
```

（3）请求删除数据接口。

①在 methods 对象中创建 delData()方法，单击每行数据中的“删除”按钮调用该方法。

②使用 Element UI 中的 MessageBox 弹框组件，在删除数据时需要提醒用户，如果确认删除，则使用 POST 请求调用/job/del 接口，参数为当前删除职位的 ID。

代码如下：

```
    delData(index,row){
        this.$confirm('此操作将永久删除该数据, 是否继续?', '提示', {
            confirmButtonText: '确定',
            cancelButtonText: '取消',
            type: 'warning'
        }).then(() => {
            this.$axios({
                method: "post",
                url: this.$host+"/job/del",
                data: {
                 id: parseInt(row.id)
            }
            }).then(res => {
                this.$message({
                   type: 'success',
                   message: res.data.executingState
                });
                //刷新页面
                this.getData()
            })
        }).catch(() => {
            this.$message({
```

```
                type: 'info',
                message: '已取消删除'
            });
        });
  }
```

（4）打开 jobsystem 文件夹中的 addJob.vue 文件，编辑职位发布组件并请求（发布/查看）数据接口。

①在 Vue 的生命周期钩子函数 created()中判断当前状态是新增职位还是修改职位。

从路由获取职位 ID，如果为编辑状态，则调用 getFromData()方法（参数为职位 ID）获取职位信息。代码如下：

```
created(){
     this.type = this.$route.query.type;
     if(this.type){//修改职位
         this.jobId= this.$route.query.id;
         this.getFromData(this.jobId);
     }
},
```

②在 methods 对象中创建 getFromData()方法，使用 POST 请求调用/job/find 接口，查询单个职位信息。将获取的数据赋值给 form 表单。代码如下：

```
getFromData(id){
     this.$axios({
          method: "post",
          url: this.$host+"/job/find",
          data: {
            id: parseInt(id)
          }
     }).then(res=>{
          this.form=res.data;
     })
 },
```

（5）修改职位信息。

① 在 methods 对象中创建 onSubmit()方法，校验表单中填写的数据，表单校验通过后根据 type 判断请求编辑接口（调用 editJob()方法）或新增接口（调用 addJob()方法）。代码如下：

```
onSubmit(formName) {
     this.$refs[formName].validate((valid) => {
if (valid) {
           if(this.type){//修改职位
               this.editJob();
           }else{
               this.addJob();
           }
       } else {
            alert('表单验证不通过！')
         }
     });
 },
```

②在 methods 对象中创建 editJob()方法，使用 POST 请求调用/job/update 接口。数据请求成功后提示修改成功，页面跳转至职位列表。代码如下：

```
editJob(){ //修改
     this.$axios({
```

```
            method: "post",
            url: this.$host+"/job/update",
            data: this.form
        }).then(res => {
            this.$message({
                message: res.data.executingState,
                type: 'success'
            });
            this.$router.push({path:'/jobList'},)
        })
    },
```

③在 methods 对象中创建 addJob()方法，使用 POST 请求调用/job/add 接口。数据请求成功后提示新增，页面跳转至职位列表。代码如下：

```
    addJob(){ //新增
        this.$axios({
            method: "post",
            url: this.$host+"/job/add",
            data: this.form
        }).then(res=>{
           this.$message({
              message: '职位添加成功！',
              type: 'success'
          });
           this.$router.push({path:'/jobList'},)
        })
     },
```

第 26 章 网站性能优化：游戏网站

26.1 实验目标

（1）掌握 HTML 代码结构优化的基本方法，如使用语义化标签。

（2）掌握 CSS 代码结构优化，将具有相同属性的样式抽离出来，整合并通过类在页面中使用，提高 CSS 代码的可维护性。

（3）掌握使用 webpack 打包静态网页资源的方法。

（4）综合应用 HTML5、CSS 和 webpack，开发游戏网站。

知识地图如图 26-1 所示。

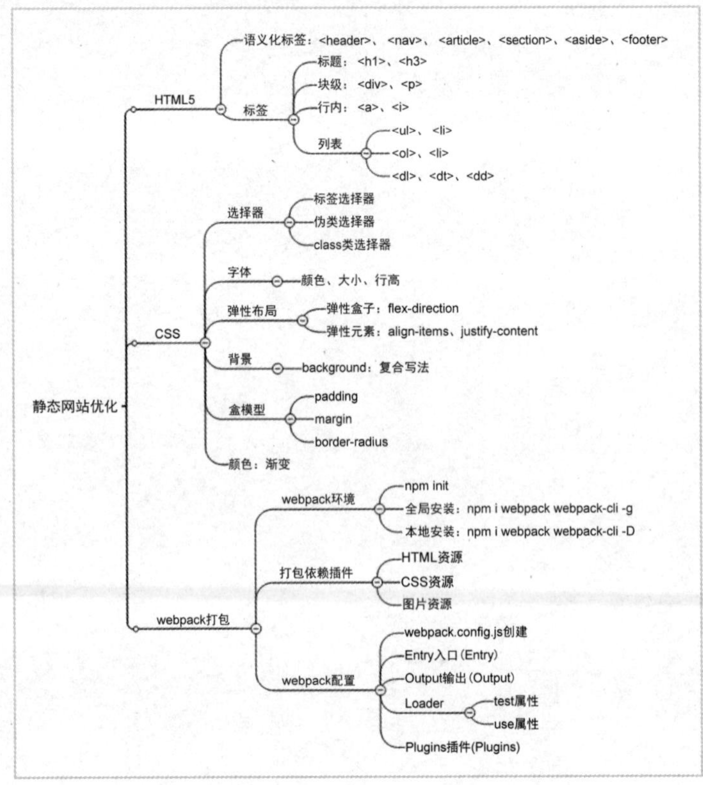

图 26-1

26.2　实验任务

开发游戏网站页面，使用 HTML 和 CSS 进行页面布局，完成后使用 webpack 打包网页资源。

（1）制作游戏网站，页面分为页头、主体和页脚。

①页头展示网站导航。

②主体部分包含新闻分类、任务积分、角色介绍、游戏介绍 4 部分。

③页脚展示网站版权和链接信息。

页面效果如图 26-2 所示。

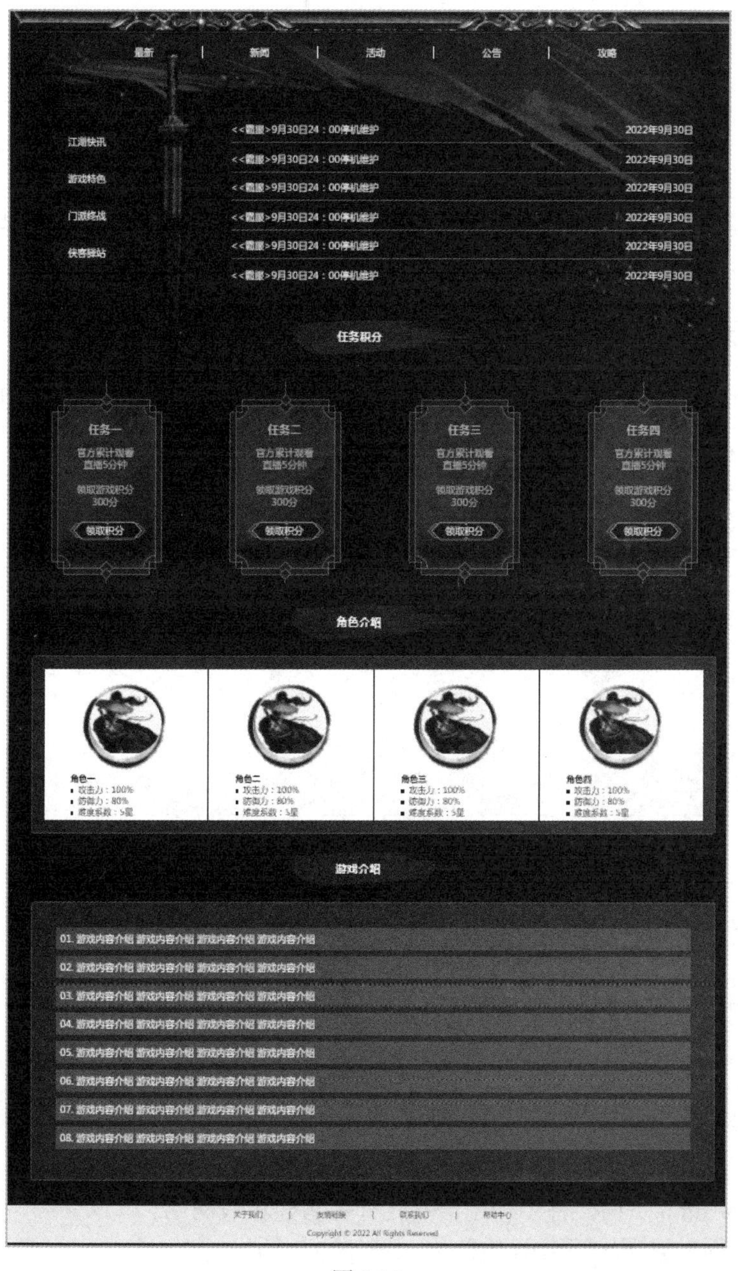

图 26-2

（2）页面制作完成后，使用 webpack 打包静态网页资源。

26.3 设计思路

（1）创建项目 games，在项目中创建如表 26-1 所示的文件。

表 26-1

类　型	文　件	说　明
HTML 文件	index.html	欢迎页面文件
CSS 文件	css/common.css	通用样式文件
	css/footer.css	页脚样式文件
	css/header.css	页头样式文件
	css/index.css	主体样式文件
PNG 图片	images/*.png	页面需要的图片
文件夹	images	存放图片
	css	存放样式文件

（2）游戏网站页面结构如图 26-3 所示。

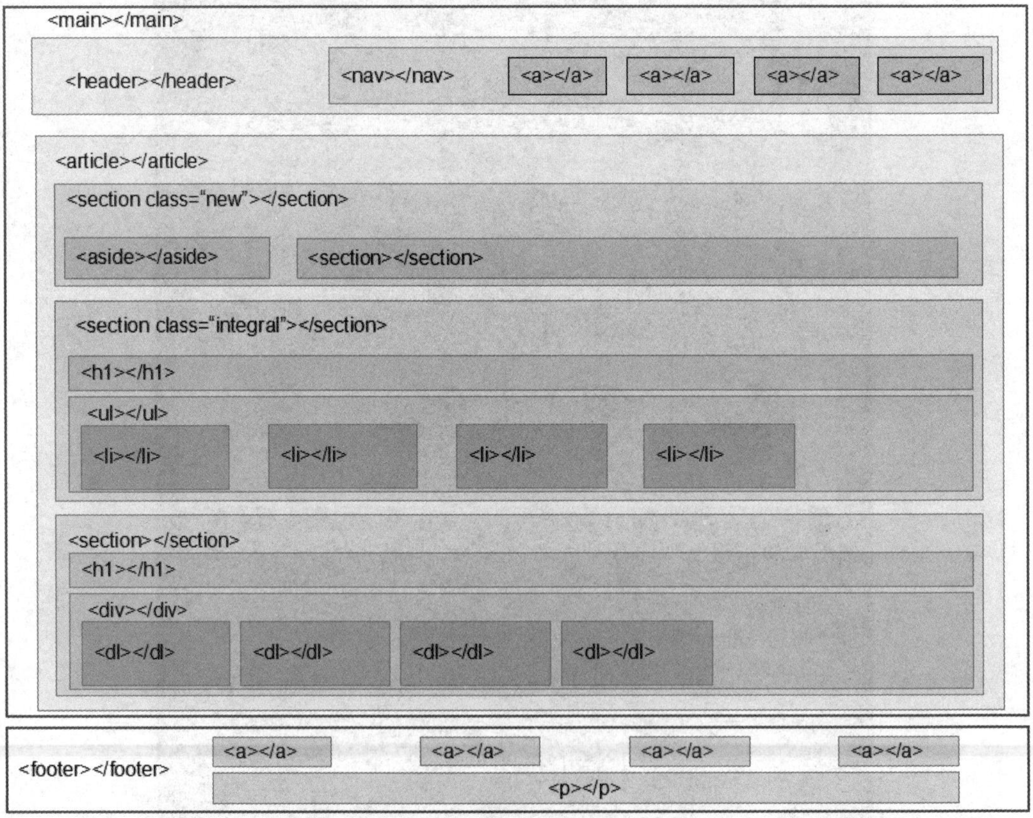

<main></main>
<header></header>
<nav></nav>
<a></a> <a></a> <a></a> <a></a>
<article></article>
<section class="new"></section>
<aside></aside>
<section></section>
<section class="integral"></section>
<h1></h1>
<ul></ul>
<li></li> <li></li> <li></li> <li></li>
<section></section>
<h1></h1>
<div></div>
<dl></dl> <dl></dl> <dl></dl> <dl></dl>
<footer></footer>
<a></a> <a></a> <a></a> <a></a>
<p></p>

图 26-3

（3）在 index.html 页面文件中使用语义化标签搭建游戏网站。

（4）根据页面效果图编写页面样式。

①分析首页效果图，根据页面设计编写全局样式文件 common.css，重置列表、超链接、图片样式，编写弹性布局样式、字体样式、内外边距。

②在 header.css 样式文件中编写页面头部样式。分离头部样式，便于其他页面继承头部样式。

③在 index.css 样式文件中编写主要样式，如使用雪碧图设置页面图标背景，复用弹性布局布局页面。

④在 footer.css 样式文件中编写页面底部样式，分离底部样式，便于其他页面继承底部样式。

⑤在所有样式文件中，使用缩写属性，使用 class 选择器复用样式、条例化样式（将不同区域的样式分成多个样式文件），优化 CSS 代码。

（5）使用 webpack 打包静态网页资源。

webpack 是一个前端资源构建工具，一个静态模块打包器。在 webpack 中，前端的所有资源文件都会被当作模块处理，webpack 将根据模块的依赖关系进行静态分析，打包生成对应的静态资源。

①配置 webpack 环境，初始化配置。

②下载安装 loader 包和 plugin 包。

③配置 webpack 开发环境。

④配置入口文件。

⑤编译打包应用。

26.4　实验实施（跟我做）

26.4.1　步骤一：创建项目和文件

（1）创建项目 games，目录结构如图 26-4 所示。

图 26-4

26.4.2　步骤二：构建页面主体

在 index.html 页面文件中编写如下代码，实现 HTML 页面基本结构。

（1）使用语义化标签搭建网站主体。代码如下：

```
<!DOCTYPE html>
<html>
```

```
    <head>
        <meta charset="utf-8">
        <title>游戏网站</title>
    </head>
    <body>
        <main>
            <!-- 网站头部 -->
            <header>
                <nav></nav>
            </header>
            <!-- 网站主体 -->
            <article>
                <!-- 新闻分类 -->
                <section>
                    <!-- 左侧分类导航 -->
                    <aside></aside>
                    <!-- 右侧新闻列表 -->
                    <section></section>
                </section>
                <!-- 任务积分 -->
                <section></section>
                <!-- 角色介绍 -->
                <section></section>
                <!-- 游戏介绍 -->
                <section></section>
            </article>
        </main>
    </body>
</html>
```

（2）在 css/common.css 文件中编写全局页面样式。

①定义页面背景样式。

②重置<img>、列表<ul><li>、超链接<a>标签默认样式。

③根据页面效果图，定义页面字体样式。

④根据页面效果图，定义页面边距。

⑤定义弹性布局样式。

代码如下：

```
/*公共 CSS 文件*/
body {
    background: #0e0e0e url(../images/top_menu.png) center top no-repeat;
}
img{
    width: 100%;
}
ul li {
    list-style: none;
}
a{
    color: #fff;
    text-decoration: none;
}
p{
    word-break: break-word;
```

```
}
main{
    width: 80%;
    max-width: 1200px;
    margin: auto;
}
article>section {
    width: 1100px;
    margin: auto;
}
.f_w{/* 白色字体 */
    color: #fff;
}
.f_y{/* 黄色字体 */
    color: #d8c98a;
}
.p_20{
    padding: 20px;
}
.m_20{
    margin: 20px 0;
}
.m_10{
    margin: 10px 0;
}

/* 弹性布局 */
.flex{
    display: flex;
}

.column{
    flex-direction: column;
}
/* 垂直对齐 */
.a_center{
    align-items: center;
}
/* 居中对齐 */
.c_center{
    justify-content: center;
}
/* 两端顶对齐 */
.between{
    justify-content: space-between;
}
/* 两端留白对齐 */
.around{
    justify-content: space-around;
}
```

26.4.3　步骤三：创建页面头部导航

（1）打开 index.html 页面文件，引入全局样式。代码如下：

```
<!DOCTYPE html>
<html>
    <head>
        <meta charset="utf-8">
        <title>游戏网站</title>
        <!-- 引入公共样式 -->
        <link rel="stylesheet" href="css/common.css" />
    </head>
</html>
```

（2）编辑页面头部。

①引入头部样式 header.css。

②使用<nav>标签、<a>标签创建导航部分。

③引入公共样式中的弹性布局，将头部导航的布局设置为弹性盒子，垂直居中对齐，导航元素两端对齐。

代码如下：

```
<!DOCTYPE html>
<html>
    <head>
        <meta charset="utf-8">
        <title>游戏网站</title>
        <!-- 引入公共样式 -->
        <link rel="stylesheet" type="text/css" href="css/common.css" />
        <!-- 引入头部样式 -->
        <link rel="stylesheet" type="text/css" href="css/header.css"/>
    </head>
    <body>
        <main>
            <!-- 网站头部 -->
            <header class="flex a_center c_center">
                <nav class="flex around">
                    <a href="/">最新</a>
                    <a href="/">新闻</a>
                    <a href="/">活动</a>
                    <a href="/">公告</a>
                    <a href="/">攻略</a>
                </nav>
            </header>
        </main>
    </body>
</html>
```

（3）在 header.css 样式文件中编写头部样式。

①设置头部元素的宽和高。

②将导航元素设置为等分。

③使用:not()选择器设置导航元素分隔线样式。

④设置超链接样式。

代码如下：

```
/* 头部区域 */
header {
    width: 1200px;
```

```
    height: 130px;
}
header>nav {
    width: 80%;
}
header>nav>a {
    flex: 1;
    text-align: center;
}
header>nav>a:not(:first-child) {
    border-left: 1px solid #fff;
}
header>nav>a:hover {
    color: #D8C98A;
    text-decoration: underline;
}
```

（4）页面运行效果如图 26-5 所示。

图 26-5

26.4.4　步骤四：创建页面主体部分

打开 index.html 页面文件，编写页面主体内容。

（1）编写新闻分类区域的内容。

①导航内容和新闻列表内容均使用<ul><li>标签。

②添加类名 news，设置新闻分类区域的样式。

③根据页面效果，添加弹性布局样式、内外边距样式、字体样式。

代码如下：

```
<main>
    <!-- 网站头部 -->
    <!-- ... 代码省略... -->
    <!-- 网站主体 -->
    <article>
        <!-- 新闻分类 -->
        <section class="news flex m_20">
            <!-- 左侧分类导航 -->
            <aside class="flex a_center">
                <ul>
                    <li><a href="/">江湖快讯</a></li>
                    <li><a href="/">游戏特色</a></li>
                    <li><a href="/">门派终战</a></li>
                    <li><a href="/">侠客驿站</a></li>
                </ul>
            </aside>
            <!-- 右侧新闻列表 -->
            <section class="p_20">
                <ul>
```

```
                    <li class="flex a_center between">
                        <a href="/"><<霸服>9 月 30 日 24: 00 停机维护</a>
                        <span class="f_w">2022 年 9 月 30 日</span>
                    </li>
                    <li class="flex a_center between">
                        <a href="/"><<霸服>9 月 30 日 24: 00 停机维护</a>
                        <span class="f_w">2022 年 9 月 30 日</span>
                    </li>
                    <li class="flex a_center between">
                        <a href="/"><<霸服>9 月 30 日 24: 00 停机维护</a>
                        <span class="f_w">2022 年 9 月 30 日</span>
                    </li>
                    <li class="flex a_center between">
                        <a href="/"><<霸服>9 月 30 日 24: 00 停机维护</a>
                        <span class="f_w">2022 年 9 月 30 日</span>
                    </li>
                    <li class="flex a_center between">
                        <a href="/"><<霸服>9 月 30 日 24: 00 停机维护</a>
                        <span class="f_w">2022 年 9 月 30 日</span>
                    </li>
                    <li class="flex a_center between">
                        <a href="/"><<霸服>9 月 30 日 24: 00 停机维护</a>
                        <span class="f_w">2022 年 9 月 30 日</span>
                    </li>
                </ul>
            </section>
        </section>
        ......
    </article>
</main>
```

（2）编写新闻分类区域页面样式。

①引入主体样式。代码如下：

```
<!DOCTYPE html>
<html>
    <head>
        <meta charset="utf-8">
        <title>游戏网站</title>
        <!-- 引入公共样式 -->
        <link rel="stylesheet" href="css/common.css" />
        <!-- 引入头部样式 -->
        <link rel="stylesheet" href="css/header.css"/>
        <!-- 引入主体样式 -->
        <link rel="stylesheet" href="css/index.css"/>
    </head>
</html>
```

②在 index.css 样式文件中编写新闻分类区域的样式。

将新闻分类区域左侧的右外边距设置为 150px，为导航元素设置背景图片，在鼠标指针经过背景图片时更换图片。

设置新闻分类区域右侧列表样式，设置行高、下外边距等。

使用:not()选择器设置新闻列表下画线。

设置超链接样式。

代码如下：

```
/* 新闻分类区域左侧样式 */
aside>ul{
    margin-right: 150px;
}
aside>ul>li {
    width: 140px;
    height: 40px;
    line-height: 40px;
    margin-bottom: 20px;
    text-align: center;
    background: url(../images/img_bg.png) no-repeat 0px 0px;
}
aside>ul>li:hover {
    background: url(../images/img_bg.png) no-repeat -133px 0px;
    color: #BA7844;
}

/* 新闻分类区域右侧列表样式 */
.news>section{
    width: 100%;
}
.news>section>ul>li {
    height: 40px;
    line-height: 40px;
    margin-bottom: 5px;
}
.news>section>ul>li:not(:last-child) {
    border-bottom: 2px solid #575757;
}
```

③页面运行效果如图 26-6 所示。

图 26-6

（3）编写任务积分区域的内容。

①内容标题使用<h1>和<h>标签，积分内容使用列表标签和段落标签。

②添加类名 integral，设置任务积分区域样式。

③根据页面效果，添加弹性布局样式、内外边距样式、字体样式。

代码如下：

```
<main>
    <!-- 网站头部 -->
```

```
    <!-- ... 代码省略... -->
    <!-- 网站主体 -->
    <article>
        <!-- 新闻分类 -->
        <!-- ... 此处省略新闻分类代码... -->
        <!-- 任务积分 -->
        <section class="integral flex column a_center c_center">
            <h1 class="f_w">任务积分</h1>
            <ul class="flex a_center between f_y">
                <li class="flex column a_center c_center">
                    <h3 class="f_y">任务一</h3>
                    <p class="f_y">官方累计观看<br/>直播 5 分钟</p>
                    <p class="f_y">领取游戏积分<br/>300 分</p>
                    <div class="f_w count">领取积分</div>
                </li>
                <li class="flex column a_center c_center">
                    <h3 class="f_y">任务二</h3>
                    <p class="f_y">官方累计观看<br/>直播 30 分钟</p>
                    <p class="f_y">领取游戏积分<br/>600 分</p>
                    <div class="f_w count">领取积分</div>
                </li>
                <li class="flex column a_center c_center">
                    <h3 class="f_y">任务三</h3>
                    <p class="f_y">官方累计观看<br/>直播 60 分钟</p>
                    <p class="f_y">领取游戏积分<br/>1200 分</p>
                    <div class="f_w count">领取积分</div>
                </li>
                <li class="flex column a_center c_center">
                    <h3 class="f_y">任务四</h3>
                    <p class="f_y">官方累计观看<br/>直播 120 分钟</p>
                    <p class="f_y">领取游戏积分<br/>3000 分</p>
                    <div class="f_w count">领取积分</div>
                </li>
            </ul>
        </section>
        <!-- 角色介绍 -->
        <section></section>
        <!-- 游戏介绍 -->
        <section></section>
    </article>
</main>
```

④在 index.css 样式文件中编写任务积分区域的样式。代码如下：

```
/* 页面标题样式 */
section>h1 {
    height: 70px;
    line-height: 70px;
    width: 225px;
    padding-left: 100px;
    background: url(../images/img_bg.png) no-repeat 0px -70px;
}
/* 任务积分区域的样式 */
```

```
section.integral>ul {
    width: 100%;
}
section.integral>ul>li {
    width: 204px;
    height: 365px;
    text-align: center;
    background: url(../images/img_bg.png) no-repeat -7px -157px;
}
section.integral>ul>li> .count{
    background: url(../images/img_bg.png) no-repeat -275px -9px;
    width: 140px;
    height: 40px;
    line-height: 32px;
}
```

⑤页面运行效果如图 26-7 所示。

图 26-7

（4）编写角色介绍区域的内容。

①内容标题使用<h1>标签，内容部分使用<dl>标签自定义列表。

②为标题后面的内容添加类名 contain，设置内容样式。

③根据页面效果，添加弹性布局样式、内外边距样式、字体样式。

代码如下：

```
<main>
    <!-- 网站头部 -->
    <!-- ... 代码省略... -->
    <!-- 网站主体 -->
    <article>
        <!-- 新闻分类 -->
        <!-- ... 此处省略新闻分类代码... -->
        <!-- 任务积分 -->

        <!-- ... 此处省略任务积分代码... -->
        <!-- 角色介绍 -->
        <section class="flex column a_center c_center">
            <h1 class="f_w">角色介绍</h1>
            <div class="contain p_20 flex a_center between">
                <dl class="flex column a_center">
```

```
                    <dt>
                        <span><img src="images/touxiang.png" /></span>
                    </dt>
                    <dd><b>角色一</b></dd>
                    <dd><i></i>攻击力：100%</dd>
                    <dd><i></i>防御力：80%</dd>
                    <dd><i></i>难度系数：3 星</dd>
                </dl>
                <dl class="flex column a_center">
                    <dt>
                        <span><img src="images/touxiang.png" /></span>
                    </dt>
                    <dd><b>角色二</b></dd>
                    <dd><i></i>攻击力：100%</dd>
                    <dd><i></i>防御力：80%</dd>
                    <dd><i></i>难度系数：2 星</dd>
                </dl>
                <dl class="flex column a_center">
                    <dt>
                        <span><img src="images/touxiang.png" /></span>
                    </dt>
                    <dd><b>角色三</b></dd>
                    <dd><i></i>攻击力：100%</dd>
                    <dd><i></i>防御力：80%</dd>
                    <dd><i></i>难度系数：1 星</dd>
                </dl>
                <dl class="flex column a_center">
                    <dt>
                        <span><img src="images/touxiang.png" /><span>
                    </dt>
                    <dd><b>角色四</b></dd>
                    <dd><i></i>攻击力：100%</dd>
                    <dd><i></i>防御力：80%</dd>
                    <dd><i></i>难度系数：8 星</dd>
                </dl>
            </div>
        </section>
        <!-- 游戏介绍 -->
        <section></section>
    </article>
</main>
```

④在 index.css 样式文件中编写角色介绍部分的样式。代码如下：

```
/* 角色介绍 */
.contain{
    width: 100%;
    background: linear-gradient(to right, rgb(120 18 17), rgb(142 20 20));
    border-radius: 6px 0px;
    border: 1px solid #ab2b15;
}
.contain>dl{
    background-color: #fff;
    padding: 5px;
}
```

```
.contain>dl:not(:first-child){
    border-left:1px dashed #c2c2c2;
}
.contain>dl>dt{
    width: 45%;
    padding: 27px;
    background: url(../images/img_bg.png) no-repeat -232px -143px;
}
.contain >dl>dt>span{
    display: block;
    overflow: hidden;
    border-radius: 50%;
}
.contain >dl >dd{
    width: 70%;
    font-size: 14px;
    text-align: left;
}
.contain >dl >dd>i{
    display: inline-block;
    width: 5px;
    height: 5px;
    background-color: #000000;
    margin-right: 8px;
}
```

⑤页面运行效果如图 26-8 所示。

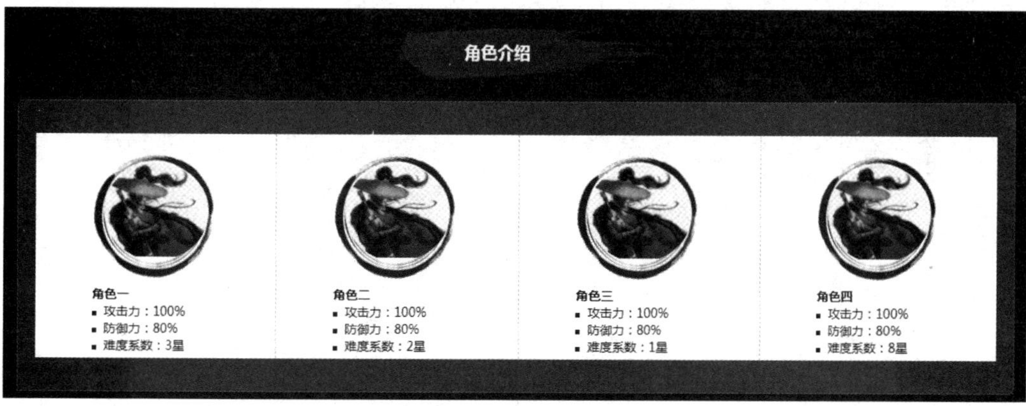

图 26-8

（5）编写游戏介绍区域的内容。

①内容标题使用<h1>标签，内容部分使用<ol>标签带数字序号列表。

②标题后面的内容复用 contain 样式。

③根据页面效果，添加弹性布局样式、内外边距样式、字体样式。

代码如下：

```
<main>
    <!-- 网站头部 -->
    <!-- ... 代码省略... -->
    <!-- 网站主体 -->
    <article>
        <!-- 新闻分类 -->
```

```
        <!-- ... 此处省略新闻分类代码... -->
        <!-- 任务积分 -->
        <!-- ... 此处省略任务积分代码... -->
        <!-- 角色介绍 -->
        <!-- ... 此处省略角色介绍代码... -->
        <!-- 游戏介绍 -->
        <section class="flex column a_center c_center">
            <h1 class="f_w">游戏介绍</h1>
            <div class="contain p_20">
                <ol >
                    <li>游戏内容介绍 游戏内容介绍 游戏内容介绍 游戏内容介绍</li>
                    <li>游戏内容介绍 游戏内容介绍 游戏内容介绍 游戏内容介绍</li>
                    <li>游戏内容介绍 游戏内容介绍 游戏内容介绍 游戏内容介绍</li>
                    <li>游戏内容介绍 游戏内容介绍 游戏内容介绍 游戏内容介绍</li>
                    <li>游戏内容介绍 游戏内容介绍 游戏内容介绍 游戏内容介绍</li>
                    <li>游戏内容介绍 游戏内容介绍 游戏内容介绍 游戏内容介绍</li>
                    <li>游戏内容介绍 游戏内容介绍 游戏内容介绍 游戏内容介绍</li>
                    <li>游戏内容介绍 游戏内容介绍 游戏内容介绍 游戏内容介绍</li>
                </ol>
            </div>
        </section>
    </article>
</main>
```

④在 index.css 样式文件中编写游戏介绍区域的样式。代码如下：

```
/* 游戏介绍部分样式 */
.contain >ol{
    list-style-type: decimal-leading-zero;
    list-style-position: inside;
    padding-left: 15px;
}

.contain >ol>li{
    background-color: rgb(255 255 255 / 20%);
    margin-bottom: 10px;
    color: #fff;
    padding: 8px;
}
```

⑤页面运行效果如图 26-9 所示。

图 26-9

26.4.5　步骤五：创建页面底部版权部分

（1）编辑 index.html 页面文件，创建页面底部版权部分。

①引入底部样式文件 footer.css。

②使用<footer>、<a>、<p>等标签创建版权部分。

代码如下：

```
<!DOCTYPE html>
<html>
    <head>
        <meta charset="utf-8">
        <title>游戏网站</title>
        <!-- 引入全局样式 -->
        <link rel="stylesheet" href="css/common.css" />
        <!-- 引入头部样式 -->
        <link rel="stylesheet" href="css/header.css"/>
        <!-- 引入主体样式 -->
        <link rel="stylesheet" href="css/index.css"/>
        <!-- 引入底部样式 -->
        <link rel="stylesheet" href="css/footer.css"/>
    </head>
    <body>
        <main>
            <!-- ...网站主体部分代码省略... -->
        </main>
        <!-- 版权部分 -->
        <footer>
            <a href="">关于我们</a> |
            <a href="">友情链接</a> |
            <a href="">联系我们</a> |
            <a href="">帮助中心</a>
            <p >Copyright © 2022 All Rights Reserved</p>
        </footer>
    </body>
</html>
```

（2）在 footer.css 样式文件中编写版权部分的样式。代码如下：

```
/* 版权部分样式 */
footer {
    line-height: 30px;
    text-align: center;
    font-size: 12px;
    background-color: #E9E9E9;
    margin-top: 40px;
}

footer a {
    display: inline-block;
    margin: 0 40px;
    color: #000000;
}
```

（3）页面运行效果如图 26-10 所示。

关于我们 | 友情链接 | 联系我们 | 帮助中心
Copyright © 2022 All Rights Reserved

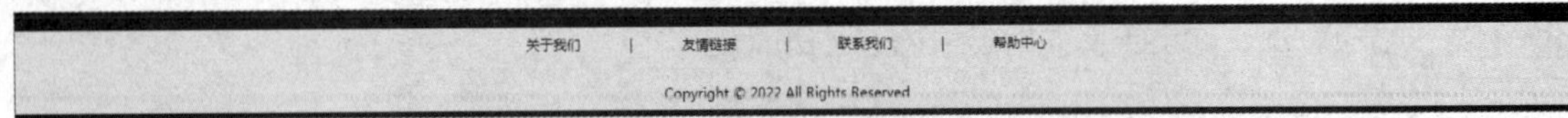

图 26-10

26.4.6 步骤六：使用 webpack 打包静态资源

（1）搭建 webpack 环境。

①创建文件夹 webpack，在文件夹中创建 src 文件夹。

②在 webpack 文件下执行 npm init 命令，然后一直按 Enter 键，直到出现“Is this OK?”时，按 Enter 键表示完成操作，如图 26-11 所示。在文件目录下生成 package.json 文件，如图 26-12 所示。

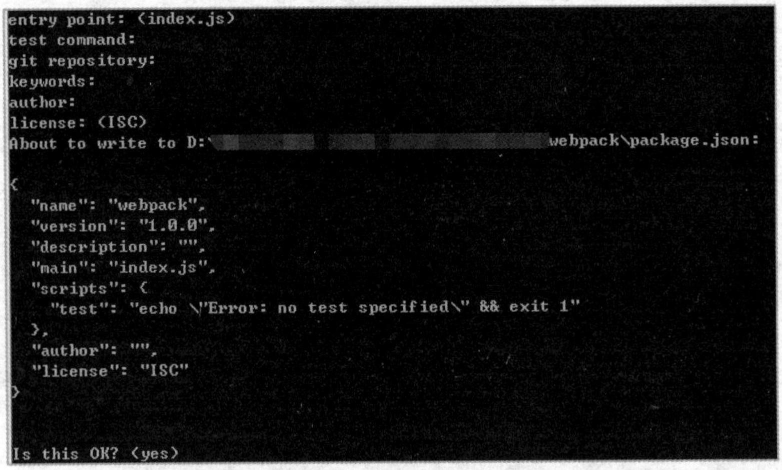

entry point: (index.js)
test command:
git repository:
keywords:
author:
license: (ISC)
About to write to D:\ webpack\package.json:
{
"name": "webpack",
"version": "1.0.0",
"description": "",
"main": "index.js",
"scripts": {
"test": "echo \"Error: no test specified\" && exit 1"
},
"author": "",
"license": "ISC"
}
Is this OK? (yes)

图 26-11

webpack
共享
新建文件夹
名称
修改日期
类型
package.json
2022/10/10 17:56
JSON 源文件

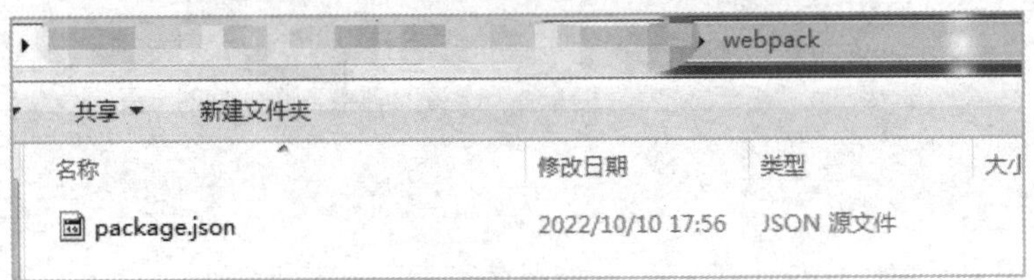

图 26-12

③下载安装 webpack，先进行全局安装，执行以下命令：

```
npm i webpack webpack-cli -g
```

再进行本地安装，执行以下命令：

```
npm i webpack webpack-cli -D
```

安装完成后，在 webpack 文件夹下出现 node_modules 文件夹，如图 26-13 所示。

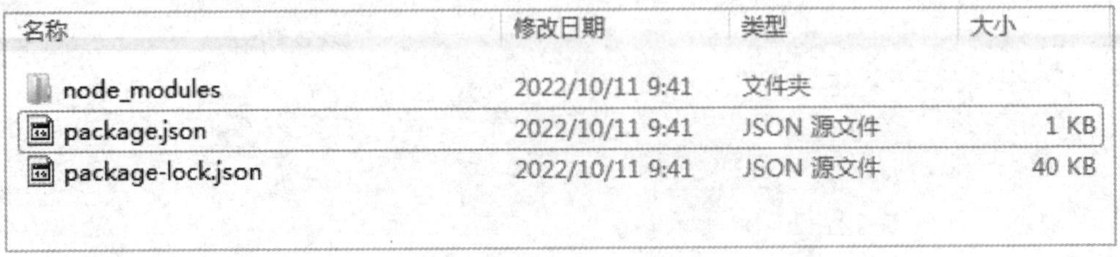

名称
修改日期
类型
大小
node_modules
2022/10/11 9:41
文件夹
package.json
2022/10/11 9:41
JSON 源文件
1 KB
package-lock.json
2022/10/11 9:41
JSON 源文件
40 KB

图 26-13

（2）将 games 文件夹中的 index.html 文件，以及 css、images 文件夹复制到 src 文件夹下，目录结构如图 26-14 所示。

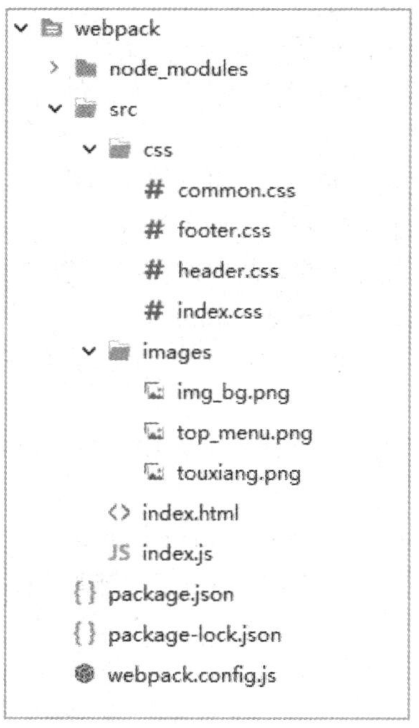

图 26-14

（3）安装打包文件所需的依赖，此次需要打包的文件包括 HTML 文件、CSS 文件和图片资源。

①安装 HTML 资源打包插件。

打包 HTML 文件资源，执行以下命令：

```
npm install --save-dev html-webpack-plugin
```

打包 HTML 文件中的图片资源，执行以下命令：

```
npm install html-loader
```

②安装 CSS 资源打包插件，执行以下命令：

```
npm install css-loader  style-loader
```

③安装 CSS 图片背景资源打包插件，执行以下命令：

```
npm install file-loader  url-loader
```

依赖安装完成后，打开 package.json 文件，如图 26-15 所示。

```
"author": "",
"license": "ISC",
"devDependencies": {
  "html-webpack-plugin": "^5.5.0"
  "webpack": "^5.74.0",
  "webpack-cli": "^4.10.0"
},
"dependencies": {
  "css-loader": "^6.7.1",
  "file loader": "^6.2.0",
  "html-loader": "^4.2.0",
  "style-loader": "^3.3.1",
  "url-loader": "^4.1.1"
}
```

图 26-15

（4）在 webpack 文件夹下创建 webpack.config.js 文件，写入配置文件。

①webpack 配置文件的作用是指示 webpack 怎么处理文件。在运行 webpack 命令的时候，会加载其中的配置，所有的构建工具都是基于 Node.js 运行的，模块化使用的是 CommonJS。

②将入口起点文件配置为 src 目录下的 index.js 文件。

entry：指示 webpack 以哪个文件为入口起点开始打包，分析构建内部依赖图。

③配置 output 输出文件，将默认打包文件夹设置为 dist 目录，打包后的 JS 文件名为 app.js。

Output：指示 webpack 打包后的资源 bundles 输出到哪里，以及如何命名。

__dirname：用来动态获取当前文件模块的绝对路径。

__filename：用来动态获取当前文件夹的绝对路径（包含文件名）。

④配置 plugins，打包 src 目录下的 index.html 文件。

html-webpack-plugin 默认会创建一个空的 HTML 文件，自动引入打包输出的所有资源（JS/CSS）。

plugins：用来执行范围更广的任务。插件的范围包括从打包优化和压缩一直到重新定义环境中的变量。

⑤配置 loader，不同文件必须配置不同的 loader 处理。

loader 有两个属性，test 属性用于识别哪些文件会被转换，use 属性用于定义出在进行转换时，应该使用哪个 loader。

代码如下：

```
/*
  loader: 1. 下载   2. 使用（配置 loader）
  plugins: 1. 下载  2. 引入  3. 使用
*/
const HtmlWebpackPlugin = require('html-webpack-plugin');
const path = require('path');

module.exports = {
    // webpack 的配置
    // 入口起点
    entry: './src/index.js',
    // 输出
    output: {
        path: path.resolve(__dirname, './dist'),
        //动态获取打包后的文件路径，path.resolve 拼接路径
        filename: 'app.js', //打包后的文件名
    },
    // plugins 的配置
    plugins: [new HtmlWebpackPlugin({
        template: './src/index.html' //打包 HTML 文件
    })],
    module: {
        rules: [
            // 配置 loader，不同文件必须配置不同的 loader 处理
            { // 匹配哪些文件
                test: /\.css$/i,
            // use 数组中 loader 的执行顺序为从右到左，从下到上，依次执行
            // 创建 style 标签，插入 JS 中的样式资源，添加到 head 中生效
            // 将 CSS 文件变成 commonjs 模块并加载到 JS 中
```

```
                use: ["style-loader","css-loader"],
            },
            //处理 CSS 中的背景图片
            {
                test: /\.(png|svg|jpg|jpeg|gif)$/i,
                type: 'asset/resource',
                generator: {
                    filename: 'images/[hash][ext][query]'
                } //把打包的图片放到 images 文件夹中
            },
            {
                test: /\.html$/,
                //处理 HTML 文件的 img 图片（负责引入 img，从而能被 url-loader 进行处理）
                loader: 'html-loader'
            }
        ],
    },
    mode: 'development',
};
```

（5）配置 index.js 入口文件。

①在 src 文件夹下创建 index.js 入口文件，导入页面中需要的 CSS 文件。代码如下：

```
require('./css/common.css')
require('./css/header.css')
require('./css/index.css')
require('./css/footer.css')
```

②删除 src 文件夹中 index.html 文件引入的 CSS 文件。代码如下：

```
<head>
    <meta charset="utf-8">
    <title>游戏网站</title>
    <!-- 删除引入文件 -->
</head>
```

（6）打包静态资源文件。

①使用 webpack 命令打包，打包后生成 dist 文件目录，直接访问 index.html 文件即可浏览页面。

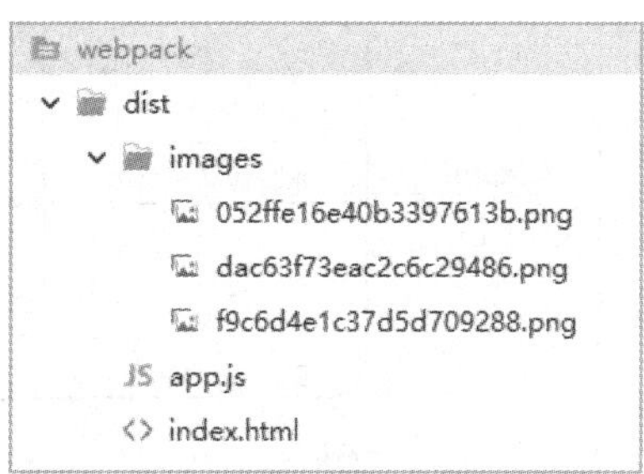

图 26-16

②使用自定义脚本（script）启动。在 package.json 的 scripts 中加上"build": "webpack"。代码如下：

```
 "scripts": {
    "test": "echo \"Error: no test specified\" && exit 1",
    "build": "webpack"
  },
```

文件修改完成后，使用 npm run build 命令打包。

第 27 章 网站性能优化：教学平台

27.1 实验目标

（1）掌握使用 Express 创建项目的方法。
（2）掌握使用 Express 搭建 Web 服务器的方法。
（3）掌握 Express 中间件的使用方法。
（4）掌握使用 Node.js 实现强缓存的方法。
（5）掌握使用 JS 实现前端代码资源动态加载的方法。
（6）综合应用前端资源加载优化技术，开发教学平台。

知识地图如图 27-1 所示。

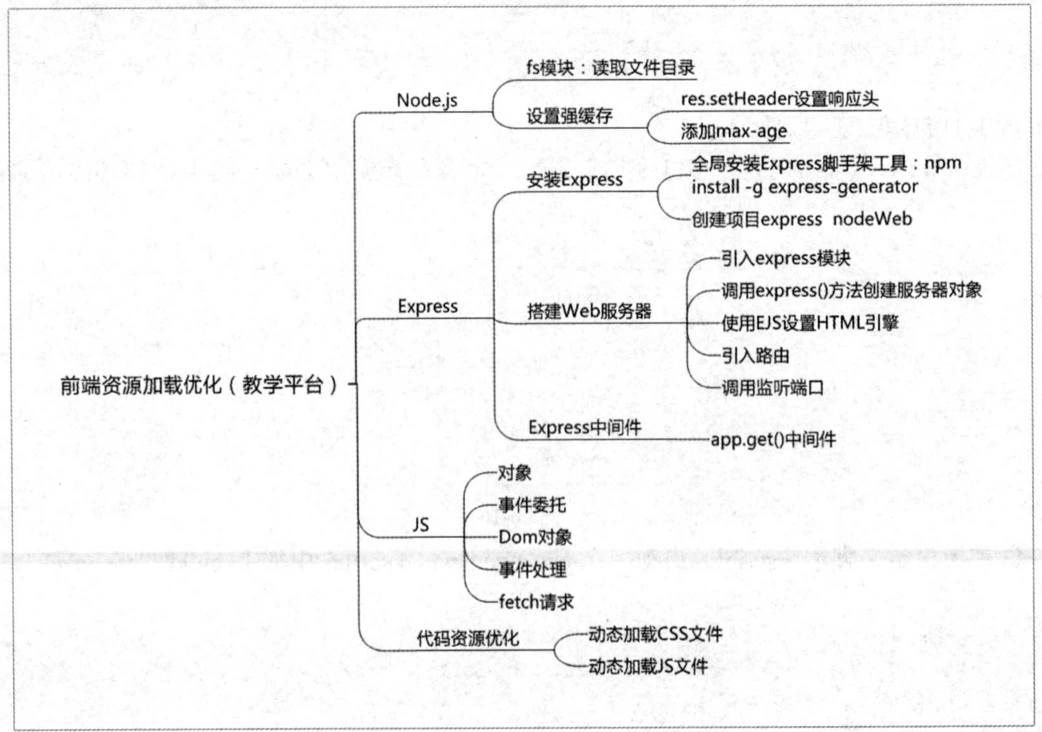

图 27-1

27.2　实验任务

（1）使用 Express 创建教学平台项目。

（2）配置服务器和路由，使用 EJS 设置 HTML 引擎。

（3）创建教学平台课程分类页面，如图 27-2 所示，选择分类显示对应课程。

（4）使用 JavaScript 动态加载 JS 和 CSS 文件。

（5）设置强制缓存，在第二次加载页面时直接从浏览器缓存中读取图片信息，不再请求服务器，如图 27-3 和图 27-4 所示。

图 27-2

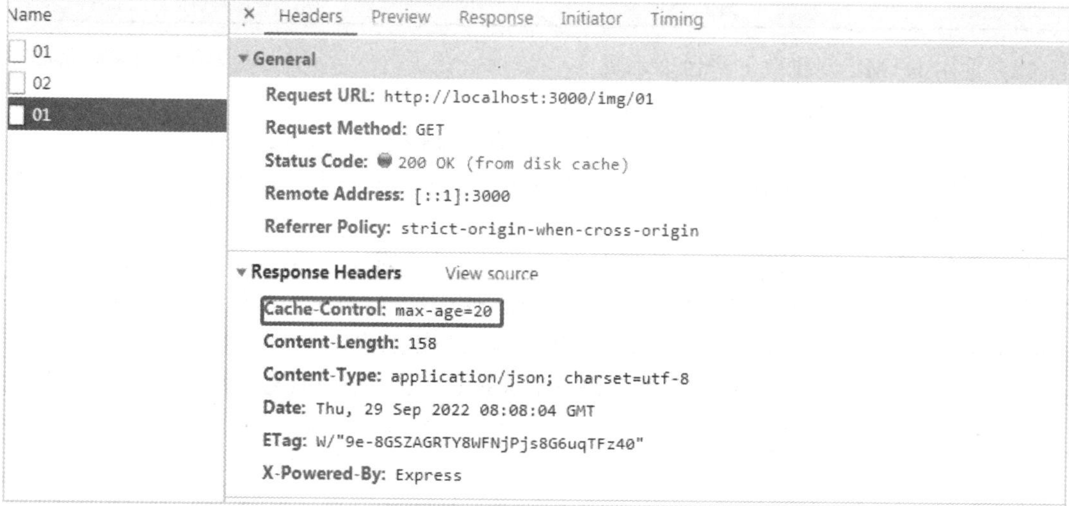

图 27-3

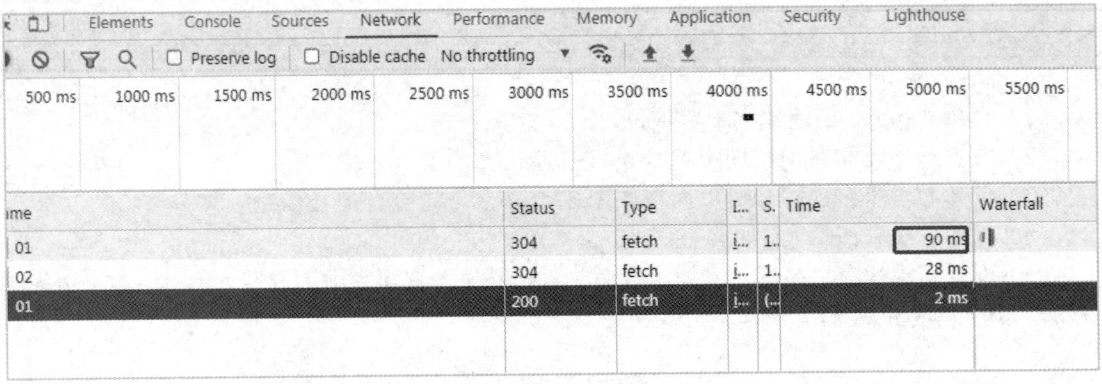

图 27-4

27.3 设计思路

（1）创建项目 nodeWeb，将默认的 jade 模板更改为 html，在/public/images 目录下存放需要加载的图片。项目中的文件如表 27-1 所示。

表 27-1

类　型	文　件	说　明
无	bin/www	服务器启动配置文件
文件夹	node_modules	项目依赖的包
文件夹	public/images	存放文件夹 01、02、03、04
CSS 文件	public/stylesheets/style.css	前端页面 CSS 文件
JS 文件	public/javascripts/index.js	前端页面 JS 文件
routes 文件夹	routes/index.js	路由文件
HTML 文件	views/index.html	主页面文件，显示页面内容
	views/error.html	错误提示页面文件
JS 文件	app.js	服务器启动文件
JSON 文件	package.json	定义应用依赖和其他信息的文件

（2）使用 HTML 创建教学平台展示页。

（3）创建 style.css 样式文件，优化页面样式。

（4）使用原生的 JS 创建选项卡效果，选择分类选项请求后台数据。

（5）创建一个对象，该对象包含两个完全独立的方法，分别用来加载 CSS 文件和 JS 文件，按需加载调用的文件。

（6）后台在接收前端请求后，会使用路由中间件跳转到对应的路由，在路由中使用 node 的 fs 模块读取文件目录，处理获取的目录后返回前端，使用 res.setHeader()方法设置请求头 Cache-Control，实现强制缓存，使用 res.json()方法以 JSON 形式返回文件信息和状态码。

（7）前端在接收响应信息后，获取文件目录 results，遍历 results 数据中的图片数据并渲染至前端页面。

27.4 实验实施（跟我做）

27.4.1 步骤一：创建项目和文件

（1）使用 npm install -g express-generator 命令全局安装 Express 应用生成器，如图 27-5 所示。

```
D:\project>npm install -g express-generator
npm WARN deprecated mkdirp@0.5.1: Legacy versions of mkdirp are no longer suppor
ted. Please update to mkdirp 1.x. (Note that the API surface has changed to use
Promises in 1.x.)
C:\Users\Ruanko\AppData\Roaming\npm\express -> C:\Users\Ruanko\AppData\Roaming\n
pm\node_modules\express-generator\bin\express-cli.js
+ express-generator@4.16.1
updated 1 package in 2.882s
```

图 27-5

（2）使用 Express 应用生成器创建项目 nodeWeb。代码如下：

```
express nodeWeb
```

运行结果如图 27-6 所示。

图 27-6

（3）根据 package.json 文件中的 dependencies 安装依赖项，生成 node_modules。代码如下：

```
"dependencies": {
    "cookie-parser": "~1.4.4",
    "debug": "~2.6.9",
    "ejs": "^3.1.6",
    "express": "~4.16.1",
    "http-errors": "~1.6.3",
    "jade": "~1.11.0",
    "morgan": "~1.9.1"
}
```

执行 cd nodeWeb 命令，进入项目文件夹，执行 npm install 命令，运行结果如图 27-7 所示。

图 27-7

（4）将需要的图片素材放在 public/images 文件夹下。

（5）将 views 文件夹中默认后缀为.jade 的模板更换成 HTML 文件，具体文件如下。

①index.html：主页面文件。

②error.html：错误提示页面文件。

目录结构如图 27-8 所示。

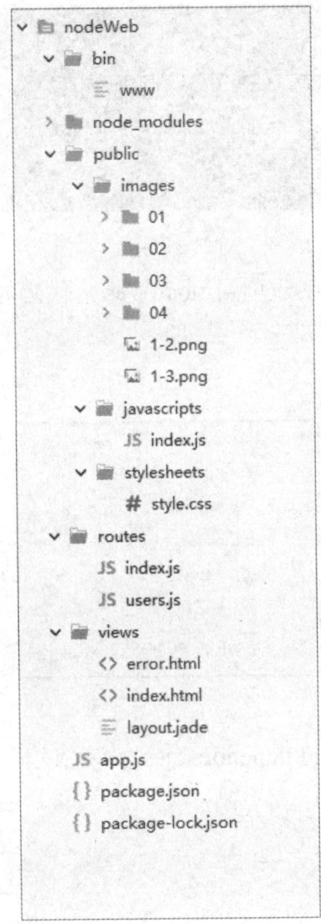

图 27-8

27.4.2 步骤二：编辑 app.js 文件，搭建 Web 服务器

（1）在项目根目录安装 EJS 模板引擎。执行以下命令：

```
npm install ejs
```

（2）通过 require 引入 EJS，设置 HTML 引擎。

（3）设置视图引擎。

（4）打开 app.js 文件，删除文件中的代码，输入以下代码：

```
var createError = require('http-errors');
var express = require('express');
var path = require('path');
var cookieParser = require('cookie-parser');
var logger = require('morgan');
```

```
//引入 EJS
var ejs = require('ejs');

var indexRouter = require('./routes/index');
var usersRouter = require('./routes/users');

var app = express();

// view engine setup
app.set('views', path.join(__dirname, 'views'));
app.set('view engine', 'jade');

//设置 HTML 引擎
app.engine('html', ejs.__express);
//设置视图引擎
app.set('view engine', 'html');

app.use(logger('dev'));
app.use(express.json());
app.use(express.urlencoded({ extended: false }));
app.use(cookieParser());
app.use(express.static(path.join(__dirname, 'public')));

//去掉根路由
app.use(indexRouter);
app.use('/users', usersRouter);

// catch 404 and forward to error handler
app.use(function(req, res, next) {
  next(createError(404));
});

// error handler
app.use(function(err, req, res, next) {
  // set locals, only providing error in development
  res.locals.message = err.message;
  res.locals.error = req.app.get('env') === 'development' ? err : {};

  // render the error page
  res.status(err.status || 500);
  res.render('error');
});

module.exports = app;
```

27.4.3　步骤三：构建前端页面

（1）打开 views 文件夹中的 index.html 页面文件，编辑 index.html 页面文件。

编写页面主体内容。代码如下：

```
<!DOCTYPE html>
<html>
    <head>
        <meta charset="utf-8">
        <title>网课</title>
    </head>
```

```
    <body>
        <div id="container">
            <header>
                <h1>教学平台</h1>
                <h4>热门课程</h4>
            </header>
            <nav>
                <ul class="tab-left" id="tab">
                    <li >ES 使用帮助</li>
                    <li>ES 安装教程</li>
                    <li>网校运营知识</li>
                    <li>主题及运营工具</li>
                </ul>
                <ul class="tab-right">
                    <li>最新</li>
                    <li>最热</li>
                    <li>推荐</li>
                </ul>
            </nav>
            <article>
                <section ></section>
                <section></section>
                <section ></section>
                <section ></section>
            </article>
            <footer>
                <div>更多课程 ></div>
            </footer>
        </div>

    </body>

</html>
```

（2）创建 style.css 文件，优化页面样式。代码如下：

```
* {
    padding: 0;
    margin: 0;
}
ul li {
    list-style: none;
}
img {
    width: 100%;
}
#container {
    width: 1000px;
    margin: auto;
}
header {
    text-align: center;
}
header>h4 {
    margin: 20px;
    color: #939393;
```

```
}
nav {
    display: flex;
    justify-content: space-between;
}
nav ul {
    display: flex;
}
nav ul li {
    padding: 8px 10px;
    cursor: pointer;
}
nav ul.tab-right li {
    border: 1px solid #ddd;
}
nav ul.tab-left li.active {
    background-color: #03a9f4;
    color: #fff;
}
article {
    margin: 20px 10px;
}
section figure {
    float: left;
    padding: 10px;
    margin: 5px 10px;
}
section figure img {
    width: 200px;
    height: 150px;
}
section figure figcaption {
    text-align: center;
    font-weight: bold;
    border: 1px solid #d3d3d3;
    border-radius: 6px;
}
footer{
    padding: 20px;
    clear: both;
    text-align: center;
}
```

（3）编辑 index.html 页面文件，动态加载 JS 和 CSS 文件。

创建 dynamicLoading 对象，在对象中创建 css()方法和 js()方法，先针对不同的文件类型创建不同的节点，然后添加各自的属性，最后添加到<head>标签中。

代码如下：

```
<script>
var dynamicLoading = {
    css: function(path){
         if(!path || path.length === 0){
             throw new Error('argument "path" is required !');
         }
         var head = document.getElementsByTagName('head')[0];
         var link = document.createElement('link');
         link.href = path;
```

```
            link.rel = 'stylesheet';
            link.type = 'text/css';
            head.appendChild(link);
        },
         js: function(path){
            if(!path || path.length === 0){
                throw new Error('argument "path" is required !');
            }
            var head = document.getElementsByTagName('head')[0];
            var script = document.createElement('script');
            script.src = path;
            script.type = 'text/javascript';
            head.appendChild(script);
        },
    }
    dynamicLoading.css("stylesheets/style.css");  //动态加载 CSS 样式
    </script>
```

27.4.4　步骤四：前端发送获取图片请求

（1）在 javascripts 文件夹中创建 index.js 文件。

（2）编辑 index.js 文件，使用原生 JS 编辑选项卡效果。

获取页面分类 dom 元素，使用事件委托原理为分类选项设置单击事件。

选择当前选项时，获取当前按钮的索引 index，为当前选项设置高亮样式 active，将其他元素的样式清空。

调用 getImageData()方法，参数为当前索引值，获取图片数据。

代码如下：

```
let btns = Array.from(document.getElementById("tab").children);
let tabs = document.querySelectorAll('article > section');
let active =0;
//为 btns 里的所有选项添加单击事件
btns.forEach(function(item,index){
item.onclick = function(){
//取消 btns 和 tabs 里所有内容的 active 类名
btns.forEach(function(t,i){
        t.className = '';
        tabs[i].style.display='none';
    })
    //为当前选择的选项和索引对应的盒子添加 active 类名
    item.className = 'active';
    tabs[index].style.display='block' ;
    getImageData((index))
}
})
```

（3）创建 getImageData()方法。

使用 fetch()方法，前端页面在加载时向后台发送 GET 请求，获取图片资源。

后台在收到响应后，生成<img>标签，将节点写入标签，页面显示图片。

代码如下：

```
<script>
    //代码省略
    function getImageData(val){
```

```
        let data, content = '';
        fetch('http://localhost:3000/img/0'+(val+1))
               .then(response => response.json())
               .then(json => {
                   if(json.statusCode==200){
                       data= json.result;
                       data.forEach(function(x,y){
                           //使用 split 解析文件路径，以获取文件夹名称
                           let name =x.split("/")[2].split(".")[0]
                 content+= `<figure><img src="${x}"/>
                          <figcaption>${name}</figcaption></figure>`
                       })
                   }
                tabs[val].innerHTML=content;
               })//获取到的 json 数据
               .catch(err => console.log('Request Failed', err));
    }
</script>
```

（4）初始化页面，默认显示第一个分类。代码如下：

```
btns[active].className = 'active';
tabs[active].style.display='block' ;
getImageData(active);
```

27.4.5　步骤五：后台处理请求，返回响应信息

（1）在 routes/index.js 文件中写入 GET 请求数据并指向/img。

（2）后台在接收请求后，会使用路由中间件跳转到对应路由，使用 require 导入 fs 模块读取文件夹目录和文件，将获取的文件放入 JSON 对象中响应给前端，并设置请求头，实现强制缓存。代码如下：

```
var express = require('express');
var router = express.Router();
var fs = require('fs');

/* GET home page. */
router.get('/', function (req, res, next) {
  res.render('index', { title: 'Express' });
});
//获取图片
router.get('/images/:path', function (req, res) {
  let imagesPath = req.params.path;
  fs.readdir('public/images/' + imagesPath, (err, files) => {
    if (err) {
      res.json({
        result: err,
        statusCode: 400
      })
    } else {
      files.forEach((item, index, self) => {
        self[index]="images/"+imagesPath+"/"+item
      });
      res.setHeader('Cache-Control', 'max-age=20');
      res.json({
        result: files,
        statusCode: 200
```

```
        })
      }
    })
  });

module.exports = router;
```

27.4.6　步骤六：运行效果

（1）在命令行窗口中执行 npm start 命令，在浏览器的地址栏中输入“http://localhost:3000”，如图 27-9 所示。

图 27-9

（2）按 F12 键打开调试器，查看请求信息，第一次请求时，状态码为 304，在请求头中设置了 Cache-Control: max-age=20，如图 27-10 所示。

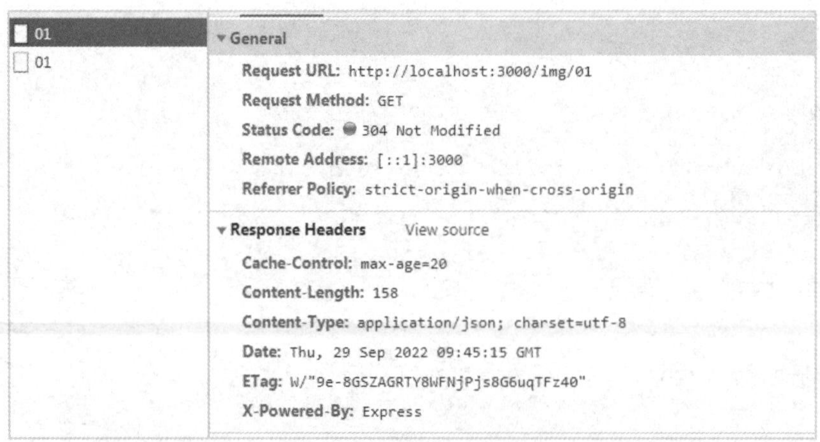

图 27-10

（3）第二次请求时，状态码为 200（from disk cache），说明设置了 Cache-Control 且处于

没有过期的状态，这次请求没有向服务器发送请求，而是直接读取了浏览器缓存，如图 27-11 所示。

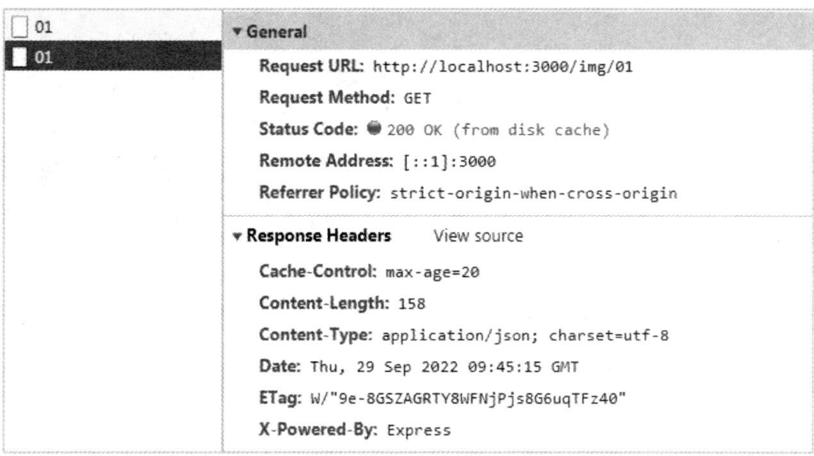

图 27-11

第 28 章 网站性能优化：图片懒加载

28.1 实验目标

（1）掌握使用图片懒加载提高性能的方法。

（2）掌握预加载的定义和使用方法。

（3）综合运用前端资源加载优化技术，实现图片懒加载。

知识地图如图 28-1 所示。

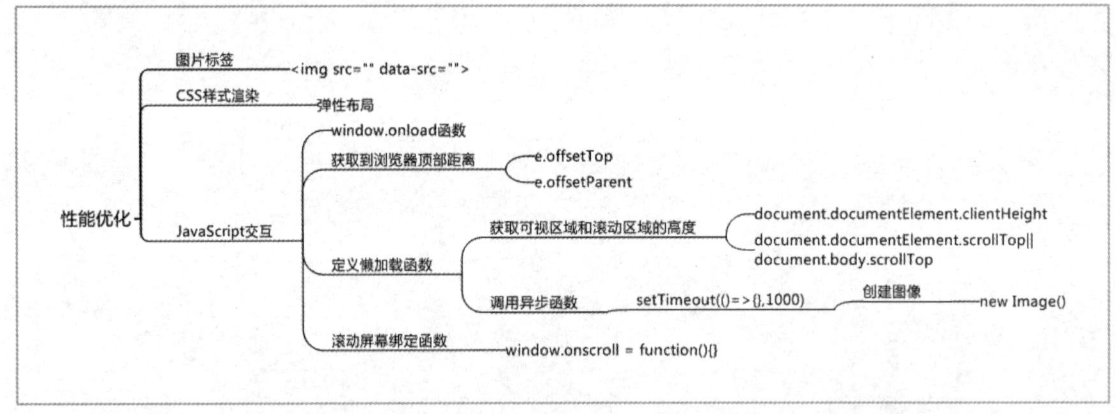

图 28-1

28.2 实验任务

构建页面，实现预加载，设置缓存。页面中共有 12 张图片，每行排列两张图片，随着滚动条的下拉获取图片资源，并加载图片。如果图片没有加载出来，会使用同一个指定图片占位显示，不会造成页面布局塌陷。如图 28-2、图 28-3 和图 28-4 所示。

图 28-2

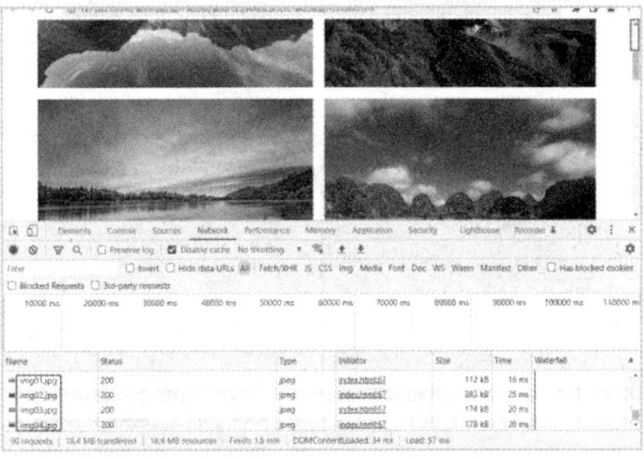

图 28-3

图 28-4

28.3　设计思路

（1）创建项目 imgLazyLoad，在项目中创建 index.html 文件和 images 目录，如表 28-1 所示。

表 28-1

类　　型	文　　件	说　　明
文件夹	images	存放图片资源
HTML 文件	index.html	首页页面

（2）懒加载原理：一张图片就是一个<img>标签，由浏览器判断是否需要加载图片。在图片没有进入可视区域时，先不为 src 属性赋值，图片进入可视区域之后再进行赋值。

（3）给所有的图片赋值 loading 加载图片。

（4）判断图片是否进入可视区域，如图 28-5 所示。如果图片在浏览器的可视区域，则显示；如果图片不在浏览器的可视区域，则不显示。当图片距离顶部的距离 scrollTop 等于可视区域 clientHeight 和滚动区域高度 offsetTop 之和时，说明图片马上就要进入可视区域了，就是说当 scrollTop<=clientHeight+offsetTop 时，图片在可视区域。

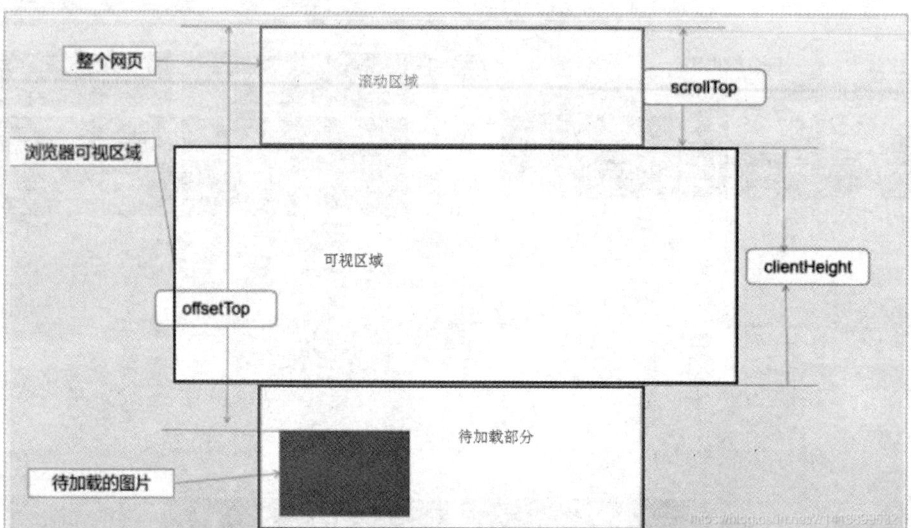

图 28-5

28.4 实验实施（跟我做）

28.4.1 步骤一：创建项目和文件

创建项目 imgLazyLoad，目录结构如图 28-6 所示。

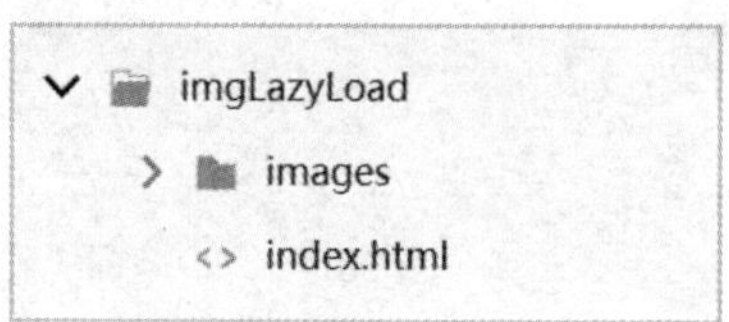

图 28-6

28.4.2 步骤二：搭建页面结构

编辑 index.html 页面文件，在<body>标签中创建<div class="views-img">标签，将要显示的图片通过<img>标签的 src 属性统一加载 loading 图片，并在每个<img>标签上绑定自定义属性 data-src。代码如下：

```
<div class="views-img">
   <img src="./images/loading.gif" data-src="./images/img01.jpg" alt="pic">
   <img src="./images/loading.gif" data-src="./images/img02.jpg" alt="pic">
   <img src="./images/loading.gif" data-src="./images/img03.jpg" alt="pic">
   <img src="./images/loading.gif" data-src="./images/img04.jpg" alt="pic">
   <img src="./images/loading.gif" data-src="./images/img05.jpg" alt="pic">
   <img src="./images/loading.gif" data-src="./images/img06.jpg" alt="pic">
   <img src="./images/loading.gif" data-src="./images/img07.jpg" alt="pic">
   <img src="./images/loading.gif" data-src="./images/img08.jpg" alt="pic">
   <img src="./images/loading.gif" data-src="./images/img09.jpg" alt="pic">
   <img src="./images/loading.gif" data-src="./images/img10.jpg" alt="pic">
   <img src="./images/loading.gif" data-src="./images/img11.jpg" alt="pic">
   <img src="./images/loading.gif" data-src="./images/img12.jpg" alt="pic">
</div>
```

28.4.3 步骤三：编写 CSS 样式文件

编辑 index.html 页面文件，在<head>标签中定义<style>标签渲染页面样式，将<div class="views-img">设置为弹性布局，一行排列两个图片，图片宽度为 49%，通过 justify-content: space-between;设置图片在水平方向的排列方式，通过 flex-wrap: wrap;设置图片换行显示。代码如下：

```
<style>
    h1{text-align: center;}
    .views-img{
        width: 90%;
        margin: auto;
        display: flex;
        justify-content: space-between;
        flex-wrap: wrap;
    }
    img{
        display: block;
        width: 49%;
        margin-bottom: 20px;
    }
</style>
```

28.4.4 步骤四：编写 JS 代码

编辑 index.html 页面文件，在<div class="views-img">标签下设置<script>标签，编写对应的 JS 代码。

（1）将所有的 JS 代码放在 window.onload()函数中，获取当前所有的图片列表，通过 offsetTop 获取到浏览器顶部的距离。

（2）定义懒加载函数，在函数内获取可视区域和滚动区域的高度，当图片距离顶部的距离大于可视区域和滚动区域之和时进行懒加载。模拟异步请求，创建一个临时图片实现隐形加载，将图片的自定义属性赋值给创建临时图片的 src 属性，先通过 onload()函数判断图片是否加载完成，然后使用要显示的图片替换临时图片。

（3）在滚动屏幕时调用懒加载函数，将图片列表以参数的形式传入。

代码如下：

```
<script type="text/javascript">
    window.onload = function(){
        // 获取所有图片列表
        let views = document.getElementsByTagName("img");
        // 获取到浏览器顶部的距离
        let getTop = e => {
            let Top = e.offsetTop;
            while(e = e.offsetParent){
                Top += e.offsetTop;
            }
            return Top
        }
        //懒加载函数的实现
        let lazyLoad = views => {
            // 可视区域和滚动区域的高
            let h = document.documentElement.clientHeight,
```

```
                s = document.documentElement.scrollTop || document.body.
scrollTop;
            for(let i=0; i < views.length; i++){
                // 当图片距离顶部的距离大于可视区域和滚动区域之和时进行懒加载
                if( (h+s) > getTop(views[i])){
                    setTimeout(function(){
                        //创建一个临时图片,这个图片在内存中不会到页面上去。实现隐
形加载
                        let TemPic = new Image();
                        TemPic.src = views[i].getAttribute('data-src');
                        // onload()函数判断图片是否加载完成，如果图片加载完成，
就赋值给 DOM 节点
                        TemPic.onload = function(){
                            // 获取自定义属性 data-src,使用真实图片替换临时图片
                            views[i].src = views[i].getAttribute('data-
src')
                        }
                    },1000)
                }
            }
        }
        lazyLoad(views);
        // 滚动屏幕绑定函数
        window.onscroll = function(){
            lazyLoad(views);
        }
    }
</script>
```